신경향

최근 3개년 기출문제 무료 동영상강의 제공

**전기(산업)기사 · 전기공사(산업)기사 · 전기철도(산업)기사**

# 전력공학

### 대산전기기술학원
NCS · 공사 · 공단 · 공무원

전기기사 핵심시리즈

**2**

**QNA**
**365**

전용 홈페이지를 통한 365일 학습관리

## 홈페이지를 통한 합격 솔루션

- 온라인 실전모의고사 실시
- 전기(산업)기사 필기 합격가이드
- 공학용계산법 동영상강좌 무료수강
- 쉽게 배우는 전기수학 3개월 동영상강좌 무료수강

① 33인의 전문위원이 엄선한 출제예상문제 수록
② 전기기사 및 산업기사 최신 기출문제 상세해설
③ 저자직강 동영상강좌 및 1:1 학습관리 시스템 운영
④ 국내 최초 유형별 모의고사 시스템 운영

**한솔아카데미**

현대 사회에서 우리나라는 물론 세계적인 산업 발전에 전기 에너지의 이용은 나날이 증가하고 있습니다. 전기 분야 자격증에 관심을 가지고 있는 모든 수험생 분들을 위해 급변하는 출제경향과 기술 발전에 맞추어 전기(공사)기사 및 산업기사, 공무원, 각종 공채시험과 NCS적용 문제 해결을 위한 이론서를 발간하게 되었습니다. 40년 가까이 되는 전기 전문교육기관들의 담당 교수님들께서 직접 집필하였습니다. 본서는 개념 설명 및 핵심 분석을 통한 단기간에 자격증 취득이 가능할 뿐만 아니라 비전공자도 이해할 수 있습니다. 기초부터 활용능력까지 습득 할 수 있는 수험서입니다.

**본 교재의 구성**

1. 핵심논점 정리   2. 핵심논점 필수예제   3. 핵심 요약노트
4. 기출문제 분석표   5. 출제예상문제

**본 교재의 특징**

1. 비전공자도 알 수 있는 개념 설명
   전기기사 자격증은 최근의 취업난 속에서 더욱 더 필요한 자격증입니다. 비전공자, 유사 전공자들의 수험준비가 나날이 증가하고 있습니다. 본 수험서는 누구나 쉽게 이해할 수 있도록 기본개념을 충실히 하였습니다.

2. 문제의 해결 능력을 기르는 핵심정리
   기출문제 중 최다기출 문제 및 높은 수준의 기출문제 풀이를 통해 학습함으로써 문제 해결 능력 배양에 효과적인 학습서입니다. 실전형 문제를 통해 자격시험 및 NCS시험의 동시 대비가 가능합니다.

3. 신경향 실전형 개념 정리 기본서
   개념만으론 부족한 실전 용어 정리 및 활용으로 개념과 문제를 동시에 해결할 수 있습니다. 기본부터 실전 문제까지 모든 과정이 수록되어 있습니다. 매년 새로워지는 출제경향을 분석하여 수험준비에 필요한 시간단축에 효과적인 기본서입니다.

4. 365일 Q&A SYSTEM
   예제문제, 단원문제, 기출문제까지 명확한 해설을 통해 스스로 학습하는 경우 궁금증을 명확하고 빠르게 해결할 수 있습니다. 전기전공관련 질문사항의 경우 홈페이지를 통해 명확한 답변을 받으실 수 있습니다.

앞으로도 항상 여러분께 꼭 필요한 교재로 남을 것을 약속드리며 여러분의 충고와 조언을 받아 더욱 발전적인 모습으로 정진하는 수험서가 되도록 노력하겠습니다.

전기기사 수험연구회

# 전기기사, 전기산업기사 시험정보

## ❶ 수험원서접수

- 접수기간 내 인터넷을 통한 원서접수(www.q-net.or.kr) 원서접수 기간 이전에 미리 회원가입 후 사진 등록 필수
- 원서접수시간은 원서접수 첫날 09:00부터 마지막 날 18:00까지

## ❷ 기사 시험과목

| 구 분 | 전기기사 | 전기공사기사 | 전기 철도 기사 |
|---|---|---|---|
| 필 기 | 1. 전기자기학<br>2. 전력공학<br>3. 전기기기<br>4. 회로이론 및 제어공학<br>5. 전기설비기술기준 | 1. 전기응용 및 공사재료<br>2. 전력공학<br>3. 전기기기<br>4. 회로이론 및 제어공학<br>5. 전기설비기술기준 | 1. 전기자기학<br>2. 전기철도공학<br>3. 전력공학<br>4. 전기철도구조물공학 |
| 실 기 | 전기설비설계 및 관리 | 전기설비견적 및 관리 | 전기철도 실무 |

## ❸ 기사 응시자격

- 산업기사 + 1년 이상 경력자
- 기능사 + 3년 이상 경력자
- 타분야 기사자격 취득자
- 4년제 관련학과 대학 졸업 및 졸업예정자
- 전문대학 졸업 + 2년 이상 경력자
- 교육훈련기관(기사 수준) 이수자 또는 이수예정자
- 교육훈련기관(산업기사 수준) 이수자 또는 이수예정자 + 2년 이상 경력자
- 동일 직무분야 4년 이상 실무경력자

## ❹ 산업기사 시험과목

| 구 분 | 전기산업기사 | 전기공사산업기사 |
|---|---|---|
| 필 기 | 1. 전기자기학　　2. 전력공학<br>3. 전기기기　　　4. 회로이론<br>5. 전기설비기술기준 | 1. 전기응용　　　2. 전력공학<br>3. 전기기기　　　4. 회로이론<br>5. 전기설비기술기준 |
| 실 기 | 전기설비설계 및 관리 | 전기설비 견적 및 시공 |

## ❺ 산업기사 응시자격

- 기능사 + 1년 이상 경력자
- 타분야 산업기사 자격취득자
- 전문대 관련학과 졸업 또는 졸업예정자
- 교육훈련기간(산업기사 수준) 이수자 또는 이수예정자
- 동일 직무분야 2년 이상 실무경력자

# [전력공학 출제기준]

적용기간 : 2024.1.1. ~ 2026.12.31.

| 주요항목 | 세 부 항 목 | |
|---|---|---|
| 1. 발·변전 일반 | 1. 수력발전<br>3. 원자력 발전<br>5. 변전방식 및 변전설비 | 2. 화력발전<br>4. 신재생에너지발전<br>6. 소내전원설비 및 보호계전방식 |
| 2. 송·배전선로의 전기적 특성 | 1. 선로정수<br>3. 코로나 현상<br>5. 중거리 송전선로의 특성<br>7. 분포정전용량의 영향 | 2. 전력원선도<br>4. 단거리 송전선로의 특성<br>6. 장거리 송전선로의 특성<br>8. 가공전선로 및 지중전선로 |
| 3. 송·배전방식과 그 설비 및 운용 | 1. 송전방식<br>3. 중성점접지방식<br>5. 고장계산과 대책 | 2. 배전방식<br>4. 전력계통의 구성 및 운용 |
| 4. 계통보호방식 및 설비 | 1. 이상전압과 그 방호<br>3. 전력계통의 안정도 | 2. 전력계통의 운용과 보호<br>4. 차단보호방식 |
| 5. 옥내배선 | 1. 저압 옥내배선<br>3. 수전설비 | 2. 고압옥내배선<br>4. 동력설비 |
| 6. 배전반 및 제어기기의 종류와 특성 | 1. 배전반의 종류와 배전반 운용<br>3. 보호계전기 및 보호계전방식<br>5. 전압조정 | 2. 전력제어와 그 특성<br>4. 조상설비<br>6. 원격조작 및 원격제어 |
| 7. 개폐기류의 종류와 특성 | 1. 개폐기<br>3. 퓨즈 | 2. 차단기<br>4. 기타 개폐장치 |

## 이 책의 특징

**01**
**핵심논점 정리**

- 단원별 필수논점을 누구나 이해할 수 있도록 설명을 하였다.
- 전기기사시험과 전기산업기사 기출문제 빈도가 낮으므로 핵심논점 정리를 꼼꼼히 학습하여야 한다.

**02**
**필수예제**

- 해당논점의 Key Word를 제시하여 논점을 숙지할 수 있게 하였다.
- 최근 10개년 기출문제를 분석하여 최대빈도의 문제를 수록하였다.

**03**
**출제빈도**

- 단원별 핵심논점마다 요약정리를 통해 개념정리에 도움을 주며 이해력향상을 위한 추가설명을 첨부하여 한 눈에 알 수 있게 하였다.

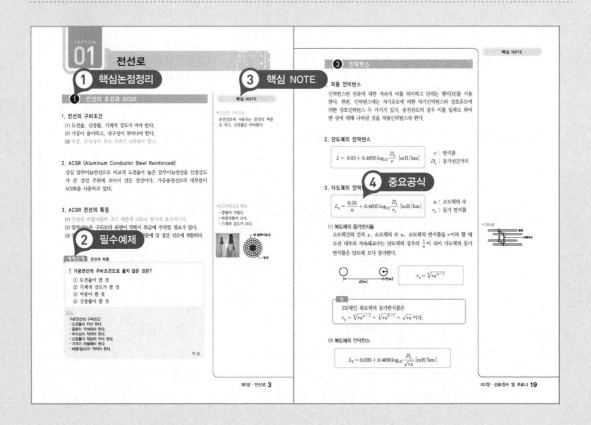

## 04 중요공식

· 단원별 필수 논점과 공식 중 출제빈도가 높은 중요공식은 중요박스를 삽입하여 꼭 암기할 수 있도록 하였다.

## 05 출제예상

· 최근 20개년 기출문제 경향을 바탕으로 상세해설과 함께 최대 출제빈도 문제들로 출제예상문제를 수록하였다.

## 06 과년도 기출문제

· 최근 5개년간 출제문제를 출제형식 그대로 수록하여 최종 출제경향파악 및 학습 완성도를 평가해 볼 수 있게 하였다.

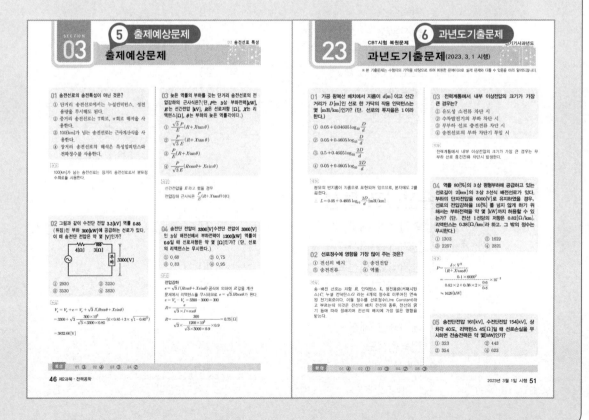

# CONTENTS

# CONTENTS

# Electricity

꿈·은·이·루·어·진·다

# 전선로

# Chapter 01

# SECTION

## 01

# 전선로

## ① 전선의 조건과 ACSR

### 1. 전선의 구비조건

(1) 도전율, 신장률, 기계적 강도가 커야 한다.

(2) 가공이 용이하고, 내구성이 뛰어나야 한다.

(3) 비중, 부식성이 작고 가격이 저렴해야 한다.

### 2. ACSR (Aluminum Conductor Steel Reinforced)

강심 알루미늄연선으로 비교적 도전율이 높은 알루미늄연선을 인장강도가 큰 강선 주위에 꼬아서 만든 전선이다. 가공송전선로의 대부분이 ACSR을 사용하고 있다.

### 3. ACSR 전선의 특징

(1) 전선의 바깥지름이 크기 때문에 코로나 방지에 효과적이다.

(2) 알루미늄은 구리보다 표면이 약해서 취급에 주의할 필요가 있다.

(3) 중량이 가볍고, 기계적 강도가 크기 때문에 장 경간 선로에 적합하다.

**핵심 NOTE**

■ 전선의 구비조건
송전선로에 사용되는 전선의 비중은 작고, 신장률은 커야한다.

■ ACSR전선의 특징
• 중량이 가볍다.
• 바깥지름이 크다.
• 기계적 강도가 크다.

경 알루미늄선

강선

---

**예제문제** 전선의 비중

**1** 가공전선의 구비조건으로 옳지 않은 것은?

① 도전율이 클 것

② 기계적 강도가 클 것

③ 비중이 클 것

④ 신장률이 클 것

해설

가공전선의 구비조건
• 도전율이 커야 한다.
• 중량이 가벼워야 한다.
• 부식성이 적어야 한다.
• 신장률이 적당히 커야 한다.
• 가격이 저렴해야 한다.
• 비중(밀도)이 적어야 한다.

답 ③

■ 표피효과
표피효과는 주파수, 도전율, 전선의 굵기에 비례한다.

■ 표피효과

60Hz.  1000Hz.  4000Hz.

표피두께 $\delta = \dfrac{1}{\sqrt{\pi f \mu k}}$

여기서, $f$ : 주파수
$\mu$ : 투자율
$k$ : 도전율

## ② 표피효과(Skin effect)

### 1. 표피효과의 원인

도체 중심부에 흐르는 전류와 쇄교하는 지속 수가 많기 때문에 부분적으로 인덕턴스가 커진다. 표피효과란 도선의 중심으로 갈수록 전류밀도가 작아지고, 도선의 표피 쪽으로 갈수록 전류밀도가 커지는 현상이다.

### 2. 물리적 특성

표피효과는 주파수가 높을수록, 단면적이 클수록, 도전율이 클수록, 비투자율이 클수록 커진다. 표피효과는 복도체, ACSR, 중공전선 등을 사용하여 줄일 수 있다.

---

**예제문제** 표피효과

**2** 전선에 교류가 흐를 때의 표피효과에 관한 설명으로 옳은 것은?

① 표피효과는 주파수에 비례, 전선의 굵기에 반비례한다.
② 표피효과는 주파수에 비례, 전선의 굵기에 비례한다.
③ 표피효과는 전선의 도전율에 비례, 투자율에 반비례한다.
④ 표피효과는 도전율, 주파수에 반비례한다.

해설
표피효과란 전선에서 전류의 밀도가 도선의 중심으로 들어갈수록 작아지는 현상을 말하며 전선이 굵을수록, 주파수가 높을수록, 도전율이 클수록 심해진다.

답 ②

---

## ③ 전선의 진동과 도약

■ 전선의 진동억제

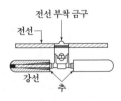

전선 부착 금구
전선
강선
추

철탑완금
2연 현수애자련
댐퍼  클램프
$\dfrac{2}{3}a$  $a$

### 1. 전선의 진동

가공전선에 미풍이 직각방향으로 불면 전선주위에 칼만 와류가 발생되어 전선의 수직방향으로 교번력이 작용하여 진동하는 현상이다. 이러한 진동이 계속되면 전선의 단선사고가 발생할 수 있으며, 지지물의 기계적 강도가 저하된다.

### 2. 전선의 진동 방지대책

송배전 선로에서의 전선의 진동으로 인하여 전선이 단선되는 것을 방지하기 위하여 지지점 가까운 곳에 댐퍼(Damper) 설치하고, Armour Rod로 지지점 부근을 보강한다.

## 3. 전선의 도약

전선에 빙설이 부착되어 중량에 의하여 아래로 드리워지고 그 후 기온의 상승에 의하여 빙설이 탈락할 때 전선이 위쪽으로 도약하게 된다. 이때 상부 전선 또는 가공지선과 단락이나 지락사고를 일으킬 수 있다.

## 4. 오프셋

전선을 수직으로 배치할 경우에 상, 중, 하선 상호간의 수평거리 차(오프셋)를 두어 상·하전선의 단락을 방지한다.

■ 상하전선의 혼촉방지

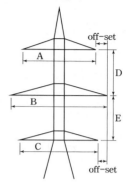

> **예제문제** 오프셋(off-set)
>
> **3** 3상 3선식 수직배치인 선로에서 오프셋(off-set)을 주는 주된 이유는?
>
> ① 상하전선의 단락방지  ② 전선 진동 억제
> ③ 전선의 풍압 감소     ④ 철탑 중량 감소
>
> 해설
> 전선을 수직으로 배치할 경우에 상중하선 상호간의 수평거리 차(오프셋)를 두어 상·하전선의 단락을 방지한다. 한편, 전선의 진동을 억제하기 위하여 사용되는 금구는 댐퍼이다.
>
> 答 ①

## ④ 켈빈의 법칙(Kelvin´s law)

### 1. 켈빈의 법칙에 의한 경제적인 전선의 굵기 선정

전선의 단위길이당 연간 전력손실량의 가격과 전선 단위길이당의 건설비의 이자와 상각비가 같게 될 때 전선의 굵기가 가장 경제적이다.

$$\text{전류밀도} \quad \delta = \sqrt{\frac{2.7 \times 35 MP}{N}} \, [\text{A/mm}^2]$$

$$\text{전선의 굵기} \quad A = \frac{1}{\delta} \times \frac{P}{\sqrt{3} \, V\cos\theta} [\text{mm}^2]$$

■ 경제적인 전선의 굵기 선정
  켈빈의 법칙을 이용
  $M$ : 전선 1[kg]의 가격(원)
  $N$ : 연간 전력량 요금(원)
  $P$ : 연간의 이자와 감가상각비

■ 전선의 굵기 선정시 고려사항
  허용전류, 전압강하, 기계적강도

> **예제문제** 경제적인 전선의 굵기
>
> **4** 다음 중 켈빈(Kelvin)의 법칙이 적용되는 경우는?
>
> ① 전력 손실량을 축소시키고자 하는 경우
> ② 전압 강하를 감소시키고자 하는 경우
> ③ 부하 배분의 균형을 얻고자 하는 경우
> ④ 경제적인 전선의 굵기를 선정하고자 하는 경우
>
> 해설
> 경제적인 전선의 굵기를 선정 할 경우 켈빈의 법칙(Kelvin´s law)을 이용하여 계산한다. 한편, 전선의 굵기를 선정할 경우 고려해야할 사항은 허용전류, 전압강하, 기계적 강도이며, 가장 중요한 것은 허용전류이다.
>
> 答 ④

## ⑤ 애자(Insulator)

### 1. 애자의 역할

전선을 지지하며 전선과 지지물간의 절연간격을 유지한다. 한편, 송배전용 현수애자 표준형 지름은 250[mm]이다.

### 2. 애자의 구비조건

(1) 누설전류가 작고, 절연저항, 기계적 강도가 클 것
(2) 온도의 급변에 잘 견디고 습기를 흡수하지 말 것
(3) 선로전압, 내부이상전압에 충분한 절연내력이 있을 것

### 3. 전압별 애자 개수

현수애자 1련의 애자개수는 내부 이상전압을 기준으로 정한다. 즉, 개폐서지의 최대치를 상규대지전압의 4배로 보고 강우시에 이것에 견디도록 하며, 불량애자 및 열화를 대비하여 약간의 여유를 둔다.

| 전압[kV] | 22.9 | 66 | 154 | 345 | 765 |
|---|---|---|---|---|---|
| 애자 개수 | 2~3 | 4~6 | 9~11 | 19~23 | 39~43 |

### 4. 애자련의 전압부담

1개의 현수 애자련에는 각 애자 자체의 정전용량 외에 애자금구와 철탑, 애자금구와 전선 사이에 각각 정전용량이 있다. 정전용량의 불균일할 때 각 애자의 전압분담은 균등하지 않고 전선에 가장 가까운 애자가 가장 분담비가 크다.

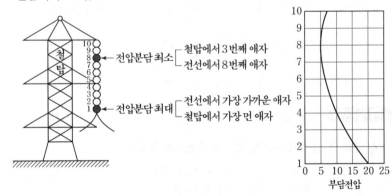

### 5. 애자의 섬락전압

애자의 상하 금구간에 전압을 인가하고 상승시킬 때 어떤 전압 이상시 주위 공기의 절연이 파괴되어 상하 금구간에 지속적인 아크가 발생하며, 이때의 전압을 섬락전압이라 한다.

(1) 주수섬락전압 : 50[kV]

■ 애자의 구비조건
• 누설전류가 적을 것
• 습기를 흡수하지 말 것
• 절연저항이 클 것

■ 현수애자

■ 애자련의 전압분담
• 최대 : 전선에서 첫 번째 애자
• 최소 : 철탑에서 세 번째 애자

(2) 건조섬락전압 : 80[kV]

(3) 충격파섬락전압 : 125[kV]

(4) 유중파괴전압 : 140[kV] 이상

## 6. 애자련의 보호

송전선에 낙뢰가 가해져 애자에 섬락이 생기면 아크라 생겨 애자가 손상되는 경우가 있다. 이것을 방지하기 위하여 소호각, 초호각(Arcing Horn)또는 소호환, 초호환(Arcing Ring)을 설치한다.

## 7. 애자련의 효율

일련의 애자의 각 전압 분담비가 같지 않으므로 일련의 애자의 전체 섬락전압은 각 애자의 섬락전압을 애자련의 애자 개수를 배한 것보다 작아진다. 이 비를 애자련의 효율 또는 연능률 이라한다. $V_n$은 1련의 애자전체 건조섬락전압, $V_1$은 애자 1개의 건조섬락전압, $n$은 애자의 개수이다.

---

**예제문제** 애자련의 전압 부담

**5** 가공 송전선에 사용하는 애자련 중 전압 부담이 가장 큰 것은?

① 전선에 가장 가까운 것
② 중앙에 있는 것
③ 철탑에 가장 가까운 것
④ 철탑에서 1/3 지점의 것

해설
154[kV] 현수애자 1련에서 전압분담이 최소인 애자는 전선에서 8번째 애자이며, 전압분담이 최대인 애자는 전선에서 가장 가까운 애자이다.

답 ①

---

**예제문제** 소호환·소호각·아킹혼

**6** 초호각(Arcing horn)의 역할은?

① 애자의 파손을 방지한다.
② 풍압을 조절한다.
③ 송전 효율을 높인다.
④ 고주파수의 섬락전압을 높인다.

해설
낙뢰가 가해져서 애자에 섬락이 생기면 아크가 생겨 애자가 손상되는 경우가 있다. 이것을 방지하기 위하여 소호각(Arcing Horn)또는 소호환,(Arcing Ring)을 설치한다.

답 ①

- 아킹혼, 아킹링의 역할
  • 전압분담 균일
  • 애자련 보호

- 연능률
$$\eta = \frac{V_n}{n V_1} \times 100$$

- 연면섬락
고체 유전체의 표면을 따라 발생하는 코로나를 연면섬락이라 한다. 연면 섬락은 철탑의 접지저항, 애자련의 개수, 애자련의 소손등과 관련이 있다.

- 소호각

### ⑥ 이도(Dip)

## 1. 이도의 정의

가공전선의 중앙부가 전선의 지지점을 연결하는 수평선으로부터 밑으로
내려가 있는 길이를 이도라 한다.

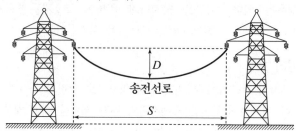

송전선로

$S$

$D$

## 2. 이도의 영향

(1) 이도의 대·소는 지지물의 높이를 좌우한다.

(2) 이도가 너무 작으면 장력이 커져 단선이 될 수도 있다.

(3) 이도가 크면 다른 상이나 수목에 접촉할 우려가 있다.

## 3. 전선의 합성하중

전선에 미치는 하중의 종류는 수직하중(전선자중 $W_i$, 빙설하중 $W_c$)과,
수평하중(풍압하중 $W_p$)이 있다.

■ 전선의 지표상 평균높이

$$H = h - \frac{2}{3} D \,[\mathrm{m}]$$

$h$ : 지지물의 높이
$D$ : 이도

| | 빙설이 적은 지방 | 빙설이 많은 지방 |
|---|---|---|
| 합성 하중 | $W = \sqrt{W_1^2 + W_2^2} = \sqrt{W_i^2 + W_P^2}$<br>$W_1 = W_i$    $W_P = W_2$ | $W = \sqrt{W_1^2 + W_2^2} = \sqrt{(W_i + W_c)^2 + W_P^2}$<br>$W_i$ : 전선자중<br>$W_c$ : 빙설하중<br>$W_p$ : 풍압하중<br>$W_1 \{ W_i, W_c \}$   $W_P = W_2$ |
| 풍압 하중 | $W_p = p\,k\,d \times 10^{-3}\,[\mathrm{kg/m}]$ | $W_p = p\,k\,(d+12) \times 10^{-3}\,[\mathrm{kg/m}]$ |

■ 수평횡하중
상시하중에서 가장 중요한 하중은
풍압하중(수평횡하중)이다.

## 4. 전선의 이도계산

전선의 이도는 장력에 반비례하고, 경간의 제곱에 비례한다. $W$는 합성
하중[kg/m], $S$는 경간[m], $T$는 수평장력[kg]이며, 수평장력은 안전
율에 대한 인장하중의 비이다.

■온도 변화시 이도 계산

$$D_2 = \sqrt{D_1^2 \pm \frac{3}{8}\,\alpha t S^2}\,[\mathrm{m}]$$

$D_1$ : 온도변화 전의 이도
$\alpha$ : 전선의 온도계수

$$D = \frac{W S^2}{8\,T}\,[\mathrm{m}]$$

## 5. 전선의 실제 길이

가공전선로에서 이도를 크게 하였을 경우 필요한 전선의 길이는 증가한다. 한편, 지지물과 지지물의 고저차가 없을 경우 전선의 늘어난 길이는 경간의 0.1[%] 이하가 되도록 한다.

$$L = S + \frac{8D^2}{3S} \, [\text{m}]$$

**예제문제** 이도계산

**7** 공칭단면적 200[mm²], 전선무게 1.838[kg/m], 전선의 바깥지름 18.5[mm]인 경동연선을 경간 200[m]로 가설하는 경우 이도[m]는? (단, 경동연선의 인장하중은 7910[kg], 빙설하중은 0.416[kg/m], 풍압하중은 1.525[kg/m]이고, 안전율은 2.2라 한다.)

① 3.28           ② 3.78

③ 4.28           ④ 4.78

**해설**

$$W = \sqrt{(W_i + W_c)^2 + W_p^2} = \sqrt{(1.838 + 0.416)^2 + 1.525^2} = 2.72 [\text{kg/m}]$$

$$D = \frac{WS^2}{8T} = \frac{2.72 \times 200^2}{8 \times \dfrac{7910}{2.2}} = 3.78 [\text{m}]$$

답 ②

**예제문제**

**8** 그림과 같이 지지점 A, B, C 에는 고저차가 없으며, 경간 AB와 BC사이에 전선이 가설되어, 그 이도가 12[cm] 이었다. 지금 경간 AC의 중점인 지지점 B에서 전선이 떨어져서 전선의 이도가 D로 되었다면 D는 몇 [cm] 인가?

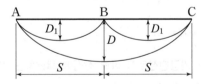

① 18           ② 24

③ 30           ④ 36

**해설**

선로 중심에서 전선이 떨어졌을 경우 이도는 2배가 된다.

답 ②

## ❼ 지중전선로

### 1. 지중 전선로의 특징

(1) 도시의 미관을 중요시하는 경우
(2) 수용밀도가 현저하게 높은 지역에 공급하는 경우
(3) 뇌, 풍수해 등에 의한 사고에 대해서 높은 신뢰도가 요구되는 경우
(4) 보안상의 제한 조건 등으로 가공 전선로를 건설할 수 없는 경우

### 2. 지중 케이블 시공방법의 특징

| 방 법 | 장 점 | 단 점 |
|---|---|---|
| 직매식 | 저렴한 공사비<br>짧은 공사기간<br>열발산이 양호<br>케이블의 좋은 융통성 | 외상을 입기 쉬움<br>케이블의 재시공 곤란<br>케이블의 증설이 곤란<br>보수 점검이 어려움 |
| 관로식 | 케이블의 증설이 용이<br>고장 복구가 비교적 용이<br>보수 점검이 편리 | 회선이 많을수록 송전용량 감소<br>케이블의 융통성에 불리<br>신축, 진동에 의한 시스피로 |
| 전력구식 | 보수 점검이 편리<br>케이블 증설이 용이 | 공사비가 고가<br>공사기간이 장기간 소요 |

### 3. 케이블의 고장점 측정법의 종류

(1) 머레이 루프법
(2) 정전용량 법
(3) 수색 코일법
(4) 임피던스 브리지법
(5) 펄스 레이더법

■ 직접매설식

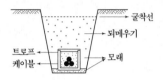

■ 관로식

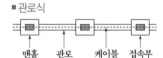

■ 전력구식

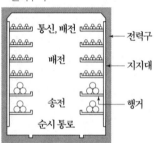

---

**예제문제** 지중전선로

**9** 지중전선로가 가공전선로에 비해 장점에 해당하는 것이 아닌 것은?

① 경과지 확보가 가공전선로에 비해 쉽다.
② 다회선 설치가 가공전선로에 비해 쉽다.
③ 외부기상여건 등의 영향을 받지 않는다.
④ 송전용량이 가공전선로에 비해 크다.

해설
지중전선로는 가공전선로에 비해 송전용량이 작다.

답 ④

SECTION 01

# 출제예상문제

## 01 가공전선의 구비조건으로 옳지 않은 것은?

① 도전율이 클 것
② 기계적 강도가 클 것
③ 비중이 클 것
④ 신장률이 클 것

해설

**가공전선의 구비조건**
• 도전율이 커야 한다.
• 부식성이 적어야 한다.
• 내구성이 있어야 한다.
• 가격이 저렴해야 한다.
• 중량이 가볍고 비중(밀도)이 작아야 한다.
• 신장률이 적당히 커야 한다.

## 02 전선에서 전류의 밀도가 도선의 중심으로 들어갈수록 작아지는 현상은?

① 페란티 효과
② 표피 효과
③ 근접 효과
④ 접지 효과

해설

**표피 효과(skin effect)**
전선에서 전류의 밀도가 도선의 중심으로 들어갈수록 작아지는 현상을 말하며 전선이 굵을수록, 주파수가 높을수록, 도전율이 클수록 심해진다.

## 03 ACSR은 동일한 길이에서 동일한 전기저항을 갖는 경동연선에 비하여 어떠한가?

① 바깥지름은 크고 중량은 작다.
② 바깥지름은 작고 중량은 크다.
③ 바깥지름과 중량이 모두 크다.
④ 바깥지름과 중량이 모두 작다.

해설

ACSR은 경알루미늄선을 인장강도가 큰 강선의 주위에 여러 가닥을 꼬아서 만든 선으로서 경동연선에 비해 중량이 가벼워 전선의 바깥지름을 크게 할 수 있다는 이점이 있다.

## 04 장거리 경간을 갖는 송전선로에서 전선의 단선을 방지하기 위하여 사용하는 전선은?

① 알루미늄선
② 경동선
③ 중공전선
④ ACSR

해설

ACSR 전선은 중심에 강선으로 보강된 전선으로서 그 강도가 매우 크므로 장거리 송전선로에 적합하다.

## 05 다음 중 해안지방의 송전용 나전선으로 가장 적당한 것은?

① 동 선
② 강 선
③ 알루미늄합금선
④ 강심알루미늄선

해설

해안지방의 경우 염의 피해를 예방 또는 최소화하기 위해 소금기에 강한 동선을 사용한다.

## 06 가공 전선로의 전선 진동을 방지하기 위한 방법으로 옳지 않은 것은?

① 토셔널 댐퍼(torsional damper)의 설치
② 스프링 피스톤 댐퍼와 같은 진동 제지권을 설치
③ 경동선을 ACSR로 교환
④ 클램프나 전선 접촉기 등을 가벼운 것으로 바꾸고 클램프 부근에 적당히 전선을 첨가

해설

(1) 전선의 진동은 전선이 가벼운 경우, 경간이 긴 경우, 전선의 직경이 큰 경우에 발생
(2) 진동 방지대책
　① 댐퍼(damper) 설치
　　• 토셔널 댐퍼 : 상하 진동방지(빙설)
　　• 스토크 브리지 댐퍼 : 좌우 진동방지(바람)
　② 아머로드 : 전선의 지지점을 보강하는 방법

정답　01 ③　02 ②　03 ①　04 ④　05 ①　06 ③

**07** 송전선에 댐퍼(damper)를 다는 이유는?

① 전선의 진동방지    ② 전자유도 감소
③ 코로나의 방지    ④ 현수애자의 경사방지

해설
댐퍼 : 전선의 진동방지

**08** 다음 중 켈빈(Kelvin)의 법칙이 적용되는 경우는?

① 전력손실량을 축소시키고자 하는 경우
② 전압강하를 감소시키고자 하는 경우
③ 부하 배분의 균형을 얻고자 하는 경우
④ 경제적인 전선의 굵기를 선정하고자 하는 경우

해설
• 켈빈(Kelvim)의 법칙 : 가장 경제적인 전선의 굵기 선정 시 이용
• 알프레드 스틸의 법칙 : 중거리 선로에서 경제적인 송전전압을 결정하는 데 이용

$$V_s = 5.5 \times \sqrt{0.6 \cdot \ell[\text{km}] + \frac{P[\text{kW}]}{100}}\,[\text{kV}]$$

**09** 옥내배선의 전선의 굵기를 결정할 때 고려되는 사항이 아닌 것은?

① 절연저항    ② 전압강하
③ 허용전류    ④ 기계적 강도

해설
옥내배선에서 전선의 굵기 선정요소
• 허용전류가 커야 한다.(가장 중요한 요소)
• 기계적 강도가 커야 한다.
• 전압강하가 적어야 한다.

**10** 애자가 갖추어야 할 구비조건으로 옳은 것은?

① 온도의 급변에 잘 견디고 습기도 잘 흡수해야 한다.
② 지지물에 전선을 지지할 수 있는 충분한 기계적 강도를 갖추어야 한다.
③ 비, 눈, 안개 등에 대해서도 충분한 절연저항을 가지며 누설전류가 많아야 한다.
④ 선로전압에는 충분한 절연내력을 가지며, 이상전압에는 절연내력이 매우 적어야 한다.

해설
애자의 구비조건
• 기계적 강도가 클 것
• 가격이 저렴할 것
• 수분을 흡수하지 말 것
• 절연저항이 클 것

**11** 현수애자에 대한 설명이 잘못된 것은?

① 애자를 연결하는 방법에 따라 클래비스형과 볼 소켓형이 있다.
② 2~4층의 갓 모양의 자기편을 시멘트로 접착하고 그 자기를 주철제 베이스로 지지한다.
③ 애자의 연결 개수를 가감함으로써 임의의 송전전압에 사용할 수 있다.
④ 큰 하중에 대하여는 2련 또는 3련으로 하여 사용할 수 있다.

해설
현수애자의 특성
• 원판형의 절연체 상하에 연결 금구를 시멘트로 부착시켜 만든다.
• 전압에 따라 필요 개수만큼 연결해서 사용한다.
• 연결 방법에 따라 클래비스형과 볼 소켓형이 있다.
• 종류는 180[mm](소형), 250[mm](대형) 두 종류가 있다.

**12** 250[mm] 현수애자 10개를 직렬로 접속한 애자련의 건조섬락전압이 590[kV]이고 연효율(string efficiency)이 0.74이다. 현수애자 한 개의 건조섬락전압은 약 몇 [kV]인가?

① 80    ② 90
③ 100    ④ 120

해설
연효율 $\eta = \dfrac{V_n}{n\,V_1} \times 100\,[\%]$

$V_1 = \dfrac{V_n}{\eta \times n} = \dfrac{590}{0.74 \times 10} = 79.7\,[\text{V}]$

$\therefore\ V_1 = 80\,[\text{kV}]$

**13** 송전선에 낙뢰가 가해져서 애자에 섬락이 생기면 아크가 생겨 애자가 손상되는 경우가 있다. 이것을 방지하기 위하여 사용되는 것은?

① 댐퍼
② 아머로드(armour rod)
③ 가공지선
④ 아킹혼(arcing horn)

해설

아킹링, 아킹혼의 역할
• 애자련을 보호
• 애자련에 걸리는 전압분담 균일

**14** 송전선로에 사용되는 애자의 특성이 나빠지는 원인으로 볼 수 없는 것은?

① 애자 각 부분의 열팽창의 상이
② 전선 상호간의 유도장애
③ 누설전류에 의한 편열
④ 시멘트의 화학 팽창 및 동결 팽창

해설

애자 특성이 나빠지는 원인
• 시멘트의 화학 팽창 및 동결 팽창
• 누설전류에 의한 편열
• 애자 각부분의 열팽창 상이
• 전기적 부식

**15** 가공 송전선에 사용되는 애자 1련 중 전압부담이 최대인 애자는?

① 철탑에 제일 가까운 애자
② 전선에 제일 가까운 애자
③ 중앙에 있는 애자
④ 철탑과 애자련 중앙의 그 중간에 있는 애자

해설

• 전압분담 최대 = 전선에서 가장 가까운 애자
• 전압분담 최소 = 전선에서 8번째 애자

**16** 경간 200[m]의 지점이 수평인 가공 전선로가 있다. 전선 1[m]의 하중은 2[kgf], 풍압하중은 없는 것으로 하고 전선의 전단 인장하중이 4000[kgf], 안전율을 2.2로 하면 이도는 몇 [m]인가?

① 4.7
② 5.0
③ 5.5
④ 6.0

해설

$$D = \frac{WS^2}{8T} = \frac{2 \times 200^2}{8 \times \frac{4000}{2.2}} = 5.5[\text{m}]$$

**17** 가공 송전선로를 가선할 때에는 하중조건과 온도조건을 고려하여 적당한 이도(dip)를 주도록 하여야 한다. 다음 중 이도에 대한 설명으로 옳은 것은?

① 이도가 작으면 전선이 좌우로 크게 흔들려서 다른 상의 전원에 접촉하여 위험하게 된다.
② 전선을 가선할 때 전선을 팽팽하게 가선하는 것을 크게 준다고 한다.
③ 이도를 작게 하면 이에 비례하여 전선의 장력이 증가되며, 너무 작으면 전선 상호간이 꼬이게 된다.
④ 이도의 대소는 지지물의 높이를 좌우한다.

해설

이도가 크면 지지물의 높이를 높여야 하고 작을경우 지지물의 높이를 낮출 수 있다.

**18** 온도가 $t[℃]$ 상승했을 때의 이도는 약 몇 [m] 정도 되는가? (단, 온도변화 전의 이도를 $D_1[\text{m}]$, 경간을 $S[\text{m}]$, 전선의 온도계수를 $\alpha$ 라 한다.)

① $\sqrt{D_1 + \frac{3}{8}S\alpha t}$
② $\sqrt{D_1 + \frac{8}{3}S\alpha^2 t}$
③ $\sqrt{D_1^2 + \frac{3}{8}S^2\alpha t}$
④ $\sqrt{D_1^2 + \frac{8}{3}S^2\alpha t}$

해설

온도변화시 이도 계산 $D_2 = \sqrt{D_1^2 + \frac{3}{8}S^2\alpha t}$

**19** 전선의 지지점 높이가 $31[\text{m}]$이고, 전선의 이도가 $9[\text{m}]$라면 전선의 평균높이는 몇$[\text{m}]$가 적당한가?

① $25.0[\text{m}]$   ② $26.5[\text{m}]$
③ $28.5[\text{m}]$   ④ $30.0[\text{m}]$

**해설**

전선의 평균높이

$H = h - \dfrac{2}{3} \cdot D$  여기서, $h$ : 지지물의 높이, $D$ : 이도

$\therefore H = 31 - \dfrac{2}{3} \times 9 = 25[\text{m}]$

**20** 경간이 $200[\text{m}]$인 가공 전선로가 있다. 사용전선의 길이는 경간보다 몇 $[\text{m}]$ 더 길게 하면 되는가? (단, 사용전선의 $1[\text{m}]$당 무게는 $2[\text{kg}]$, 인장하중은 $4000[\text{kg}]$, 전선의 안전율은 $2$로 하고 풍압하중은 무시한다.)

① $\dfrac{1}{2}$   ② $\sqrt{2}$
③ $\dfrac{1}{3}$   ④ $\sqrt{3}$

**해설**

• $D = \dfrac{WS^2}{8T} = \dfrac{2 \times 200^2}{8 \times \dfrac{4000}{2}} = 5[\text{m}]$

• 전선의 길이는 경간보다 $\dfrac{8D^2}{3S}$ 만큼 길다.

$\therefore \dfrac{8D^2}{3S} = \dfrac{8 \times 5^2}{3 \times 200} = \dfrac{1}{3}$

**21** 송배전선로에서 전선의 장력을 $2$배로 하고 또 경간을 $2$배로 하면 전선의 이도는 처음의 몇 배가 되는가?

① $\dfrac{1}{4}$   ② $\dfrac{1}{2}$
③ $2$   ④ $4$

**해설**

$D = \dfrac{WS^2}{8T} = \dfrac{2^2}{2} = 2$배

**22** 지중 케이블에 있어서 고장점을 찾는 방법이 아닌 것은?

① 머레이 루프 시험기에 의한 방법
② 수색 코일에 의한 방법
③ 메거에 의한 측정방법
④ 펄스에 의한 측정법

**해설**

지중 케이블의 고장 점을 찾는 방법
• 머레이 루프법
• 수색 코일에 의한 방법
• 펄스 인가법
• 음향 탐지법
• 정전용량법

# 선로정수 및 코로나

## Chapter 02

# SECTION 02

# 선로정수 및 코로나

## ① 선로정수의 정의

### 1. 송전선로의 전기적 구성

송배전 선로는 저항 $R$, 인덕턴스 $L$, 정전용량 $C$, 누설 컨덕턴스 $G$ 라는 4개의 정수로 이루어진 연속된 전기회로이다.

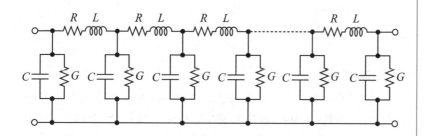

### 2. 선로정수의 특징

송·배전선로의 전기적 특성인 전압강하, 수전전력, 전력손실, 안정도 등을 계산하는데 저항 $R$, 인덕턴스 $L$, 정전용량 $C$, 누설 컨덕턴스 $G$ 를 알아야 한다. 이 4개의 정수를 선로정수라 한다. 선로정수는 전선의 배치, 종류, 굵기 등에 따라 정해지고 전선의 배치에 가장 많은 영향을 받는다. 반면 선로정수는 전압, 전류, 역률, 주파수 등에 의해서 좌우되지 않는다. 따라서, 리액턴스는 주파수에 관계되므로 선로정수가 아니다.

■ 리액턴스
저항 성분으로 변화시킨 용량성리액턴스($X_C$)와 유도성리액턴스($X_L$)는 $2\pi f$에서 주파수($f$)성분이 있으므로 선로정수에 포함되지 않는다.

---

**예제문제** 선로정수의 종류

**1** 송전선로의 선로정수가 아닌 것은 다음 중 어느것인가?

① 저항
② 리액턴스
③ 정전용량
④ 누설 콘덕턴스

해설
송전선로의 선로정수는 저항 $R$, 인덕턴스 $L$, 정전용량 $C$, 누설 컨덕턴스 $G$가 있으며, 전압, 전류, 역률, 주파수등에 의해 좌우되지 않기 때문에 리액턴스는 선로정수가 아니다.

답 ②

■ 합성저항과 합성컨덕턴스
• 직렬접속
합성저항 $R = R_1 + R_2 \, [\Omega]$
합성컨덕턴스
$G = \dfrac{G_1 \cdot G_2}{G_1 + G_2} \, [\mho]$

• 병렬접속
합성저항 $R = \dfrac{R_1 \cdot R_2}{R_1 + R_2} \, [\Omega]$
합성컨덕턴스 $G = G_1 + G_2 \, [\mho]$

## ② 선로의 저항과 컨덕턴스

### 1. 선로의 저항

진류의 흐름을 방해하는 작용을 전기저항 또는 저항(Resistance)이라 하고 단위는 옴([$\Omega$])을 사용한다. 균일한 단면적을 갖는 직선상 도체의 저항 $R$은 그 길이 $\ell$에 비례하고, 단면적 $A$에 반비례한다. 저항의 크기는 송전선로의 전압강하, 전력손실 등에 영향을 미친다.

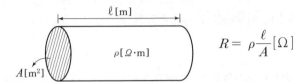

$$R = \rho \frac{\ell}{A} \, [\Omega]$$

### 2. 누설 컨덕턴스

송전선로의 누설 저항은 매우 크므로 그 역수인 누설 컨덕턴스를 사용한다. 실용상 고려할 필요는 없지만 장거리 선로의 경우에는 고려될 수 있다. 누설컨덕턴스는 애자 표면의 누설 전류에 대한 것으로 그 값은 작다.

$$G = \frac{1}{R} \, [\mho]$$

**예제문제** 저항과 누설 컨덕턴스

**2** 현수애자 4개를 1련으로 한 66[kV] 송전선로가 있다. 현수애자 1개의 절연저항이 2000[M$\Omega$]이라면, 표준경간을 200[m]로 할 때 1[km]당의 누설 컨덕턴스[$\mho$]는?

① $0.63 \times 10^{-9}$
② $0.93 \times 10^{-9}$
③ $1.23 \times 10^{-9}$
④ $1.53 \times 10^{-9}$

해설
애자련의 저항 $R = 4 \times 2000 = 8000[M\Omega]$이고 표준경간이 200[m]이므로 1[km]당 절연저항은 애자련 5개의 병렬접속이다. 따라서 합성절연저항
$R_0 = \dfrac{8000}{5} = 1600[M\Omega]$ 일 때
누설컨덕턴스 $G = \dfrac{1}{R_0} = \dfrac{1}{1600 \times 10^6} = 0.63 \times 10^{-9}[\mho]$이다.

답 ①

## ③ 인덕턴스

### 1. 작용 인덕턴스

인덕턴스란 전류에 대한 자속의 비를 의미하고 단위는 헨리[H]를 사용한다. 한편, 인덕턴스에는 자기유도에 의한 자기인덕턴스와 상호유도에 의한 상호인덕턴스 두 가지가 있다. 송전선로의 경우 이를 일체로 하여 한 상에 대해 나타낸 것을 작용인덕턴스라 한다.

### 2. 단도체의 인덕턴스

$$L = 0.05 + 0.4605 \log_{10} \frac{D_e}{r} \ [\mathrm{mH/km}]$$

$r$ : 반지름
$D_e$ : 등가선간거리

### 3. 다도체의 인덕턴스

$$L_n = \frac{0.05}{n} + 0.4605 \log_{10} \frac{D_e}{r_e} \ [\mathrm{mH/km}]$$

$n$ : 소도체의 수
$r_e$ : 등가 반지름

(1) 복도체의 등가반지름

소도체간의 간격 $s$, 소도체의 수 $n$, 소도체의 반지름을 $r$이라 할 때 도선 내부의 자속쇄교수는 단도체의 경우의 $\frac{1}{n}$이 되어 다도체의 등가 반지름은 단도체 보다 증가한다.

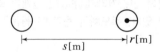

$$r_e = \sqrt[n]{rs^{n-1}}$$

■ 다도체

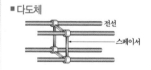

전선
스페이서

> **예**
>
> 2도체인 복도체의 등가반지름은
> $$r_e = \sqrt[n]{rs^{n-1}} = \sqrt[2]{rs^{2-1}} = \sqrt{rs} \ \text{이다.}$$

(2) 복도체의 인덕턴스

$$L_2 = 0.025 + 0.4605 \log_{10} \frac{D_e}{\sqrt{rs}} [\mathrm{mH/km}]$$

### (3) 등가 선간거리

송전선로는 각 상의 배치가 보통 비대칭 3각형을 이루고 있고 그 선 간거리의 평균선간거리는 산술평균이 아니라 기하평균값을 취해야 한다. 전선의 배치에 따른 기하평균 선간거리는 아래와 같이 계산 한다.

| 임의의 배치 | 일직선 수평배치 |
|---|---|
| 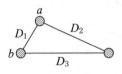 | 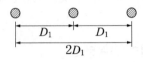 |
| $D_e = \sqrt[3]{D_1 \times D_2 \times D_3}$ | $D_e = \sqrt[3]{2}\,D_1$ |
| 정삼각형 배치 | 정사각형 배치 |
|  | 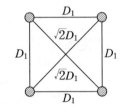 |
| $D_e = D_1$ | $D_e = \sqrt[6]{2}\,D_1$ |

---

**예제문제** 다도체 및 복도체의 등가반지름

**3** 소도체의 반지름이 $r[\text{m}]$, 소도체간의 선간거리가 $d[\text{m}]$인 2개의 소 도체를 사용한 $154[\text{kV}]$ 송전선로가 있다. 복도체의 등가반지름은?

① $\sqrt{rd}$

② $\sqrt{rd^2}$

③ $\sqrt{r^2 d}$

④ $rd$

해설
다도체인 경우 소도체가 $n$개 일 때 등가반지름$= \sqrt[n]{rd^{n-1}}$ 이므로 복도체인 경우 $n = 2$ 를 대입한다. 이 때의 등가반지름$= \sqrt[2]{rd^{2-1}} = \sqrt{rd}$ 이다.

답 ①

예제문제 등가선간거리

**4** 3상 3선식에서 선간거리가 각각 50[cm], 60[cm], 70[cm]인 경우 기하평균 선간거리는 몇[cm]인가?

① 50.4        ② 59.4

③ 62.8        ④ 84.8

해설

기하평균 선간거리는 등가선간거리이므로 제시된 배치모형이 없을 때 임의의 배치로 계산한다. $D_1 = 50[cm]$, $D_2 = 60[cm]$, $D_3 = 70[cm]$를 대입하면,

$$D_e = \sqrt[3]{D_1 \cdot D_2 \cdot D_3} = \sqrt[3]{50 \times 60 \times 70} = 59.4[cm]$$

目 ②

## ④ 정전용량

### 1. 작용정전용량

정전용량이란 선로에서 전하를 축적할 수 있는 능력을 양적으로 표현한 것이며, 단위는 패럿[F]을 사용한다. 선로의 정전용량이 클 경우 경부하 시에 페란티 현상 등이 발생할 수 있다. 한편, 송전선로의 작용정전용량이란 1선의 중성선에 대한 정전용량으로서 주변 도체의 영향까지 모두 고려한 1상당의 정전용량을 말하는 것이다. 송전선로에서 작용정전용량을 구하는 목적은 정상시의 충전전류를 계산하기 위해서이다.

### 2. 대지정전용량과 선간정전용량

송전선로는 일반적으로 3상 3선식 송전방식을 취하고 있으며, 선로에는 전선과 대지와의 사이에 대지 정전용량 $C_s$와 전선과 전선사이의 선간정전용량 $C_m$의 두 가지가 있다.

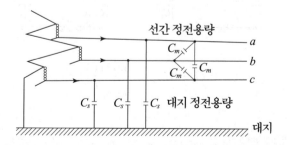

## 3. 단상 2선식의 작용 정전용량

그림①을 그림②처럼 변환하면 단상 2선식이므로 A와 B선은 선로 반대 전위이다. 따라서 그 중성점 n은 영전위이기 때문에 대지와 같이 한 점에 접속할 수 있다. 즉, 그림③처럼 각 전선은 서로의 영향까지 모두 고려한 상태가 되므로 각 선의 작용정전용량은 아래와 같다.

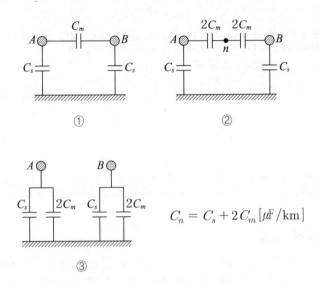

①          ②

③

$$C_n = C_s + 2\,C_m\,[\mu\mathrm{F}/\mathrm{km}]$$

## 4. 3상 3선식의 작용 정전용량

$\Delta$ 결선인 전선간의 선간정전용량 $C_m$ 을 등가 Y결선으로 변환할 수 있다. 그러므로 한 상당의 선간정전용량은 $3\,C_m$ 이 된다. 한 상분의 작용 정전용량은 아래와 같다.

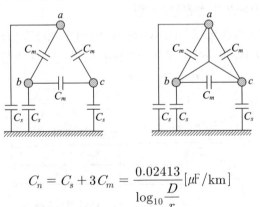

$$C_n = C_s + 3\,C_m = \frac{0.02413}{\log_{10}\dfrac{D}{r}}[\mu\mathrm{F}/\mathrm{km}]$$

---

**예제문제** 작용정전용량

**5** 3상 3선식 3각형 배치의 송전선로가 있다. 선로가 연가되어 각 선 간의 정전용량은 $0.009[\mu\text{F/km}]$, 각 선의 대지정전용량은 $0.003$ $[\mu\text{F/km}]$라고 하면 1선의 작용정전용량$[\mu\text{F/km}]$은?

① 0.03                    ② 0.018

③ 0.012                   ④ 0.006

**해설**

3상 3선식의 작용정전용량 $C_n = C_s + 3C_m$ 이므로

$0.003 + 3 \times 0.009 = 0.03[\mu\text{F/km}]$ 이다.

답 ①

---

## 5. 충전전류

### (1) 충전전류의 정의

충전전류란 송전선로의 작용정전용량에 대지전압이 가해져 흐르는 전류를 말한다. 충전전류는 전압보다 $90°$ 앞선 진상전류이다.

### (2) 충전전류의 영향

충전전류로 인해 페란티 현상, 차단기 개폐서지의 증가 등의 원인이 된다. 특히, 무부하시에는 부하의 L성분이 사라지고 대지정전용량만이 남게 되어 무부하 충전전류가 흐르게 된다.

### (3) 충전전류의 계산

선로의 충전전류를 계산할 경우에는 변압기 결선과 관계없이 대지전압을 적용하여야 함에 주의하여야 한다. 여기서 $E$는 대지전압, $V$는 선간전압이다.

$$I_c = 2\pi f\, CE = 2\pi f\, C\, \frac{V}{\sqrt{3}}\ [\text{A}]$$

## 6. 충전용량

충전용량이란 충전전류가 흐를 때 충전되는 용량을 의미한다. 이 충전용량은 변압기를 $\Delta$결선했을 경우 Y결선 보다 3배 더 크다. 한편, 선로의 충전용량이 발전기의 용량보다 크게 되면 발전기의 자기여자현상이 발생된다. 이러한 발전기의 자기여자현상을 방지하기 위하여 분로리액터를 설시하거나 발전기의 최소용량을 선로의 충전용량보다 크게 한다.

$$P_c = 3 \times 2\pi f\, CE^2 = 3 \times 2\pi f\, C\left(\frac{V}{\sqrt{3}}\right)^2 = 2\pi f\, C V^2 \times 10^{-3}\ [\text{kVA}]$$

■ 상전압과 선간전압

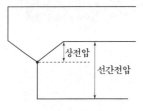

상전압

선간전압

$Y$결선시 선간전압 $V$가 대지전압 $E$보다 $\sqrt{3}$ 배 크다.

**6** 22[kV], 60[Hz] 1회선의 3상 송전의 무부하 충전전류를 구하면?
 (단, 송전선의 길이는 20[km]이고, 1선 1[km]당 정전용량은 0.5
 [$\mu$F]이다.)

① 약 12[A]　　　　　　② 약 24[A]

③ 약 36[A]　　　　　　④ 약 48[A]

해설

충전전류 $I_c = 2\pi f\,CE = 2\pi f\,C\dfrac{V}{\sqrt{3}}$ 에서 $E$는 대지전압이고 $V$는 선간전압이다.

문제에서 22[kV]는 선간전압이므로, 대지전압의 경우 선간전압을 $\sqrt{3}$ 으로 나눈다.

$I_c = 2\times3.14\times60\times0.5\times10^{-6}\times20\times\dfrac{22\times10^3}{\sqrt{3}} = 48[A]$ 이다.

답 ④

## ⑤ 연가(Transposition)

### 1. 선로정수 불평형의 원인

일반적으로 송전선로는 지표상의 높이가 동일하지 않기 때문에 각 상의 인덕턴스, 정전용량 등의 선로정수가 불평형이 된다.

### 2. 선로정수 불평형에 따른 영향

(1) 중성점의 잔류전압으로 소호리액터접지에서 직렬공진의 원인이 된다.

(2) 중성점의 잔류전압으로 통신선의 유도장해가 발생된다.

### 3. 연가(Transposition)

(1) 연가의 정의

선로정수의 불평형을 방지하기 위하여 선로 도중에 개폐소나 연가용 철탑을 이용하여 각 상의 위치를 서로 바꿔주어서 전체 선로의 선로 정수가 같은 값이 되도록 하는 것을 연가라 한다.

(2) 연가 방법

일반적으로 30~50km 정도를 한 구간으로 하고, 이를 3의 배수로 등 분하여 각 상의 위치를 한 번씩 바꾸어 연가를 한다. 연가의 종류에는 점퍼식과 회전식이 있다.

■연가

■연가의 목적과 효과

목적 : 선로정수 평형

효과 : 직렬공진 방지
　　　통신선의 유도장해 감소

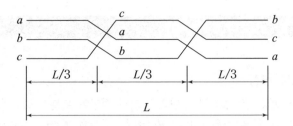

**(3) 효과**

연가시 선로정수가 평형하게 되어 직렬공진에 의한 이상전압, 통신선의 유도장해 등을 방지할 수 있다.

---

**예제문제** 연가의 목적

**7** 3상 3선식 송전선로를 연가(transposition)하는 주된 목적은?

① 전압강하를 방지하기 위하여
② 송전선을 절약하기 위하여
③ 고도를 표시하기 위하여
④ 선로정수를 평형시키기 위하여

해설
연가는 30~50km 정도 구간을 3의 배수로 등분하는 것으로 주된 목적은 선로정수의 평형이며, 효과로는 직렬공진 방지, 통신선의 유도장해 감소 등이 있다.

답 ④

---

**예제문제** 연가의 효과

**8** 연가를 해도 효과가 없는 것은?

① 직렬공진의 방지
② 통신선의 유도장해 감소
③ 대지정전용량의 감소
④ 선로정수의 평형

해설
연가의 목적
• 선로정수평형
• 소호리액터 접지시 직렬공진에 의한 이상전압 억제
• 유도장해 억제

답 ③

## ⑥ 코로나(Corona)

### ■ 전위경도

Y전압

파열극한 전위경도
직류 : 약 30[kV/cm]
교류 : 약 21[kV/cm]

전위경도

전위

1[cm] 전선 표면으로부터의 거리

전선

### ■ 코로나 임계전압 상승 요인

• 날씨가 맑은 날
• 상대공기밀도가 높은 경우
• 전선의 직경이 큰 경우

### 1. 코로나 현상

코로나 현상이란 전선로 주변의 공기의 절연이 부분적으로 피괴되어 낮은 소리나 엷은 빛을 내면서 방전하는 현상을 말한다. DC(직류)의 경우 30[kV/cm], AC(교류)의 경우 21.1[kV/cm]에서 절연이 파괴된다. 이를 공기의 파열극한 전위경도라 하며 전계의 강도가 이 값 이상이 되면 공기는 전리가 시작되어 이온화되므로 도전성을 띈다.

### 2. 코로나 임계전압

코로나 임계전압이란 코로나가 송전선로에서 발생하기 시작하는 시점의 대지전압을 말한다. 송배전계통의 대지전압이 임계전압보다 높을 때에만 코로나가 발생한다는 뜻으로 코로나 임계전압을 높이는 것이 근본적인 대책이다.

$$E_0 = 24.3 \, m_0 \, m_1 \, \delta \, d \log_{10} \frac{D}{r} [\text{kV}]$$

$m_0$ : 표면계수,   $m_1$ : 날씨계수,   $\delta$ : 공기 상대밀도
  $d$ : 전선직경[cm],   $D$ : 선간거리[m]

### 3. 코로나 영향

(1) 코로나 방전에의한 손실로 송전용량이 감소된다.

$$P_c = \frac{241}{\delta}(f+25)\sqrt{\frac{d}{2D}}(E-E_0)^2 \times 10^{-5} [\text{kW/km/선}]$$

$\delta$ : 상대공기밀도        $D$ : 선간거리[cm]
$d$ : 전선의 지름[cm]        $f$ : 주파수[Hz]
$E$ : 전선에 걸리는 대지전압[kV]    $E_0$ : 코로나 임계전압[kV]

(2) 오존의 발생으로 전선의 부식이 촉진된다.
(3) 소음, 통신선의 유도장해 등이 발생한다.
(4) 소호 리액터의 소호 능력이 저하된다.

### ■ 코로나 방지대책

• 복도체 사용(L감소, C증가)
• 코로나 임계전압을 증가
• 가선금구 개량

### 4. 코로나 방지대책

(1) 복도체 또는 굵은 전선을 사용하여 코로나 임계전압을 높인다.
(2) 가선금구를 개량하여 국부적으로 강한 전계의 형성을 방지한다.
(3) 가선시에 전선 표면에 손상이 발생하지 않도록 주의한다.

**예제문제** 코로나 현상

**9** 코로나 현상에 대한 설명으로 거리가 먼 것은?

① 소호리액터의 소호능력이 저하된다.
② 전선 지지점 등에서 전선의 부식이 발생한다.
③ 공기의 절연성이 파괴되어 나타난다.
④ 전선의 전위경도가 40[kV] 이상일 때부터 나타난다.

해설
코로나 현상이 일어날 때 공기의 절연이 파괴되는 전압
• 직류전압 : 30[kV/cm]
• 교류전압 : 21[kV/cm]

답 ④

**예제문제** 코로나 임계전압 상승 요인

**10** 코로나 방지에 가장 효과적인 방법은?

① 선간거리를 증가시킨다.
② 전선의 높이를 가급적 낮게 한다.
③ 선로의 절연을 강화한다.
④ 복도체를 사용한다.

해설
코로나 임계전압 상승 요인(코로나 손실감소)으로는 날씨가 맑은 날, 상대공기밀도가 높은 경우(기압이 높고 온도가 낮은 경우), 전선의 직경이 큰 경우이다. 코로나 발생 방지에 가장 우수한 해결책으로는 복도체를 사용하는 것이다.

답 ④

## ⑦ 복도체

### 1. 복도체

송전선로를 1선으로 설치하는 대신에 2선 이상으로 설치하는 방식이다. 우리나라의 경우 154[kV]는 2도체, 345[kV]는 4도체, 765[kV] 송전선로에서는 6도체를 사용하고 있다. 2도체 이상 사용할 경우 도체간의 충돌을 방지하기 위해 스페이서(spacer)를 설치한다.

### 2. 복도체의 장점

(1) 단도체를 사용한 선로보다 전선의 작용 인덕턴스는 감소되고 작용정전용량은 증가하여 송전용량이 증가하고 안정도를 증대시킨다. 한편, 지중전선로의 작용인덕턴스는 가공전선로보다 작고 작용정전용량은 가공전선로보다 크다.

■ 스페이서

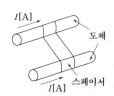

(2) 전선 표면의 전위경도를 저감 및 코로나임계전압이 증대되어 코로나 방지에 효과적이다.

### 3. 복도체의 단점 및 대책

(1) 정전용량이 커지기 때문에 페란티 효과에 의한 수전단전압이 상승하게 된다. 페란티 현상을 방지하기 위해 분로리액터를 설치한다.

(2) 강풍, 빙설에 의한 전선의 진동이 발생하기 때문에 댐퍼를 설치한다.

(3) 단락사고시 등에 각 소도체에 같은 방향의 대전류가 흘러서 도체간에 흡인력이 발생하여 소도체가 서로 충돌해서 전선 표면을 손상시킨다. 도체간의 충돌이 발생되지 않도록 스페이서 설치를 설치한다.

---

**예제문제** 복도체의 사용

**11** 복도체에 대한 설명 중 옳지 않은 것은?

① 같은 단면적의 단도체에 비하여 인덕턴스는 감소하고 정전용량은 증가한다.

② 코로나 개시전압이 높고, 코로나 손실이 적다.

③ 단락시 등의 대전류가 흐를 때, 소도체간에 반발력이 생긴다.

④ 같은 전류용량에 대하여 단도체보다 단면적을 적게 할 수 있다.

해설

**복도체 사용효과**
• 인덕턴스 감소, 정전용량 증가
• 송전용량 증가
• 코로나 임계전압이 상승하여 코로나손 감소
• 전선의 표면 저위경도 감소
※소도체간에 생기는 힘은 흡인력이며, 흡인력으로 인해 전선이 충돌하는 것을 방지하기 위해 스페이서를 설치한다.

답 ③

---

**예제문제**

**12** 3상 3선식 복도체 방식의 송전선로를 3상 3선식 단도체 방식 송전선로와 비교한 것으로 알맞은 것은? (단, 단도체의 단면적은 복도체 방식 소선의 단면적 합과 같은 것으로 한다.)

① 전선의 인덕턴스와 정전용량은 모두 감소한다.

② 전선의 인덕턴스와 정전용량은 모두 증가한다.

③ 전선의 인덕턴스는 증가하고, 정전용량은 감소한다.

④ 전선의 인덕턴스는 감소하고, 정전용량은 증가한다.

해설

단도체를 사용한 선로보다 전선의 작용 인덕턴스는 감소되고 작용정전용량은 증가하여 송전용량이 증가하고 안정도를 증대시킨다. 한편, 지중선로의 작용인덕턴스는 가공전선로보다 작고 작용정전용량은 가공전선로보다 크다.

답 ④

# 출제예상문제

## 01 선로정수에 영향을 가장 많이 주는 것은?

① 전선의 배치
② 송전전압
③ 송전전류
④ 역률

해설

선로정수는 진신의 배치, 굵기, 종류에 따라 정해진다. 이 중 가장 영향을 많이 미치는 것은 전선의 배치이다.

## 02 송·배전 선로는 저항 $R$, 인덕턴스 $L$, 정전용량(커패시턴스) $C$, 누설 컨덕턴스 $G$ 라는 4개의 정수로 이루어진 연속된 전기회로이다. 이들 정수를 선로정수(Line Constant)라고 부르는데 이것은 (㉠), (㉡) 등에 따라 정해진다. 다음 중 (㉠), (㉡)에 알맞은 내용은?

① ㉠ 전압, 전선의 종류  ㉡ 역률
② ㉠ 전선의 굵기, 전압  ㉡ 전류
③ ㉠ 전선의 배치, 전선의 종류  ㉡ 전류
④ ㉠ 전선의 종류, 전선의 굵기  ㉡ 전선의 배치

해설

송전선로에서 선로정수는 선로배치와 선간거리에 따라 변하고 전압, 전류, 역률, 주파수 등에는 영향이 없다.

## 03 3상 3선식 가공 송전선로의 선간거리가 각각 $D_{12}$, $D_{23}$, $D_{31}$일 때, 등가 선간거리는 어떻게 표현되는가?

① $\sqrt{D_{12} \cdot D_{23} + D_{23} \cdot D_{31} + D_{31} \cdot D_{12}}$
② $\sqrt[3]{D_{12} \cdot D_{23} \cdot D_{31}}$
③ $\sqrt{D_{12}^2 + D_{23}^2 + D_{31}^2}$
④ $\sqrt[3]{D_{12}^3 \cdot D_{23}^3 \cdot D_{31}^3}$

해설

등가 선간거리
• 수평 배열 : $D_e = \sqrt[3]{2}\, D$
• 정삼각형 배열 : $D_e = D$
• 임의 배치 : $D_e = \sqrt[3]{D_1 \cdot D_2 \cdot D_3}$
• 정사각형 배열 : $D_e = \sqrt[6]{2}\, D$

## 04 그림과 같은 선로의 등가선간 거리는 몇 [m] 인가?

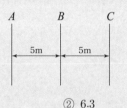

① 5
② 6.3
③ 6.7
④ 10

해설

등가선간거리
$D_1 = 5[\text{m}]$, $D_2 = 5[\text{m}]$, $D_3 = 10[\text{m}]$
$D_e = \sqrt[3]{D_1 \times D_2 \times D_3}$
$D_e = \sqrt[3]{5 \times 5 \times 10} = 5\sqrt[3]{2} = 6.3[\text{m}]$

## 05 전선 4개의 도체가 정사각형으로 그림과 같이 배치되어 있을 때 소도체간 기하 평균거리는 약 몇 [m]인가?

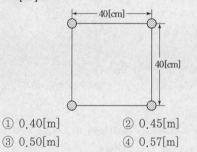

① 0.40[m]
② 0.45[m]
③ 0.50[m]
④ 0.57[m]

해설

등가 선간거리
$D_e = \sqrt[6]{2} \times 0.4 = 0.45[\text{m}]$

**06** 복도체에 있어서 소도체의 반지름을 $r[\text{m}]$, 소도체 사이의 간격을 $s[\text{m}]$라고 할 때 2개의 소도체를 사용한 복도체의 등가반지름은?

① $\sqrt{r \cdot s}\ [\text{m}]$  ② $\sqrt{r^2 \cdot s}\ [\text{m}]$

③ $\sqrt{r \cdot s^2}\ [\text{m}]$  ④ $r \cdot s\ [\text{m}]$

해설

복도체의 등가반지름 $= \sqrt{r \cdot s}\ [\text{m}]$

**07** 반지름 $r[\text{m}]$인 전선 $A$, $B$, $C$가 그림과 같이 수평으로 $D[\text{m}]$ 간격으로 배치되고 3선이 완전 연가된 경우 각 선의 인덕턴스는 몇 $[\text{mH/km}]$인가?

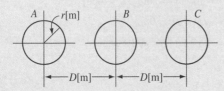

① $L = 0.05 + 0.4605 \log_{10} \dfrac{D}{r}$

② $L = 0.05 + 0.4605 \log_{10} \dfrac{\sqrt{2}\,D}{r}$

③ $L = 0.05 + 0.4605 \log_{10} \dfrac{\sqrt{3}\,D}{r}$

④ $L = 0.05 + 0.4605 \log_{10} \dfrac{\sqrt[3]{2}\,D}{r}$

해설

$L = 0.05 + 0.4605 \log_{10} \dfrac{D}{r}[\text{mH/km}]$ 에서

일직선 수평배치의 등가 선간거리

$D_e = \sqrt[3]{D \cdot D \cdot 2D} = \sqrt[3]{2}\,D$

$\therefore L = 0.05 + 0.4605 \log_{10} \dfrac{\sqrt[3]{2}\,D}{r}[\text{mH/km}]$

**08** 가공 왕복선 배치에서 지름이 $d[\text{m}]$이고 선간거리가 $D[\text{m}]$인 선로 한 가닥의 작용인덕턴스는 몇 $[\text{mH/km}]$인가? (단, 선로의 투자율은 1이라 한다.)

① $0.05 + 0.04605 \log_{10} \dfrac{D}{d}$

② $0.05 + 0.4605 \log_{10} \dfrac{D}{d}$

③ $0.5 + 0.4605 \log_{10} \dfrac{2D}{d}$

④ $0.05 + 0.4605 \log_{10} \dfrac{2D}{d}$

해설

$L = 0.05 + 0.4605 \log_{10} \dfrac{D}{r}[\text{mH/km}]$ 에서

분모가 $d$이므로 분자에도 2를 곱해준다.

$\therefore 0.05 + 0.4605 \log_{10} \dfrac{2D}{d}[\text{mH/km}]$

**09** 전선의 반지름 $r[\text{m}]$, 소도체간의 거리 $\ell[\text{m}]$, 선간거리 $D[\text{m}]$인 복도체의 인덕턴스 $L = 0.4605 P + 0.025[\text{mH/km}]$이다. 이 식에서 $P$에 해당되는 값은?

① $\log_{10} \dfrac{D}{\sqrt{r\ell}}$  ② $\log_{e} \dfrac{D}{\sqrt{r\ell}}$

③ $\log_{10} \dfrac{\ell}{\sqrt{rD}}$  ④ $\log_{e} \dfrac{\ell}{\sqrt{rD}}$

해설

복도체의 등가반지름 $r_e = \sqrt{r \cdot \ell}$

$\therefore P$에 해당하는 것은 $\log_{10} \dfrac{D}{\sqrt{r\ell}}$ 이다.

**10** 송·배전선로에서 도체의 굵기는 같게 하고 경간을 크게 하면 도체의 인덕턴스는?

① 커진다.
② 작아진다.
③ 변함이 없다.
④ 도체의 굵기 및 경간과는 무관하다.

해설

인덕턴스 $L = 0.05 + 0.4605 \log_{10} \dfrac{D}{r}[\text{mH/km}]$

**11** 일반적으로 전선 1가닥의 단위길이당의 작용 정전용량 $C_n[\mu F/km]$가 $C_n = \dfrac{0.02413\varepsilon_s}{\log_{10}\dfrac{D}{r}}[\mu F/km]$로 표시되는 경우 여기서 $D$는 무엇을 나타내는가?

① 전선 반지름[m]　　② 선간거리[m]

③ 전선 지름[m]　　④ 전선거리$\times\dfrac{1}{2}$[m]

해설

$D$ : 선간거리, $r$ : 전선의 반지름

**12** 3상 3선식 선로에 있어서 각 선의 대지 정전 용량이 $C_s[F]$, 선간 정전용량이 $C_m[F]$일 때 1선의 작용 정전용량은 얼마인가?

① $2C_s+3C_m[F]$　　② $3C_s+C_m[F]$

③ $C_s+3C_m[F]$　　④ $C_s+2C_m[F]$

해설

$C$=대지 정전용량($C_s$)+선간 정전용량($C_m$)

• $1\phi$ : $C = C_s + 2C_m$

• $3\phi$ : $C = C_s + 3C_m$

**13** 3상 전원에 접속된 $\triangle$결선의 콘덴서를 $Y$결선으로 바꾸면 진상용량은 $\triangle$결선시의 몇 배로 되는가?

① $\sqrt{3}$　　　　② $\dfrac{1}{3}$

③ $\dfrac{1}{\sqrt{3}}$　　　　④ $3$

해설

콘덴서 용량

• $Y$결선 콘덴서 용량 $Q_Y = 2\pi f CV^2 \times 10^{-9}[kVA]$

• $\triangle$결선 콘덴서 용량

$Q_\triangle = 3Q_Y = 6\pi f CV^2 \times 10^{-9}[kVA]$

$\therefore Q_\triangle = 3Q_Y \rightarrow Q_Y = \dfrac{1}{3}Q_\triangle$

**14** 역률 개선용 콘덴서를 부하와 병렬로 연결하고자 한다. $\triangle$결선방식과 $Y$결선방식을 비교하면 콘덴서의 정전용량(단위 : $\mu$)의 크기는 어떠한가?

① $\triangle$결선방식과 $Y$결선방식은 동일하다.

② $Y$결선방식이 $\triangle$결선방식의 $\dfrac{1}{2}$ 용량이다.

③ $\triangle$결선방식이 $Y$결선방식의 $\dfrac{1}{3}$ 용량이다.

④ $Y$결선방식이 $\triangle$결선방식의 $\dfrac{1}{\sqrt{3}}$ 용량이다.

해설

| 구 분 | $Y$결선 | $\triangle$결선 |
|---|---|---|
| 정전용량 | 3 | 1 |
| 충전용량 | 1 | 3 |

**15** 충전전류는 일반적으로 어떤 전류를 말하는가?

① 앞선전류　　　　② 뒤진전류

③ 유효전류　　　　④ 누설전류

해설

충전전류(= $C$에 흐르는 전류)

→ 앞선전류＝빠른전류＝진상전류이다.

**16** 전압 66000[V], 주파수 60[Hz], 길이 20[km], 심선 1선당 작용 정전용량 0.3464[$\mu F/km$]인 3상 지중 전선로의 3상 무부하 충전전류는 약 몇 [A]인가? (단, 정전용량 이외의 선로정수는 무시한다.)

① 83.5[A]　　　　② 91.5[A]

③ 99.5[A]　　　　④ 107.5[A]

해설

충전전류

$I_c = \omega CE[A]$

$= 2\pi \times f \times C \times \ell \times \dfrac{V}{\sqrt{3}}$

$= 2\pi \times 60 \times 0.3464 \times 10^{-6} \times 20 \times \dfrac{66000}{\sqrt{3}} \fallingdotseq 99.5[A]$

**17** 송전전압이 154[kV], 주파수 60[Hz], 선로의 작용 정전용량 0.01[μF/km], 길이 100[km]인 1회선 송전선을 충전시킬 때 자기여자를 일으키지 않는 최소 발전기용량은 약 몇 [kVA]인가?(단, 발전기의 단락비는 1.1이고, 포화율은 0.1이라고 한다.)

① 5162[kVA]　　② 8941[kVA]

③ 15486[kVA]　　④ 26822[kVA]

해설

자가여자를 일으키지 않는 발전기의 최소용량

$$Q \geq \frac{Q}{K_s} \times \left(\frac{V}{V'}\right)^2 \times (1+\delta)[kVA]$$

$Q$ : 발전기의 용량
$Q'$ : 충전전압에 대한 송전선의 충전용량
$V$ : 발전기의 정격전압
$V'$ : 선로의 충전전압
$K_s$ : 단락비
$\delta$ : 포화율

선로의 충전용량은 아래와 같이 계산한다.

$$Q' = 3 \times 2\pi f CE^2$$

$$= 3 \times 2\pi \times 60 \times 0.01 \times 10^{-6} \times 100 \times \left(\frac{154000}{\sqrt{3}}\right)^2 \times 10^{-3}$$

$$= 8941[kVA]$$

발전기의 정격전압과 충전전압이 같을 경우 자기여자를 일으키지 않는 발전기의 최소용량은 아래와 같다.

$$\therefore Q = \frac{Q}{K_s} \times (1+\delta) = \frac{8941}{1.1} \times (1+0.1) = 8941[kVA]$$

**18** 충전전류에 의해 수전단의 전압이 송전단의 전압보다 높아지는 현상은?

① 페란티 현상
② 코로나 현상
③ 카르노 현상
④ 보어 현상

해설

페란티 현상은 무부하시 또는 경부하시에 나타나며 수전단 전압이 송전단 전압보다 높아지는 현상이다. 페란티현상을 방지하기 위해 분로(병렬)리액터를 설치한다.

**19** 3상 3선식 송전선을 연가할 경우 일반적으로 몇 배수(培數)의 구간으로 등분하여 연가하는가?

① 2　　　　　② 3
③ 5　　　　　④ 6

해설

연가 : 3의 배수로 송전선로의 구간을 등분
• 연가의 목적 : 선로정수 평형
• 연가의 효과 : 직렬공진 방지, 통신선의 유도장해 감소

**20** 송전선로를 연가하는 주된 목적은?

① 페란티효과의 방지　② 직격뢰의 방지
③ 선로정수의 평형　　④ 유도뢰의 방지

해설

연가의 목적
• 선로정수평형
• 직렬공진에 의한 이상전압 억제
• 유도장해 억제

**21** 전극의 어느 일부분의 전위경도가 커져서 공기와의 절연이 파괴되어 생기는 현상은?

① 페란티 현상　　　② 코로나 현상
③ 카르노 현상　　　④ 보어 현상

해설

코로나 현상
전로 중에 국부적으로 절연이 파괴되어 빛, 소음 등을 발생하는 현상

**22** 공기의 파열 극한 전위경도는 정현파 교류의 실효치로 약 몇 [kV/cm]인가?

① 21[kV/cm]　　② 25[kV/cm]
③ 30[kV/cm]　　④ 33[kV/cm]

해설

공기의 파열극한 전위경도
직류 : 약 30[kV/cm], 교류 : 약 21[kV/cm]

**23** 다음 중 코로나 손실에 대한 설명으로 옳은 것은?

① 전선의 대지전압의 제곱에 비례한다.
② 상대공기밀도에 비례한다.
③ 전원주파수의 제곱에 비례한다.
④ 전선의 대지전압과 코로나 임계전압의 차의 제곱에 비례한다.

해설

코로나 손실을 나타내는 Peek식

$$P=\frac{241}{\delta}(f+25)\sqrt{\frac{d}{2D}}(E-E_0)^2\times10^{-5}\ [\text{kW/km/1선}]$$

여기서, $\delta$ : 상대공기밀도
$D$ : 선간거리[cm]
$d$ : 전선의 지름[cm]
$f$ : 주파수[Hz]
$E$ : 전선에 걸리는 대지전압[kV]
$E_0$ : 코로나 임계전압[kV]

**24** 송전선로의 코로나 임계전압이 높아지는 경우가 아닌 것은?

① 상대공기밀도가 적다.
② 전선의 반지름과 선간거리가 크다.
③ 날씨가 맑다.
④ 낡은 전선을 새 전선으로 교체하였다.

해설

코로나 임계전압 상승 요인
• 날씨가 맑은 날
• 상대공기밀도가 높은 경우
• 전선의 직경이 큰 경우

**25** 다음 중 코로나 임계전압에 직접 관계가 없는 것은?

① 전선의 굵기　② 기상조건
③ 애자의 강도　④ 선간거리

해설

코로나 임계전압

$$E_0=24.3m_0m_1\delta d\log_{10}\frac{D}{r}[\text{kV}]$$

∴애자의 강도와는 관계가 없다.

**26** 송전선로의 코로나 손실을 나타내는 Peek식에서 $E_0$에 해당하는 것은? (단, Peek식

$$P=\frac{241}{\delta}(f+25)\sqrt{\frac{d}{2D}}(E-E_0)^2\times10^{-5}[\text{kW/km/선}]$$

이다.)

① 코로나 임계전압
② 전선에 걸리는 대지전압
③ 송전단 전압
④ 기준충격 절연강도 전압

해설

코로나 손실을 나타내는 Peek식

$$P=\frac{241}{\delta}(f+25)\sqrt{\frac{d}{2D}}(E-E_0)^2\times10^{-5}\ [\text{kW/km/선}]$$

여기서, $\delta$ : 상대공기밀도
$D$ : 선간거리[cm]
$d$ : 전선의 지름[cm]
$f$ : 주파수[Hz],
$E$ : 전선에 걸리는 대지전압[kV]
$E_0$ : 코로나 임계전압[kV]

**27** 송전선로에 복도체를 사용하는 이유로 가장 알맞은 것은?

① 선로의 진동을 없앤다.
② 철탑의 하중을 평형화한다.
③ 코로나를 방지하고 인덕턴스를 감소시킨다.
④ 선로를 뇌격으로부터 보호한다.

해설

복도체의 장점
• 인덕턴스 감소, 정전용량 증가
• 송전용량 증가
• 코로나 임계전압이 상승하여 코로나손 감소
• 전선표면 전위경도가 감소

**28** 송전 계통에 복도체가 사용되는 주된 목적은?

① 전력손실의 경감
② 역률 개선
③ 선로정수의 평형
④ 코로나 방지

해설

복도체사용의 주된 목적은 코로나 방지이다.

정답　23 ④　24 ①　25 ③　26 ①　27 ③　28 ④

**29** 송전선에 복도체를 사용하는 경우, 같은 단면적의 단도체를 사용하는 것에 비하여 우수한 점으로 알맞은 것은?

① 전선의 코로나 개시전압은 변화가 없다.
② 전선의 인덕턴스와 정전용량은 감소한다.
③ 전선표면의 전위경도가 증가한다.
④ 송전용량과 안정도가 증대된다.

해설

복도체의 장점
•인덕턴스 감소, 정전용량 증가
•송전용량 증가
•코로나 임계전압이 상승하여 코로나손 감소
•전선의 표면 전위경도 감소

**30** 복도체를 사용하면 송전용량이 증가하는 주된 이유로 알맞은 것은?

① 코로나가 발생하지 않는다.
② 선로의 작용 인덕턴스가 감소한다.
③ 전압강하가 적어진다.
④ 무효전력이 적어진다.

해설

복도체 사용 → 등가반지름 증가 → 인덕턴스($L$) 감소 → 리액턴스($X_L$) 감소 → 송전용량 증대 → 안정도 증대

**31** 복도체를 사용한 송전선로의 단도체를 사용한 선로와 비교할 때 알맞은 것은? (단, 복도체의 총단면적과 단도체의 단면적이 같은 경우이다.)

① 작용 인덕턴스와 작용 정전용량이 모두 감소한다.
② 작용 인덕턴스와 작용 정전용량이 모두 증가한다.
③ 작용 인덕턴스는 감소하고, 작용 정전용량은 증가한다.
④ 작용 인덕턴스는 증가하고, 작용 정전용량은 감소한다.

해설

복도체의 장점
•인덕턴스 감소, 정전용량 증가
•송전용량 증가
•코로나 임계전압이 상승하여 코로나손 감소
•전선표면 전위경도가 감소

**32** 송전선에 복도체(또는 다도체)를 사용할 경우, 같은 단면적의 단도체를 사용하였을 경우와 비교할 때 다음 표현 중 적합하지 않는 것은?

① 전선의 인덕턴스는 감소되고 정전용량은 증가된다.
② 고유 송전용량이 증대되고 정태안정도가 증대된다.
③ 전선표면의 전위경도가 증가한다.
④ 전선의 코로나 개시전압이 높아진다.

해설

복도체의 장점
•인덕턴스 감소, 정전용량 증가
•송전용량 증가
•코로나 임계전압이 상승하여 코로나손 감소
•전선표면 전위경도가 감소

# 송전선로 특성

# Chapter 03

# SECTION 03 송전선로 특성

핵심 NOTE

## ① 송전선로의 해석

### 1. 단거리송전선로
저항($R$)과 인덕턴스($L$)와의 직렬회로로 나타내고 누설콘덕턴스 및 정전용량은 무시한다.

### 2. 중거리송전선로
누설콘덕턴스를 무시, 직렬임피던스($R$, $L$)와 병렬어드미턴스($C$)로 구성되는 $T$형, $\pi$형 회로로 나타낸다.

### 3. 장거리송전선로
$R$, $L$, $C$, $G$ 모두를 포함시킨 분포정수회로이다.

■ 송전선로의 해석
- 단거리 : RL 집중정수 회로
- 중거리 : RLC 집중정수 회로
- 장거리 : RLCG 분포정수회로

---

**예제문제** 송전선로의 특성

**1** 장거리 송전선로의 특성을 정확하게 다루기 위한 회로로 알맞은 것은?

① 분포정수회로  ② 분산부하회로
③ 집중정수회로  ④ 특성 임피던스회로

해설
- 장거리 송전선로 : 분포정수회로
- 중거리 송전선로 : 집중정수회로
- 단거리 송전선로 : 집중정수회로

답 ①

## ② 단거리 송전선로

### 1. 전압강하
전압강하는 한전 수전전압의 강하, 구내 배전선로의 정상전압강하와 순간정전, 낙뢰, 단락지락사고, 대형전동기 기동, 용접기 사용, 아아크로 가동 등에 의한 순시전압강하로 구별한다. 송전선로의 전압강하 식은 아래와 같이 나타낸다.

■ 등가회로
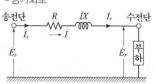

■참고

| 구분 | | 전압 강하 |
|---|---|---|
| 단상 | 1선당 | $2I(R\cos\theta + X\sin\theta)$ |
| | 왕복선 | $I(R\cos\theta + X\sin\theta)$ |
| 3상 | 1선당 | $\sqrt{3}\,I(R\cos\theta + X\sin\theta)$ |

$$e = V_s - V_r = \sqrt{3}\,I(R\cos\theta + X\sin\theta) \quad \cdots\cdots\cdots\cdots ①식$$

$$P = \sqrt{3}\,VI\cos\theta, \quad I = \frac{P}{\sqrt{3}\,V\cos\theta} \quad \cdots\cdots\cdots\cdots\cdots ②식$$

②식을 ①식에 대입해서 정리하면

$$e = \sqrt{3} \times \frac{P}{\sqrt{3}\,V\cos\theta}(R\cos\theta + X\sin\theta) = \frac{P}{V}(R + X\tan\theta)\,[\text{V}]$$

## 2. 전압강하율

전압강하를 수전단 전압으로 나눈 비율을 나타낸다.

$$\delta = \frac{e}{V_r} \times 100 = \frac{V_s - V_r}{V_r} \times 100 = \frac{P}{V^2}(R + X\tan\theta) \times 100\,[\%]$$

## 3. 전압변동률

선로 또는 변압기나 발전기 등에 부하를 연결함으로써 나타나는 전압의 변화 정도를 나타낸 것이다.

■무부하시 수전단 전압
부하가 없을 때 뿐만 아니라 중간에 부하를 끊은 경우도 포함된다.

$$\varepsilon = \frac{V_{ro} - V_r}{V_r} \times 100\,[\%] \quad 단, \begin{cases} V_{ro} : 무부하시\ 수전단\ 전압 \\ V_r\ \ : 전부하시\ 수전단\ 전압 \end{cases}$$

## 4. 전력손실

송전선의 저항 때문에 열이 발생하여 전기에너지의 일부가 손실되는데, 1초 동안에 전선에서 손실되는 에너지를 전력손실이라 한다. 전력손실을 감소시키기 위해서는 승압, 역률개선, 긍장단축 등이 있다.

■전력손실 저감방법
전력을 송전할 때 송전 거리를 짧게 하거나 저항이 작은 전선을 사용하면 전력손실을 줄일 수 있고, 송전전압을 높여서 송전선에 흐르는 전류를 작게하여 전력손실을 줄일 수 있다.

$$P_\ell = 3I^2R = 3\left(\frac{P}{\sqrt{3}\,V\cos\theta}\right)^2 \cdot R$$

$$P_\ell = \frac{P^2R}{V^2\cos^2\theta} = \frac{P^2\rho\ell}{V^2\cos^2\theta A}\,[\text{W}]$$

## 5. 전력손실률

■전압과의 관계
· 송전전력 : $P \propto V^2$
· 전압강하 : $e \propto \dfrac{1}{V}$
· 전력손실 : $P_\ell \propto \dfrac{1}{V^2}$
· 전압강하율 : $\delta \propto \dfrac{1}{V^2}$
· 전선단면적 : $A \propto \dfrac{1}{V^2}$

전력손실률($K$)은 아래 식으로 도출할 수 있으며, 이 식을 통해 전력과 전압의 관계를 알 수 있다. 전력손실률이 일정할 경우, 공급능력은 전압의 제곱에 비례한다.

$$K = \frac{P_\ell}{P_r} \times 100 = \frac{PR}{V^2\cos^2\theta} \quad (R \cdot \cos\theta : 일정)$$

$$K = \frac{P}{V^2} \ 에서 \ P = KV^2 \ (K : 일정)$$

## 예제문제 전압강하

**2** 3상 3선식 가공 송전선로가 있다. 전선 한 가닥의 저항은 $15[\Omega]$, 리액턴스는 $20[\Omega]$이고, 부하전류는 $100[A]$, 부하역률은 $0.8$로 지상이다. 이때 선로의 전압강하는 약 몇 $[V]$인가?

① $2400[V]$           ② $4157[V]$

③ $6062[V]$           ④ $10500[V]$

**해설**

전압강하 $e = V_s - V_r = \sqrt{3}\,I(R\cos\theta + X\sin\theta)$
$$= \sqrt{3}\times100\times(15\times0.8+20\times0.6) \fallingdotseq 4157[V]$$

답 ②

■ 전력과 전압관계
 전력손실률이 일정할 경우 전력은 전압의 제곱에 비례한다. 예를 들어 $110[V]$를 $220[V]$로 승압시 전력은 4배 증가하며, $154[kV]$를 $345[kV]$로 승압시 전력은 약5배 증가한다.

## 예제문제 전압변동률

**3** 송전단 전압이 $66[kV]$ 수전단 전압이 $61[kV]$인 송전선로에서 수전단의 부하를 끊은 경우 수전단 전압이 $63[kV]$라면 전압변동률은 약 몇 $[\%]$인가?

① $2.55$           ② $2.90$

③ $3.17$           ④ $3.28$

**해설**

전압변동률 $\varepsilon = \dfrac{V_{ro} - V_r}{V_r} \times 100$

수전단의 부하를 끊은 경우 무부하시 수전단 전압이 되므로

$\varepsilon = \dfrac{63-61}{61} \times 100 = 3.28[\%]$

답 ④

## 예제문제 전압강하율

**4** 부하전력 및 역률이 같을 때 전압을 $n$배 승압하면 전압강하율과 전력손실은 어떻게 되는가?

① 전압강하율 : $\dfrac{1}{n}$ , 전력손실 : $\dfrac{1}{n^2}$

② 전압강하율 : $\dfrac{1}{n^2}$ , 전력손실 : $\dfrac{1}{n}$

③ 전압강하율 : $\dfrac{1}{n}$ , 전력손실 : $\dfrac{1}{n}$

④ 전압강하율 : $\dfrac{1}{n^2}$ , 전력손실 : $\dfrac{1}{n^2}$

**해설**

• 전압강하율 $\delta = \dfrac{P}{V^2}(R\cos\theta + \sin\theta) \ \rightarrow \ \delta \propto \dfrac{1}{V^2}$

• 전력손실 $P_\ell = \dfrac{P^2 R}{V^2 \cos^2\theta} \ \rightarrow \ P_\ell \propto \dfrac{1}{V^2}$

전압강하율과 전력손실 모두 전압의 제곱에 반비례한다.

답 ④

## ❸ 중거리 송전선로

### ■4단자 정수

• 전압비 A
수전단을 개방하고 송전단 전압과 수전단 전압의 비를 나타낸다.

• 임피던스 B
수전단을 단락한 상태에서 송전단 전압과 수전단전류를 비교하는 것이며 선로의 직렬임피던스로 나타낸다.

• 어드미턴스 C
수전단을 개방한 상태에서 송전단 전류와 수전단전압을 비교한 것이며, 선로의 병렬어드미턴스로 나타낸다.

• 전류비 D
수전단을 단락한 상태에서 송전 단전류와 수전단전류의 비를 나타낸다.

## 1. 4단자 정수

송전계통의 특성을 구하기 위해 송전단 전압($E_s$)과 전류($I_s$)를 수전단 전압($E_R$)과 전류($I_R$)로 표현하기 위한 매개변수 4단자 정수는 $A$, $B$, $C$, $D$로 나타낸다.

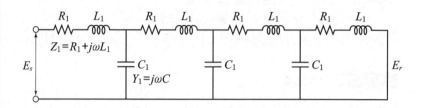

$$\begin{bmatrix} A : 전압비 & B : 임피던스 \\ C : 어드미턴스 & D : 전류비 \end{bmatrix}$$

• 관계식
$$\begin{bmatrix} A = D(대칭회로) \\ AD - BC = 1 \end{bmatrix}$$

• 전파방정식
$$\begin{bmatrix} E_s = A E_r + B I_r \\ I_s = C E_r + D I_r \end{bmatrix}$$

### (1) 임피던스(Z) 만의 회로

$$A = \frac{E_s}{E_r} \mid I_r = 0(수전단개방) = 1$$

$$B = \frac{E_s}{I_r} \mid E_r = 0(수전단단락) = Z$$

$$C = \frac{I_s}{E_r} \mid I_r = 0(수전단개방) = 0$$

$$D = \frac{I_s}{I_r} \mid E_r = 0(수전단단락)\} = 1$$

### ■단일회로 4단자 정수

① 임피던스만의 회로

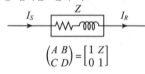

$$\begin{pmatrix} A\ B \\ C\ D \end{pmatrix} = \begin{bmatrix} 1\ Z \\ 0\ 1 \end{bmatrix}$$

② 어드미턴스만의 회로

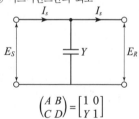

$$\begin{pmatrix} A\ B \\ C\ D \end{pmatrix} = \begin{bmatrix} 1\ 0 \\ Y\ 1 \end{bmatrix}$$

(2) 어드미턴스($Y$)만의 회로

$$A = \frac{E_s}{E_r} \Big|_{I_r = 0} (수전단개방) = 1$$

$$B = \frac{E_s}{I_r} \Big|_{E_r = 0} (수전단단락) = 0$$

$$C = \frac{I_s}{E_r} \Big|_{I_r = 0} (수전단개방) = Y$$

$$D = \frac{I_s}{I_r} \Big|_{E_r = 0} (수전단단락) = 1$$

## 2. $T$형 회로

$T$형 회로는 선로정수 $R$, $L$, $C$를 다루며 어드미턴스 $Y$(정전용량)선로의 중앙에 집중시키고, 임피던스($Z$)를 송·수전 양단에 $\frac{1}{2}$씩 집중한 회로이다.

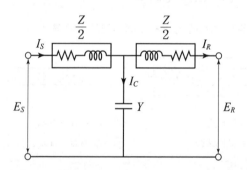

$$\begin{bmatrix} A & B \\ C & D \end{bmatrix} = \begin{bmatrix} 1 & \frac{Z}{2} \\ 0 & 1 \end{bmatrix} \begin{bmatrix} 1 & 0 \\ Y & 1 \end{bmatrix} \begin{bmatrix} 1 & \frac{Z}{2} \\ 0 & 1 \end{bmatrix} = \begin{bmatrix} 1 + \frac{ZY}{2} & \frac{Z}{2} \\ Y & 1 \end{bmatrix} \begin{bmatrix} 1 & \frac{Z}{2} \\ 0 & 1 \end{bmatrix}$$

$$= \begin{bmatrix} 1 + \frac{ZY}{2} & Z\left(1 + \frac{ZY}{4}\right) \\ Y & 1 + \frac{ZY}{2} \end{bmatrix}$$

■2회선 송전선로의 4단자 정수

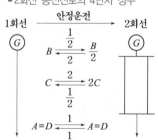

## 3. π형 회로

π형 회로는 임피던스 $Z$를 전부 선로 중앙에 집중시키고, 어드미턴스 $Y$는 2등분해서 선로의 양단에 $\frac{1}{2}$씩 나누어준 회로이다.

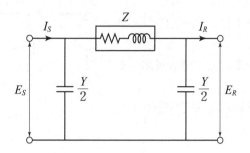

$$\begin{bmatrix} A & B \\ C & D \end{bmatrix} = \begin{bmatrix} 1 & 0 \\ \frac{Y}{2} & 1 \end{bmatrix} \begin{bmatrix} 1 & Z \\ 0 & 1 \end{bmatrix} \begin{bmatrix} 1 & 0 \\ \frac{Y}{2} & 1 \end{bmatrix} = \begin{bmatrix} 1+\frac{ZY}{2} & Z \\ Y\left(1+\frac{ZY}{4}\right) & 1+\frac{ZY}{2} \end{bmatrix}$$

**예제문제** 4단자 회로망의 종속접속

**5** 그림과 같은 회로에 있어서 합성 4단자 정수에서 $B_0$의 값은?

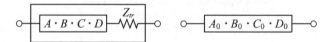

① $B_0 = B + Z_{tr}$  ② $B_0 = A + BZ_{tr}$
③ $B_0 = C + DZ_{tr}$  ④ $B_0 = B + AZ_{tr}$

해설
$$\begin{bmatrix} A_0 & B_0 \\ C_0 & D_0 \end{bmatrix} = \begin{bmatrix} A & B \\ C & D \end{bmatrix}\begin{bmatrix} 1 & Z_{tr} \\ 0 & 1 \end{bmatrix} = \begin{bmatrix} A & AZ_{tr}+B \\ C & CZ_{tr}+D \end{bmatrix}$$ 이므로

임피던스 $B_0 = AZ_{tr} + B$    답 ④

**예제문제** 일반회로정수

**6** 중거리 송전선로의 $T$형 회로에서 일반회로 정수 $C$는 무엇을 나타내는가?

① 저항  ② 어드미턴스
③ 임피던스  ④ 리액턴스

해설
$A$ : 전압비  $B$ : 임피던스  $C$ : 어드미턴스  $D$ : 전류비    답 ②

## ❹ 특성 임피던스

### 1. 특성 임피던스

$$Z_0 = \sqrt{\frac{Z}{Y}} = \sqrt{\frac{r + j\omega L}{g + j\omega C}} = \sqrt{\frac{L}{C}} = 138\log_{10}\frac{D}{r}\,[\Omega]$$

### 2. 전파정수

$$\gamma = \sqrt{Z \cdot Y} = \sqrt{(r + j\omega L)(g + j\omega C)} = j\omega\sqrt{LC} = \sqrt{LC}$$

### 3. 전파속도

$$V = \frac{1}{\gamma} = \frac{1}{\sqrt{LC}} = 3 \times 10^8\,[\text{m/s}]$$

**예제문제** 특성임피던스

**7** 선로의 길이가 250[km]인 3상 3선식 송전선로가 있다. 중성선에 대한 1선당 1[km]의 리액턴스는 0.5[Ω], 용량 서셉턴스는 $3 \times 10^{-6}$[℧]이다. 이 선로의 특성 임피던스는 약 몇 [Ω]인가?

① 366[Ω]  ② 408[Ω]
③ 424[Ω]  ④ 462[Ω]

해설
선로의 특성 임피던스는 선로의 길이와 관계가 없으므로 250[km]는 계산에서 고려하지 않는다.

특성 임피던스 $Z_s = \sqrt{\dfrac{Z}{Y}} = \sqrt{\dfrac{0.5}{3 \times 10^{-6}}} = 408.25\,[\Omega]$

답 ②

**예제문제** 특성임피던스

**8** 파동임피던스가 500[Ω]인 가공송전선 1[km]당의 인덕턴스 $L$과 정전용량 $C$는 얼마인가?

① $L = 1.67\,[\text{mH}],\quad C = 0.0067\,[\mu\text{F/km}]$
② $L = 2.12\,[\text{mH}],\quad C = 0.167\,[\mu\text{F/km}]$
③ $L = 1.67\,[\text{H}],\quad C = 0.0067\,[\text{F/km}]$
④ $L = 0.0067\,[\text{mH}],\quad C = 1.67\,[\mu\text{F/km}]$

해설
파동임피던스 $Z = \sqrt{\dfrac{L}{C}} = 138\log_{10}\dfrac{D}{r} = 500\,[\Omega]$에서

$\log_{10}\dfrac{D}{r} = \dfrac{500}{138}$

$\therefore L = 0.4605 \times \dfrac{500}{138} = 1.67\,[\text{mH/km}]$

$\therefore C = \dfrac{0.02413}{\log_{10}\dfrac{D}{r}} = \dfrac{0.02413}{\dfrac{500}{138}} = 0.0067\,[\mu\text{F/km}]$

답 ①

## ⑤ 송전전압

우리나라에서 송전전압은 $765[\text{kV}]$, $345[\text{kV}]$, $154[\text{kV}]$를 사용한다. 이 때 경제적인 송전전압을 결정하기 위해 Still식을 사용한다.

$$V = 5.5\sqrt{0.6\,\ell + \frac{P}{100}}\,[\text{kV}]$$

$\ell$ : 송전거리[km]

$P$ : 송전용량[kW]

---

**예제문제** 전선의 비중

**9** 송전거리 $50[\text{km}]$, 송전전력 $5000[\text{kW}]$일 때의 Still 식에 의한 송전전압은 대략 몇 $[\text{kV}]$ 정도가 적당한가?

① 10        ② 30

③ 50        ④ 70

**해설**

$V = 5.5\sqrt{0.6\ell[\text{km}] + \frac{P[\text{kW}]}{100}}$ 에서 $\ell = 50[\text{km}]$, $P = 5000[\text{kW}]$ 이므로

$V = 5.5 \times \sqrt{0.6 \times 50 + \frac{5000}{100}} = 50[\text{kV}]$

답 ③

---

## ⑥ 송전용량 계산

### 1. 송전용량 계수법

$$P_s = k\frac{V_s^2}{\ell}[\text{kW}]$$

$k$ : 송전용량계수

$\ell$ : 송전거리[km]

■ 송전용량계수 
┌ $60[\text{km}]$ 이내 : 600
├ $60 \sim 140[\text{km}]$ 이내 : 800
└ $140[\text{km}]$ 이상 : 1200

### 2. 송전용량 일반식

■ 정태안정 극한 전력

$\delta = 90°$일 때 최대전력

$P_m = \dfrac{E_s E_r}{X}$

$$P = \frac{V_s V_r}{X} \times \sin\delta\,[\text{MW}]$$

$X$ : 선로의 리액턴스

$V_s\ V_r$ : 송수전단 전압

$\delta$ : 송수전단 전압의 위상차

**예제문제** 송전용량 계수법

**10** $345[\mathrm{kV}]$ 2회선 선로의 선로길이가 $220[\mathrm{km}]$ 이다. 송전용량 계수법에 의하면 송전용량은 약 몇 $[\mathrm{MW}]$인가? (단, $345[\mathrm{kV}]$의 송전용량계수는 $1200$이다.)

① 525  ② 650
③ 1050  ④ 1300

**해설**
송전용량 계수법은 선로의 길이를 고려해야 한다.

송전용량 계수법에 의한 송전용량 $P_s = K \dfrac{V_r^{\,2}}{\ell}[\mathrm{kW}]$ 이고 2회선 선로이기 때문에 2를 곱한다. 따라서, $P_s = 1200 \times \dfrac{345^2}{220} \times 2 \times 10^{-3} \fallingdotseq 1300[\mathrm{MW}]$

답 ④

## ⑦ 전력원선도

### 1. 전력원선도의 가로축과 세로축

전력원선도의 가로축은 유효전력을 세로축은 무효전력을 나타낸다.

### 2. 전력원선도의 특징

| 전력 원선도에서 알 수 있는 사항 | 전력 원선도에서 알 수 없는 사항 |
|---|---|
| • 송·수전단 전압간의 상차각 | • 과도안정 극한전력 |
| • 송·수전할 수 있는 최대전력 | • 코로나 손실 |
| • 선로손실, 송전효율 | • 도전율 |
| • 수전단의 역률, 조상용량 | • 충전전류 |

**예제문제** 전력원선도

**11** 전력원선도에서 알 수 없는 것은?

① 전력  ② 손실
③ 역률  ④ 코로나 손실

**해설**
전력원선도에서 알 수 있는 것은 송·수전단 전압간의 상차각, 송·수전할 수 있는 최대전력, 선로손실과 송전효율, 수전단의 역률, 필요로 하는 조상용량이 있다.

답 ④

■ 전력원선도
전력원선도란 4단자 정수와 복소전력법을 이용하여 송·수전 전력관계를 원으로 나타낸 그림이다.

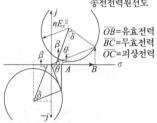

송전전력원선도

$\overline{OB}$=유효전력
$\overline{BC}$=무효전력
$\overline{OC}$=피상전력

수전전력원선도

■ 전력원선도 조건
전력 방정식에 의해서 송·수전단 전압$(E_s, E_r)$과 일반회로정수$(A, B, C, D)$가 필요하다.

■ 원선도의 반지름
$$\rho = \frac{E_s E_r}{B}$$

# 출제예상문제

**01** 송전선로의 송전특성이 아닌 것은?

① 단거리 송전선로에서는 누설컨덕턴스, 정전
용량을 무시해도 된다.

② 중거리 송전선로는 T회로, π회로 해석을 사
용한다.

③ 100[km]가 넘는 송전선로는 근사계산식을 사
용한다.

④ 장거리 송전선로의 해석은 특성임피던스와
전파정수를 사용한다.

해설

100[km]가 넘는 송전선로는 장거리 송전선로로서 분포정
수회로를 사용한다.

**02** 그림과 같이 수전단 전압 3.3[kV] 역률 0.85
(뒤짐)인 부하 300[kW]에 공급하는 선로가 있다.
이 때 송전단 전압은 약 몇 [V]인가?

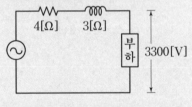

① 2930                   ② 3230
③ 3530                   ④ 3830

해설

$$V_s = V_r + e = V_r + \sqrt{3}\, I(R\cos\theta + X\sin\theta)$$
$$= 3300 + \sqrt{3}\, \frac{300 \times 10^3}{\sqrt{3} \times 3300 \times 0.85}(4 \times 0.85 + 3 \times \sqrt{1-0.85^2})$$
$$= 3832.66 [\mathrm{V}]$$

**03** 늦은 역률의 부하를 갖는 단거리 송전선로의 전
압강하의 근사식은?(단, $P$는 3상 부하전력[kW],
$E$는 선간전압 [kV], $R$은 선로저항 [Ω], $X$는 리
액턴스[Ω], $\theta$는 부하의 늦은 역률각이다.)

① $\dfrac{\sqrt{3}\,P}{E}(R+X\tan\theta)$

② $\dfrac{P}{\sqrt{3}\,E}(R+X\tan\theta)$

③ $\dfrac{P}{E}(R+X\tan\theta)$

④ $\dfrac{P}{\sqrt{3}\,E}(R\cos\theta + X\sin\theta)$

해설

선간전압을 $E$라고 했을 경우

전압강하 근사식은 $\dfrac{P}{E}(R+X\tan\theta)$이다.

**04** 송전단 전압이 3300[V] 수전단 전압이 3000[V]
인 3상 배전선에서 부하전력이 1200[kW] 역률이
0.9일 때 선로저항은 약 몇 [Ω]인가? (단, 선로
의 리액턴스는 무시한다.)

① 0.68                   ② 0.75
③ 0.83                   ④ 0.95

해설

전압강하

$e = \sqrt{3}\, I(R\cos\theta + X\sin\theta)$ 공식에 의하여 $R$값을 계산
문제에서 리액턴스를 무시하므로 $e = \sqrt{3}\, IR\cos\theta$가 된다.

$e = V_s - V_r = 3300 - 3000 = 300$

$R = \dfrac{e}{\sqrt{3} \times I \times \cos\theta}$

$R = \dfrac{300}{\sqrt{3} \times \dfrac{1200 \times 10^3}{\sqrt{3} \times 3000 \times 0.9} \times 0.9} = 0.75\,[\Omega]$

**05** 수전단 전압이 $3300[\mathrm{V}]$이고, 전압강하율이 $4[\%]$인 송전선의 송전단 전압은 몇 $[\mathrm{V}]$인가?

① $3395[\mathrm{V}]$　　　　② $3432[\mathrm{V}]$
③ $3495[\mathrm{V}]$　　　　④ $5678[\mathrm{V}]$

해설

$V_s = V_r \cdot (1+\delta)$ 여기서, $\delta$ : 전압강하율
　　$= 3300 \times (1+0.04) = 3432[\mathrm{V}]$

**06** 모선 전압이 $6600[\mathrm{V}]$인 변전소에서 저항 $6[\Omega]$, 리액턴스 $8[\Omega]$의 송전선을 통해서 역률 $0.8$의 부하에 급전할 때 부하 점 전압을 $6000[\mathrm{V}]$로 하면 몇 $[\mathrm{kW}]$의 전력이 전송되는가?

① $300$　　　　② $400$
③ $500$　　　　④ $600$

해설

$e = \dfrac{P}{V} \times (R + X\tan\theta)$ 이 식에서 전력 $P[\mathrm{kW}]$을 계산

$P = \dfrac{e \times V}{(R+X\tan\theta)} = \dfrac{(6600-6000) \times 6000}{\left(6+8 \times \dfrac{0.6}{0.8}\right)} \times 10^{-3}$

　$= 300[\mathrm{kW}]$

**07** 송전단 전압이 $66[\mathrm{kV}]$, 수전단 전압이 $60[\mathrm{kV}]$인 송전선로에서 수전단의 부하를 끊을 경우에 수전단 전압이 $63[\mathrm{kV}]$가 되었다면 전압 변동률은 몇 %가 되는가?

① $3$　　　　② $4$
③ $5$　　　　④ $6$

해설

전답변동률 계산

$\varepsilon = \dfrac{V_{ro} - V_r}{V_r} \times 100$

$V_{ro}$ : 무부하시 수전단 전압
$V_r$ : 수전단 전압

$\varepsilon = \dfrac{63-60}{60} \times 100 = 5[\%]$

수전단의 부하를 끊은 경우＝무부하

**08** 역률 $80[\%]$의 3상 평형부하에 공급하고 있는 선로길이 $2[\mathrm{km}]$의 3상 3선식 배전선로가 있다. 부하의 단자전압을 $6000[\mathrm{V}]$로 유지하였을 경우, 선로의 전압강하율 $10[\%]$를 넘지 않게 하기 위해서는 부하전력을 약 몇 $[\mathrm{kW}]$까지 허용할 수 있는가? (단, 전선 1선당의 저항은 $0.82[\Omega/\mathrm{km}]$, 리액턴스는 $0.38[\Omega/\mathrm{km}]$라 하고, 그 밖의 정수는 무시한다.)

① $1303$　　　　② $1629$
③ $2257$　　　　④ $2821$

해설

$\delta = \dfrac{P}{V^2} \times (R + X\tan\theta)$

$P = \dfrac{\delta \times V^2}{(R + X\tan\theta)} = \dfrac{0.1 \times 6000^2}{0.82 \times 2 + 0.38 \times 2 \times \dfrac{0.6}{0.8}} \times 10^{-3}$

　$\fallingdotseq 1629[\mathrm{kW}]$

**09** 전력이 같고, 단면적과 긍장이 같을 때 전압강하율$[\%]$은?

① 전압에 비례한다.
② 전압의 제곱에 비례한다.
③ 전압에 반비례한다.
④ 전압의 제곱에 반비례한다.

해설

전압강하율은 $\delta \propto \dfrac{1}{V^2}$ 이다.

**10** 배전전압을 $\sqrt{3}$ 배로 하면 동일한 전력 손실률로 보낼 수 있는 전력은 몇 배가 되는가?

① $\sqrt{3}$　　　　② $\dfrac{3}{2}$
③ $3$　　　　④ $2\sqrt{3}$

해설

전력손실률이 일정한 경우 : $P \propto V^2$
그러므로 $\sqrt{3}$ 의 제곱이므로 3배가 된다.

정답　　05 ②　06 ①　07 ③　08 ②　09 ④　10 ③

**11** 154[kV] 송전선로의 전압을 345[kV]로 승압하고 같은 손실률로 송전한다고 가정하면 송전전력은 승압전의 약 몇 배 정도되겠는가?

① 2 ② 3
③ 4 ④ 5

해설

송전전력 $P$ 는 $P \propto V^2$ 이므로

$$\therefore P = \left(\frac{345}{154}\right)^2 \fallingdotseq 5배이다.$$

**12** 3상 선로의 전압이 $V$[V]이고, $P$[W], 역률 $\cos\theta$인 부하에서 한 선의 저항이 $R$[Ω]이라면 이 3상 선로의 전체 전력손실은 몇 [W]가 되겠는가?

① $\dfrac{PR}{\sqrt{3}\,V^2\cos^2\theta}$ ② $\dfrac{P^2R^2}{V^2\cos^2\theta}$
③ $\dfrac{PR^2}{V\cos^2\theta}$ ④ $\dfrac{P^2R}{V^2\cos^2\theta}$

해설

전력손실(3$\phi$)

전력손실 : $P_l = 3I^2R$ ⋯⋯⋯⋯⋯⋯⋯⋯⋯⋯ ①

전력 : $P = \sqrt{3}\,VI\cos\theta$에서 $I = \dfrac{P}{\sqrt{3}\,V\cos\theta}$ ⋯⋯ ②

② → ①식에 대입하면

$$P = 3\left(\frac{P}{\sqrt{3}\,V\cos\theta}\right)^2 R = \frac{P^2R}{V^2\cos^2\theta}\,[\text{W}]$$

**13** 동일한 전압에서 동일한 전력을 송전할 때 역률을 0.8에서 0.9로 개선하면 전력손실은 약 몇 [%] 정도 감소하는가?

① 5 ② 10
③ 20 ④ 40

해설

전력손실 $P_\ell \propto \dfrac{1}{\cos^2\theta}$

$$P_L = \left(\frac{0.8}{0.9}\right)^2 \times P_\ell \fallingdotseq 0.79P_\ell$$

$$\therefore 1 - 0.79 = 0.21$$

**14** π형 회로의 일반회로정수에서 $B$는 무엇을 의미하는가?

① 저항 ② 리액턴스
③ 임피던스 ④ 어드미턴스

해설

$A$ : 전압비
$B$ : 임피던스
$C$ : 어드미턴스
$D$ : 전류비

**15** 그림과 같은 회로에서 4단자 정수 $A, B, C, D$는?(단, $E_s, I_s$ 는 송전단 전압, 전류이고, $E_r$, $I_r$ 은 수전단 전압, 전류, $Y$는 병렬 어드미턴스이다.)

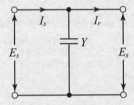

① $A=1,\ B=0,\ C=Y,\ D=1$
② $A=1,\ B=Y,\ C=0,\ D=1$
③ $A=1,\ B=Y,\ C=1,\ D=0$
④ $A=1,\ B=0,\ C=0,\ D=1$

해설

$$\begin{bmatrix} E_s \\ I_s \end{bmatrix} = \begin{bmatrix} A & B \\ C & D \end{bmatrix}\begin{bmatrix} E_r \\ I_r \end{bmatrix} = \begin{bmatrix} 1 & 0 \\ Y & 1 \end{bmatrix}\begin{bmatrix} E_r \\ I_r \end{bmatrix}$$
$$\therefore A=1,\ B=0,\ C=Y,\ D=1$$

**16** 중거리 송전선로의 $\pi$형 회로에서 송전단전류 $I_s$는? (단, $Z$, $Y$는 선로의 직렬임피던스와 병렬 어드미턴스이고, $E_r$, $I_r$은 수전단 전압과 전류이다.)

① $\left(1+\dfrac{ZY}{2}\right)E_r + ZI_r$

② $\left(1+\dfrac{ZY}{2}\right)E_r + Z\left(1+\dfrac{ZY}{4}\right)I_r$

③ $\left(1+\dfrac{ZY}{2}\right)I_r + Y\left(1+\dfrac{ZY}{4}\right)I_r$

④ $\left(1+\dfrac{ZY}{2}\right)I_r + Y\left(1+\dfrac{ZY}{4}\right)E_r$

해설

$\pi$형 회로의 4단자정수

$$\begin{bmatrix} A & B \\ C & D \end{bmatrix} = \begin{bmatrix} 1+\dfrac{ZY}{2} & Z \\ Y\left(1+\dfrac{ZY}{4}\right) & 1+\dfrac{ZY}{2} \end{bmatrix}$$

$I_s = CE_r + DI_r$ 이므로

$$I_s = \left(1+\dfrac{ZY}{2}\right)I_r + Y\left(1+\dfrac{ZY}{4}\right)E_r$$

**17** $T$형 회로에서 4단자 정수 $A$는? (단, $Z$는 선로의 직렬 임피던스, $Y$는 선로의 병렬 어드미턴스이다.

① $Z$　　　　　　② $Y$

③ $1+\dfrac{ZY}{2}$　　④ $Z\left(1+\dfrac{ZY}{4}\right)$

해설

$T$형 회로의 4단자 정수

$$\begin{pmatrix} A & B \\ C & D \end{pmatrix} = \begin{pmatrix} 1+\dfrac{ZY}{2} & Z\left(1+\dfrac{ZY}{4}\right) \\ Y & 1+\dfrac{ZY}{2} \end{pmatrix}$$

**18** 일반회로정수가 $A$, $B$, $C$, $D$이고 송전단 상전압이 $E_s$인 경우, 무부하시의 충전전류(송전단 전류)는?

① $\dfrac{C}{A}E_s$　　　　② $ACE_s$

③ $\dfrac{A}{C}E_s$　　　　④ $CE_s$

해설

$E_s = AE_r + BI_r$　무부하이므로 $I_r = 0$

$E_s = AE_r$　$\therefore E_r = \dfrac{E_s}{A}$

$I_s = CE_r + DI_r$　무부하이므로 $I_r = 0$

$I_s = CE_r$

$\therefore Er$을 대입하면 $I_s = CE_r = C \cdot \dfrac{E_s}{A}$

**19** 송전선로의 일반회로정수가 $A=0.7$, $B=j190$, $D=0.9$라면 $C$의 값은?

① $-j1.95 \times 10^{-3}$　② $j1.95 \times 10^{-3}$

③ $-j1.95 \times 10^{-4}$　④ $j1.95 \times 10^{-4}$

해설

4단자 정수에서 $AD - BC = 1$

$$C = \dfrac{AD-1}{B} = \dfrac{0.9 \times 0.7 - 1}{j190} = j1.95 \times 10^{-3} [\mho]$$

**20** 중거리 송전선로의 $T$형 회로에서 송전단 전류 $I_s$는? (단, $Z$, $Y$는 선로의 직렬 임피던스와 병렬 어드미턴스이고, $E_r$은 수전단 전압, $I_r$은 수전단 전류이다.)

① $I_r\left(1+\dfrac{Z \cdot Y}{2}\right) + Y \cdot E_r$

② $E_r\left(1+\dfrac{Z \cdot Y}{2}\right) + Z \cdot I_r\left(1+\dfrac{Z \cdot Y}{4}\right)$

③ $E_r\left(1+\dfrac{Z \cdot Y}{2}\right) + Z \cdot I_r$

④ $I_r\left(1+\dfrac{Z \cdot Y}{2}\right) + Y \cdot E_r\left(1+\dfrac{Z \cdot Y}{4}\right)$

해설

$T$형 회로의 4단자 정수

$$\begin{pmatrix} A & B \\ C & D \end{pmatrix} = \begin{pmatrix} 1+\dfrac{ZY}{2} & Z\left(1+\dfrac{ZY}{4}\right) \\ Y & 1+\dfrac{ZY}{2} \end{pmatrix}$$

$I_s = CE_r + DI_r$ 에 대입

$$\therefore\ I_r\left(1+\dfrac{Z\cdot Y}{2}\right)+Y\cdot E_r$$

**21** 그림과 같이 4단자 정수가 $A_1$, $B_1$, $C_1$, $D_1$인 송전선로의 양단에 $Z_s$, $Z_r$의 임피던스를 갖는 변압기가 연결된 경우의 합성 4단자 정수 중 $A$의 값은?

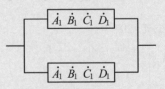

① $A = C_1$　　　　② $A = B_1 + A_1Z_r$

③ $A = A_1 + C_1Z_s$　④ $A = D_1 + C_1Z_r$

해설

4단자 정수를 구하는 행렬식에 의해서

$$\begin{bmatrix} A & B \\ C & D \end{bmatrix} = \begin{bmatrix} 1 & Z_s \\ 0 & 1 \end{bmatrix}\begin{bmatrix} A_1 & B_1 \\ C_1 & D_1 \end{bmatrix}\begin{bmatrix} 1 & Z_r \\ 0 & 1 \end{bmatrix}$$

$$= \begin{bmatrix} A_1+C_1Z_s & B_1+D_1Z_s \\ C_1 & D_1 \end{bmatrix}\begin{bmatrix} 1 & Z_r \\ 0 & 1 \end{bmatrix}$$

$$= \begin{bmatrix} A_1+C_1Z_s & Z_r(A_1+C_1Z_s)+B_1+D_1Z_s \\ C_1 & C_1Z_r+D_1 \end{bmatrix}$$

**22** 일반회로정수가 $A$, $B$, $C$, $D$인 선로에 임피던스가 $\dfrac{1}{Z_T}$인 변압기가 수전단에 접속된 계통의 일반회로정수 $D_0$는?

① $\dfrac{C+DZ_T}{Z_T}$　　　② $\dfrac{C+AZ_T}{Z_T}$

③ $\dfrac{B+AZ_T}{Z_T}$　　　④ $\dfrac{B+DZ_T}{Z_T}$

해설

$$\begin{bmatrix} A_0 & B_0 \\ C_0 & D_0 \end{bmatrix} = \begin{bmatrix} A & B \\ C & D \end{bmatrix}\begin{bmatrix} 1 & \dfrac{1}{Z_T} \\ 0 & 1 \end{bmatrix} = \begin{bmatrix} A & \dfrac{A}{Z_T}+B \\ C & \dfrac{C}{Z_T}+D \end{bmatrix}$$

$$\therefore\ D_0 = \dfrac{C}{Z_T}+D = \dfrac{C+DZ_T}{Z_T}$$

**23** 선로의 특성 임피던스는?

① 선로의 길이가 길어질수록 값이 커진다.
② 선로의 길이가 길어질수록 값이 작아진다.
③ 선로의 길이보다는 부하전력에 따라 값이 변한다.
④ 선로의 길이에 관계없이 일정하다.

해설

선로의 특성 임피던스는 길이에 관계없이 일정하다.

**24** 전선에서 저항과 누설 컨덕턴스를 무시한 개략 계산에서 송전선의 특성 임피던스의 값은 보통 몇 [Ω] 정도인가?

① $100\sim300$　　　② $300\sim500$

③ $500\sim700$　　　④ $700\sim900$

해설

단도체 : $300\sim500[\Omega]$　　복도체 : $230\sim380[\Omega]$

**25** 그림과 같이 정수가 서로 같은 평행 2회선 송전선로의 4단자 정수 중 $B$에 해당되는 것은?

① $2B_1$　　　　② $4B_1$

③ $1/2B_1$　　　④ $1/4B_1$

**해설**

| 구 분 | 1회선 | 2회선 |
|-------|-------|-------|
| $A$ | 1 | 1 |
| $B$ | 1 | 1/2 |
| $C$ | 1 | 2 |
| $D$ | 1 | 1 |

**26** 62000[kW]의 전력을 60[km] 떨어진 지점에 송전하려면 전압은 약 몇 [kV]로 하면 좋은가?

① 66
② 110
③ 140
④ 154

**해설**

선로에서 경제적인 송전전압을 결정시 스틸식이용

$$V_s = 5.5 \times \sqrt{0.6 \times 60 + \frac{62000}{100}} = 140[kV]$$

**27** 송전용량 계수법에 의하여 송전선로의 송전용량을 결정할 때 수전전력의 관계를 옳게 표현한 것은?

① 수전전력의 크기는 송전거리와 송전전압에 비례한다.
② 수전전력의 크기는 송전거리에 비례하고 수전단 선간전압의 제곱에 비례한다.
③ 수전전력의 크기는 송전거리에 반비례하고 수전단 선간전압에 비례한다.
④ 수전전력의 크기는 송전거리에 반비례하고 수전단 선간전압의 제곱에 비례한다.

**해설**

**송전용량 계수법**
송전용량은 전압의 크기에 의하여 정해지며, 선로길이를 고려한 것이 송전용량 계수법이다.

송전용량 $P_s = K\dfrac{V_r^2}{\ell}[kW]$

**28** 교류송전에서는 송전거리가 멀어질수록 동일 전압에서의 송전 가능전력이 적어진다. 다음 중 그 이유로 가장 알맞은 것은?

① 선로의 어드미턴스가 커지기 때문이다.
② 선로의 유도성 리액턴스가 커지기 때문이다.
③ 코로나 손실이 증가하기 때문이다.
④ 표피 효과가 커지기 때문이다.

**해설**

선로의 유도성 리액턴스는 선로의 길이가 길어실수록 커진다.

**29** 345[kV] 2회선 선로의 선로길이가 220[km]이다. 송전용량 계수법에 의하면 송전용량은 약 몇 [MW]인가? (단, 345[kV]의 송전용량계수는 1200이다.)

① 525
② 650
③ 1050
④ 1300

**해설**

**송전용량 계수법**
송전용량은 전압의 크기에 의하여 정해지며, 선로길이를 고려한다.

송전용량 $P = K\dfrac{V^2}{\ell}[kW]$

여기서, $K$ : 송전용량 계수
　　　　 $V$ : 선간전압
　　　　 $\ell$ : 송전거리

$$P_s = 1200 \times \frac{345^2}{220} \times 2 \times 10^{-3} = 1300[MW]$$

**30** 송전선로에서 송수전단 전압 사이의 상차각이 몇 [°]일 때 최대전력으로 송전할 수 있는가?

① 30°
② 45°
③ 60°
④ 90°

**해설**

$$P_s = \frac{V_s V_r}{X} \times \sin\delta$$

$\sin\theta$는 90°일 때 1이므로 90° 일 때가 최댓값을 가진다.

**정답** 　26 ③ 　27 ④ 　28 ② 　29 ④ 　30 ④

**31** 전력 원선도의 가로축과 세로축을 나타내는 것은?

① 전압과 전류
② 전압과 전력
③ 전류와 전력
④ 유효전력과 무효전력

해설

가로축과 세로축, 유효전력과 무효전력

**32** 정전압 송전방식에서 전력 원선도를 그리려면 무엇이 주어져야 하는가?

① 송·수전단 전압, 선로의 일반회로정수
② 송·수전단 전류, 선로의 일반회로정수
③ 조상기 용량, 수전단 전압
④ 송전단 전압, 수전단 전류

해설

전력 방정식에 의해서 송·수전단 전압($E_s$, $E_r$)과 일반회로정수($A$, $B$, $C$, $D$) 가 필요하다.

**33** 154[kV] 송전선로에서 송전거리가 154[km]라 할 때 송전용량 계수법의 의한 송전용량은 몇 [kW]인가? (단, 송전용량 계수는 1200으로 한다.)

① 16600
② 92400
③ 123200
④ 184800

해설

**송전용량 계수법**
송전용량은 전압의 크기에 의하여 정해지며, 선로 길이를 고려한 것이 송전용량 계수법이다.

송전용량 $P_s = k\dfrac{V_r^{\,2}}{\ell}$[kW]

$K$ : 송전용량 계수, $V_r$ : 수전단 선가전압, $\ell$ : 송전거리

$P_s = 1200 \times \dfrac{154^2}{154} ≒ 184800$[kW]

**34** 전력원선도에서 알 수 없는 것은?

① 조상용량
② 선로손실
③ 송전단의 역률
④ 정태안정 극한전력

해설

원선도에서 알 수 있는 사항
• 정태안정극한전력
• 송수전단 전압간의 상차각
• 수전단 역률
• 선로 손실과 송전효율·조상용량

**35** 수전단의 전압을 $E_s$, $E_r$이라고 하고 4단자 정수를 $A, B, C, D$라 할 때 전력 원선도를 그릴 때의 반지름은?

① $\dfrac{E_sE_r}{A}$
② $\dfrac{E_rE_s}{B}$
③ $\dfrac{E_rE_s}{C}$
④ $\dfrac{E_rE_s}{D}$

해설

전력 원선도의 반지름 $\rho = \dfrac{E_sE_r}{B}$

Engineer Electricity
Industrial Engineer Electricity

# 안정도

# Chapter 04

# 안정도

## ① 안정도의 종류

### 1. 정태안정도

정상적인 운전 상태에서 서서히 부하를 조금씩 증가했을 경우 안정운전을 지속할 수 있는가 하는 능력을 말한다. 이때, 극한전력을 정태안정 극한전력이라 한다.

### 2. 동태안정도

고성능 AVR 또는 조속기 등이 갖는 제어 효과까지를 고려해서 안정운전을 지속할 수 있는 능력을 말한다. 이때, 한계전력을 동태안정 극한전력이라 한다.

### 3. 과도안정도

부하가 갑자기 크게 변동하는 경우, 계통에 사고가 발생해서 계통에 충격을 주었을 경우, 계통에 연결된 각 동기기가 동기를 유지해서 계속 운전할 수 있는 능력을 말한다. 이때, 극한전력을 과도안정 극한전력이라 한다.

핵심 NOTE

■ 안정도의 의미
주어진 운전조건에서 안정하게 운전을 계속할 수 있는 능력을 말한다.

---

예제문제 　안정도의 종류

**1** 전력계통에서 안정도란 주어진 운전 조건하에서 계통이 안정하게 운전을 계속할 수 있는가의 능력을 말한다. 다음 중 안정도의 구분에 포함되지 않는 것은?

① 동태안정도
② 과도안정도
③ 정태안정도
④ 동기안정도

해설
안정도의 종류에는 정태안정도, 동태안정도, 과도안정도가 있다.

답 ④

## ② 조상설비

### 1. 조상설비의 의의

조상설비란 무효전력(진상 또는 지상)을 조정하여 전압조정 및 전력손실
의 경감을 도모하기 위한 설비이다.

### 2. 조상설비 비교

| 구 분 | 동기조상기 | 전력용 콘덴서 | 분로 리액터 |
|---|---|---|---|
| 무효전력 흡수능력 | 진상 및 지상 | 진상 | 지상 |
| 조정의 형태 | 연속적 | 불연속 | 불연속 |
| 전압 유지 능력 | 크다 | 작다 | 작다 |
| 보수의 난이도 | 어렵다 | 쉽다 | 쉽다 |
| 손실 | 크다 | 작다 | 작다 |
| 시충전 | 가능 | 불가능 | 불가능 |

### 3. 전력용 콘덴서 설비

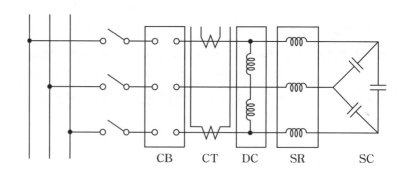

CB    CT    DC    SR    SC

■ 전력용콘덴서

(1) 방전코일
    전원 개방시 잔류전하를 방전하여 인체를 보호한다.

(2) 직렬 리액터
    선로에는 자기포화현상 때문에 고조파전압이 포함되어 있으며 콘덴서
    의 연결로 고조파전압이 확대된다. 제 3고조파 전압은 변압기의 △ 결
    선에 의해 제거되나 제 5고조파의 제거를 위해서 콘덴서와 직렬공진
    하는 직렬 리액터를 삽입한다.

(3) 전력용 콘덴서
    수전단의 동력부하는 유도성 부하가 많으므로 지상전류가 흘러 전압
    강하와 전압변동률이 크다. 이 때 진상무효전력을 공급하여 역률을 개
    선한다.

■ 직렬 리액터 용량

전력용 콘덴서를 변전소에 설치한 후 직렬 리액터를 설치하려면 알맞은 용량을 설치해야 한다. 이 때 콘덴서 용량의 4(이론값)~6(실무값)[%] 직렬 리액터를 삽입하여 제5고조파를 제거한다.

$$2\pi \times 5 f_o L = \frac{1}{2\pi \times 5 f_o C}$$

$$10\pi f_o L = \frac{1}{10\pi f_o C}$$

**예제문제** 조상설비의 비교

**2** 동기조상기와 전력용 콘덴서를 비교할 때 전력용 콘덴서의 장점으로 맞는 것은?

① 진상과 지상전류 공용이다.
② 전압조정이 연속적이다.
③ 송전선로의 시충전에 이용 가능한다.
④ 단락고장이 일어나도 고장전류가 흐르지 않는다.

**해설**

| 동기조상기 | 전력용 콘덴서 |
|---|---|
| • 진상전류와 지상전류를 모두 공급가능 | • 진상전류만을 공급가능 |
| • 연속적 조정이 가능 | • 연속조정이 불가능(단계적) |
| • 시충전(시송전)가능 | • 시송전 불가능 |

답 ④

**예제문제** 직렬 리액터

**3** 주변압기 등에서 발생하는 제 5고조파를 줄이는 방법은?

① 전력용 콘덴서에 직렬 리액터를 접속
② 변압기 2차 측에 분로 리액터 연결
③ 모선에 방전코일 연결
④ 모선에 공진 리액터 연결

**해설**
제 5고조파 제거를 위해서 콘덴서와 직렬공진하는 직렬 리액터를 설치한다.
직렬리액터는 콘덴서 용량의 4[%](이론적), 5~6[%](실무)를 적용한다.

답 ①

## ③ 안정도 향상대책

### 1. 직렬 리액턴스 감소대책

최대 송전전력과 리액턴스는 반비례하므로 직렬 리액턴스를 감소시킨다.
(1) 발전기나 변압기의 리액턴스를 감소시킨다.
(2) 선로의 병행 회선을 증가하거나 복도체를 사용한다.
(3) 직렬콘덴서를 사용하고 단락비가 큰 기기를 설치한다.

### 2. 전압변동 억제대책

고장시 발전기는 역률이 낮은 지상전류를 흘리기 때문에 전기자 반작용에 의해 단자전압은 현저히 저하한다. 이 때 여자전류를 신속하게 증대시켜주면 동기 화력이 증대해서 안정도를 높일 수 있다.

(1) 속응 여자방식을 채용한다.

(2) 계통을 연계한다.

(3) 중간 조상방식을 채용한다.

## 3. 충격 경감대책

고장 전류를 작게 하고 고장 부분을 신속하게 제거해야 한다.

(1) 적당한 중성점 접지방식을 채용한다.

(2) 고속 차단방식을 채용한다.

(3) 재폐로방식을 채용한다.

■ 중간 조상방식

선로의 송수전 양단의 중간 위치에 동기조상기를 설치하고, 이 점의 전압을 끌어올려서 일정하게 유지함으로써 안정극한전력을 증가시킬 수 있다.

---

**예제문제**  안정도 향상대책

**4** 송전선로의 안정도 향상 대책과 관계가 없는 것은?

① 속응 여자 방식 채용
② 재폐로 방식의 채용
③ 리액턴스 감소
④ 역률의 신속한 조정

해설
안정도 향상 대책에는 직렬 리액턴스 감소대책, 전압변동 억제대책, 충격 경감대책이 있다. 역률의 신속한 조정은 포함되지 않는다.

답 ④

■ 재폐로 보호방식

송전선로에 발생하는 사고의 대부분은(70 ~ 80[%]) 애자의 섬락(보통 1선지락 사고에 의해 발생)에 의한 것으로서 고장 구간을 차단해서 무전압으로 하면 바로 그 원인이 해소되므로, 다시 차단기를 투입해서 송전을 계속할 수 있는 경우가 많다. 이 조작을 계전기로 자동적으로 행하는 것이 재폐로 보호방식이다.

---

**예제문제**

**5** 발전기의 단락비가 작은 경우의 현상으로 옳은 것은?

① 단락전류가 커진다.
② 안정도가 높아진다.
③ 전압변동률이 커진다.
④ 선로를 충전할 수 있는 용량이 증가한다.

해설
단락비는 임피던스와 반비례하며, 임피던스가 클 경우 전압변동률이 커진다.

답 ③

■ 송전방식

대전력 장거리 송전 또는 해저 케이블 송전, 교류 계통간의 연계에는 직류송전이 유리하며, 그 외의 경우는 교류송전이 유리하다.

---

## ❹ 송전방식

전기를 공급하는 방식은 크게 직류송전과 교류송전 방식으로 나뉜다. 각 송전방식은 상황에 따라 적용하며, 직류송전과 교류송전 방식의 장·단점은 서로 대비된다.

| 장점 | 단점 |
|---|---|
| • 절연계급을 낮출 수 있다. | • 전압의 승압 및 강압이 어렵다. |
| • 송전효율이고 안정도가 높다. | • 전류차단이 어렵다. |
| • 충전용량이 없다. | • 회전자계를 얻기 어렵다. |
| • 유효전력만 있어 역률이 항상 1이다. | • 대지 귀로시 전식의 문제, 해수 귀로 |
| • 비동기 연계가 가능하다. | 시 자기 콤파스 등의 문제가 있다. |

**예제문제** 송전방식비교

**6** 직류 송전방식이 교류 송전방식에 비하여 유리한 점을 설명한 것으로 옳지 않은 것은?

① 표피 효과에 의한 송전손실이 없다.
② 통신선에 대한 유도잡음이 적다.
③ 선로의 절연이 쉽다.
④ 정류가 필요 없고, 승압 및 강압이 쉽다.

해설

| 직류송전방식 장점 | 교류송전방식 장점 |
|---|---|
| 계통의 절연계급을 낮출 수 있다. | 승압, 강압이 용이하다. |
| 무효전력 및 표피 효과가 없고, | 회전자계를 쉽게 얻을 수 있다. |
| 송전효율과 안정도가 좋다. | 일관된 운용을 기할 수 있다. |
| 주파수가 다른 교류 계통과 연계가 가능하다. | 가격이 저렴하다. |

답 ④

**예제문제** 직류와 교류의 송전방식비교

**7** 직류 송전 방식에 비하여 교류 송전 방식의 가장 큰 이점은?

① 선로의 리액턴스에 의한 전압강하가 없으므로 장거리 송전에 유리하다.
② 지중송전의 경우, 충전 전류와 유전체손을 고려하지 않아도 된다.
③ 변압이 쉬워 고압 송전에 유리하다.
④ 같은 절연에서 송전전력이 크게 된다.

해설

교류방식은 직류방식에 비해 3상회전자계를 얻기 쉬우며, 변압이 쉬워 고압 송전에 유리하다.

답 ③

# SECTION 04

# 출제예상문제

**01** 정상적으로 운전하고 있는 전력계통에서 서서히 부하를 조금씩 증가했을 경우 안정운전을 지속할 수 있는가 하는 능력을 무엇이라 하는가?

① 동태 안정도
② 정태 안정도
③ 고유 과도안정도
④ 동적 과도안정도

**해설**

전력계통의 안정도
- 정태안정도 : 정상적인 운전상태에서 서서히 부하를 조금씩 증가했을 경우 계통에 미치는 안정도
- 과도안정도 : 부하가 갑자기 크게 변동하거나 사고가 발생한 경우 계통에 커다란 충격을 주게 되는데 이때 계통에 미치는 안정도
- 동태안정도 : 고속자동전압조정기(AVR)로 동기기의 여자전류를 제어할 경우의 정태안정도

**02** 송전계통의 안정도 향상대책으로 적당하지 않은 것은?

① 직렬 콘덴서로 선로의 리액턴스를 보상한다.
② 기기의 리액턴스를 감소한다.
③ 발전기의 단락비를 작게 한다.
④ 계통을 연계한다.

**해설**

안정도 향상대책
- 직렬 콘덴서로 선로의 리액턴스를 보상한다.
- 기기의 리액턴스를 감소한다.
- 발전기의 단락비를 크게 한다.
- 계통을 연계한다.
- 전압변동률을 작게 한다.
- 고장시간, 고장전류를 작게 한다.
- 동기기의 임피던스를 감소시킨다.

**03** 전력계통의 과도안정도 향상대책과 관련 없는 것은?

① 속응 여자방식 채용
② 계통의 연계
③ 중간 조상방식 채용
④ 빠른 역률 조정

**해설**

과도안정도 향상 대책과 빠른 역률 조정과는 연관성이 없다.

**04** 다음 중 송전계통에서 안정도 증진과 관계없는 것은?

① 리액턴스 감소
② 재폐로방식의 채용
③ 속응 여자방식의 채용
④ 차폐선의 채용

**해설**

안정도 향상대책
- 계통의 전달 리액턴스를 감소시킨다.
 - 발전기나 변압기의 리액턴스를 감소시킨다.
 - 선로의 병행 회선수를 증가하거나 복도체를 사용한다.
 - 직렬 콘덴서를 삽입하여 선로의 리액턴스를 보상해준다.
- 전압변동을 억제한다.
 - 속응 여자방식을 채용한다.
 - 계통을 연계한다.
 - 중간 조상방식을 채용한다.
- 계통에 주는 충격을 완화시킨다.
 - 중성점 접지방식을 채용한다.
 - 고속도 차단방식을 채용한다.
 - 재폐로방식을 채용한다.
- 고장 시 발전기의 입출력 불평형을 적게 한다.
 - 조속기 동작을 신속하게 한다.

**05** 다음 중 전력계통의 안정도 향상대책으로 볼 수 없는 것은?

① 직렬 콘덴서 설치
② 병렬 콘덴서 설치
③ 중간 개폐소 설치
④ 고속차단, 재폐로방식 채용

**해설**

병렬 콘덴서는 역률을 개선하여 전력손실을 감소시키는 대책이다.

**06** 공통 중성선 다중접지방식의 배전선로에 있어서 Recloser[$R$], Sectionalizer[$S$], Line fuse[$F$]의 보호협조에서 보호협조가 가장 적합한 배열은? (단, 왼쪽은 후비보호 역할이다.)

① $S-F-R$    ② $S-R$
③ $F-S-R$    ④ $R-S-F$

해설

배전선로에는 사고시 변전소와 수용가 간에 보호 협조하여 계통의 사고 파급을 줄이고 정전구간을 최소화하기 위해서 다음 순서에 보호 장치를 설치한다. $R-S-F$ 순서로 한다.

**07** 전력계통을 연계시켜서 얻는 이득이 아닌 것은?

① 배후 전력이 커져서 단락용량이 작아진다.
② 부하의 부등성에서 오는 종합첨두부하가 저감된다.
③ 공급 예비력이 절감된다.
④ 공급 신뢰도가 향상된다.

해설

**전력계통 연계시 장·단점**
장점
• 계통 전체에 대한 신뢰도가 증가한다.
• 전력운용의 융통성이 커져서 설비용량이 감소한다.
• 부하 변동에 의한 주파수 변동이 작아지므로 안정된 주파수 유지가 가능하다.
• 건설비, 운전비용 절감에 의한 경제급전이 가능하다.

단점
• 사고시 타 계통으로의 파급확대될 우려가 크다.
• 사고시 단락전류가 증대되어 통신선에 유도장해 초래

**08** 동기조상기에 대한 설명 중 옳지 않은 것은?

① 무부하로 운전되는 동기전동기로 역률을 개선한다.
② 전압조정이 연속적이다.
③ 중부하시에는 과 여자로 운전하여 뒤진전류를 취한다.
④ 진상, 지상 무효전력을 모두 얻을 수 있다.

해설

| 구 분 | 동기조상기 | 콘덴서 | 리액터 |
|-------|-----------|--------|--------|
| 손 실 | 대 | 소 | 소 |
| 시송전 | 가능 | 불가 | 불가 |
| 범 위 | 연속<br>(진상, 지상 가능) | 불연속<br>단계적 | 불연속<br>단계적 |

**09** 전력계통에서 무효전력을 조정하는 조상설비 중 전력용 콘덴서를 동기조상기와 비교할 때 옳은 것은?

① 전력손실이 크다.
② 지상 무효전력분을 공급할 수 있다.
③ 전압조정을 계단적으로 밖에 못한다.
④ 송전선로를 시송전할 때 선로를 충천할 수 있다.

해설

| 구 분 | 동기조상기 | 전력용 콘덴서 |
|-------|-----------|---------------|
| 무효전력 흡수능력 | 진상, 지상 | 진상 |
| 조정의 형태 | 연속적 | 불연속 |
| 전압 유지 능력 | 크다 | 작다 |
| 보수의 난이도 | 어렵다 | 쉽다 |
| 손실 | 크다 | 작다 |
| 시충전 | 가능 | 불가능 |

**10** 조상설비라고 할 수 없는 것은?

① 동기조상기
② 진상 콘덴서
③ 상순표시기
④ 분로 리액터

해설

**조상설비의 종류**
• 동기조상기 : 진상 또는 지상 무효전력을 공급
• 전력용 콘덴서 : 진상무효전력 공급
• 분로 리액터 : 지상무효전력 공급

정답    06 ④    07 ①    08 ③    09 ③    10 ③

**11** 전력계통의 전압을 조정하는 가장 보편적인 방법은?

① 발전기의 유효전력 조정
② 부하의 유효전력 조정
③ 계통의 주파수 조정
④ 계통의 무효전력 조정

해설

$Q-V$ 컨트롤
송전선로는 계통의 무효전력을 조정하여 전압 조정을 한다.

**12** 전력계통의 전주파수 변동은 주로 무엇의 변화에 기인하는가?

① 유효전력　　　② 무효전력
③ 계통 전압　　　④ 계통 임피던스

해설

$P-F$ 컨트롤
운전 중 주파수의 상승은 발전출력이 부하의 유효전력보다 커서 발생하는 것이므로 발전출력을 감소시켜서 정격주파수를 유지할 수 있다.

**13** 전력계통의 주파수가 기준치보다 증가하는 경우 어떻게 하는 것이 타당한가?

① 발전출력(kW)을 증가시켜야 한다.
② 발전출력(kW)을 감소시켜야 한다.
③ 무효전력(kVar)을 증가시켜야 한다.
④ 무효전력(kVar)을 감소시켜야 한다.

해설

$P-F$ 컨트롤
운전 중 주파수의 상승은 발전출력이 부하의 유효전력보다 커서 발생하는 것이므로 발전출력을 감소시켜서 정격주파수를 유지할 수 있다.

**14** 전력계통의 전압조정과 무관한 것은?

① 발전기의 조속기
② 발전기의 전압조정장치
③ 전력용 콘덴서
④ 전력용 분로 리액터

해설

발전기의 조속기는 주파수와 관련되어 있으며 주파수는 유효전력과 관련되어 있다.
즉, 조속기는 전압과는 무관하다

**15** 제3고조파의 단락전류가 흘러서 일반적으로 사용되지 않는 변압기 결선방식은?

① $\triangle-Y$　　　② $Y-\triangle$
③ $Y-Y$　　　④ $\triangle-\triangle$

해설

$\triangle$결선 방식의 장점은 제3고조파를 제거할 수 있다. 그러므로 $Y-Y$ 결선을 하면 3고조파를 제거할 수 있는 방법이 없게 되어 실무에서도 $Y-Y$결선 방식은 사용하지 않는다.

**16** 송전선로에서 고조파 제거 방법이 아닌 것은?

① 변압기를 $\triangle$ 결선한다.
② 유도전압 조정장치를 설치한다.
③ 무효전력 보상장치를 설치한다.
④ 능동형 필터를 설치한다.

해설

고조파 제거방법
전 제3고조파는 변압기의 결선을 $\triangle$결선으로 하여 제거하고, 제5고조파는 직렬리액터를 설치하여 제거한다.

**17** 제 5고조파 전류의 억제를 위해 전력용 콘덴서에 직렬로 삽입하는 유도 리액턴스의 값으로 적당한 것은?

① 전력용 콘덴서 용량의 약 6% 정도
② 전력용 콘덴서 용량의 약 12% 정도
③ 전력용 콘덴서 용량의 약 18% 정도
④ 전력용 콘덴서 용량의 약 24% 정도

해설

콘덴서 용량의 4(이론값)~6(실무값)[%] 직렬 리액터를 삽입하여 제 5고조파를 제거한다.

정답　11 ④　12 ①　13 ②　14 ①　15 ③　16 ②　17 ①

**18** 주변압기 등에서 발생하는 제5고조파를 줄이는 방법은?

① 전력용 콘덴서에 직렬 리액터를 접속
② 변압기 2차 측에 분로 리액터 연결
③ 모선에 방전코일 연결
④ 모선에 공진 리액터 연결

해설
・분로 리액터 : 페란티 현상 방지
・직렬 리액터 : 제5고조파를 제거하여 파형개선
・한류 리액터 : 단락전류 제한
・소호 리액터 : 1선 지락 사고시 아크소멸

**19** 전력용 콘덴서에서 방전코일의 역할은?

① 잔류전하의 방전　② 고조파의 억제
③ 역률의 개선　　　④ 콘덴서의 수명 연장

해설
방전코일은 전원 개방시 잔류전하를 방전하여 인체의 감전사고 방지한다.

**20** 전력용 콘덴서를 변전소에 설치할 때 직렬 리액터를 설치하려고 한다. 직렬 리액터의 용량을 결정하는 식은?(단, $f_o$는 전원의 기본주파수, $C$는 역률개선용 콘덴서의 용량, $L$은 직렬 리액터의 용량임)

① $2\pi f_o L = \dfrac{1}{2\pi f_o C}$　② $6\pi f_o L = \dfrac{1}{6\pi f_o C}$
③ $10\pi f_o L = \dfrac{1}{10\pi f_o C}$　④ $14\pi f_o L = \dfrac{1}{14\pi f_o C}$

해설
콘덴서 용량의 4(이론값)~6(실무값)[%] 직렬 리액터를 삽입하여 제5고조파를 제거시킨다.
직렬 리액터의 직렬공진에 의한 억제작용이므로 제5고조파에 대하여는
$2\pi\times5f_o L = \dfrac{1}{2\pi\times5f_o C}$　$10\pi f_o L = \dfrac{1}{10\pi f_o C}$

**21** 안정권선(△권선)을 가지고 있는 대용량 고전압의 변압기에서 조상용 전력용 콘덴서는 주로 어디에 접속되는가?

① 주변압기의 1차
② 주변압기의 2차
③ 주변압기의 3차(안정권선)
④ 주변압기의 1차와 2차

해설
△권선을 안정권선이라고도 부른다. 안정권선은 주변압기의 3차 측을 말하며, 전력용 콘덴서는 3차측에 설치한다.

**22** 교류 송전방식에 비교하여 직류 송전방식을 설명할 때 옳지 않은 것은?

① 선로의 리액턴스가 없으므로 안정도가 높다.
② 유전체손은 없지만 충전용량이 커지게 된다.
③ 코로나손 및 전력손실이 적다.
④ 표피 효과나 근접 효과가 없으므로 실효저항의 증대가 없다.

해설
■ 직류 송전방식 장점
・계통의 절연 계급을 낮출 수 있다.
・무효전력 및 표피 효과가 없기 때문에 송전 효율이 좋다.
・리액턴스 및 위상각을 고려하지 않아도 되기 때문에 안정도가 좋다.
・주파수가 다른 교류 계통과 연계가 가능하다. 또한, 주파수가 없으므로 유전체손과 충전용량이 없다.

■ 교류 송전방식 장점
・승압, 강압이 용이하다.
・회전자계를 쉽게 얻을 수 있다.
・일관된 운용을 기할 수 있다.

memo

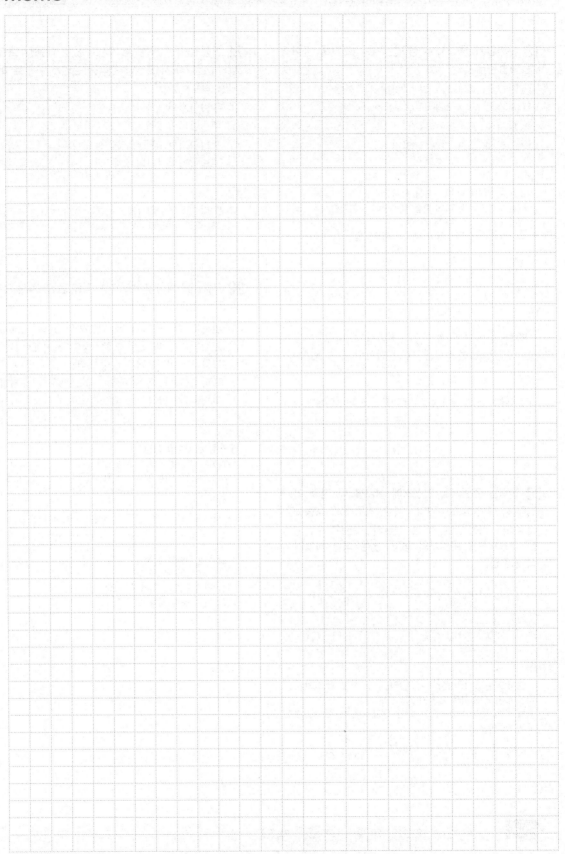

# 고장계산

# Chapter 05

SECTION

05

# 고장계산

---

## ① %임피던스

### 1. 정의

전기는 통전경로(전원, 변압기, 전로, 부하등)에 있는 각각의 임피던스에 의해 전압강하가 발생한다. 이 때, 각 임피던스에 의한 전압강하의 임피던스를 비율로 표시한 것을 % 임피던스라고 한다.

### 2. %임피던스의 이점

(1) 값이 단위를 가지지 않는 무명수로 표시되므로 계산하는 도중에서 단위를 환산할 필요가 없다.
(2) 식 중의 정수 등이 생략되어 식이 간단해진다.
(3) 기기 용량의 대소에 관계없이 그 값이 일정한 범위 내에 들어간다.

### 3. %임피던스 계산

| $P_a$[kVA]값이 주어지지 않은 경우 | | $P_a$[kVA]값이 주어진 경우 | |
|---|---|---|---|
| $\%Z=\dfrac{I_n Z}{E_n}\times 100$ | $\left[\begin{array}{l} I_n\,[\mathrm{A}] \\ Z\,[\Omega] \\ E_n\,[\mathrm{V}] \end{array}\right.$ | $\%Z=\dfrac{P_a Z}{10\,V^2}$ | $\left[\begin{array}{l} P_a\,[\mathrm{kVA}] \\ V\,[\mathrm{kV}] \end{array}\right.$ |

예제문제  %임피던스 계산

**1** 154/22.9[kV], 40[MVA]인 3상 변압기의 %리액턴스가 14[%]라면 1차측으로 환산한 리액턴스는 약 몇 [Ω]인가?

① 5[Ω]

② 18[Ω]

③ 83[Ω]

④ 560[Ω]

해설

$\%X=\dfrac{P_a X}{10\,V^2}$  여기서,  $X=\dfrac{10\,V^2\times \%X}{P}=\dfrac{10\times 154^2\times 14}{40\times 10^3}=83[\Omega]$

$P_a$[kVA] : 기준용량,  $V$[kV] : 정격전압,  $X$[Ω] : 선로 1선당 리액턴스

답 ③

---

핵심 NOTE

■ 고장계산의 목적
 • 차단기 용량결정
 • 유도장해를 검토
 • 보호계전기 정정

■ 단위법과 퍼센트법
어떤 양을 나타내는데 그 절대량이 아니고 기준량에 대한 비로써 나타내는 방법을 단위법(Per Unit system : PU)이라고 한다. 또한, 이것을 100배 한 수로써 나타내는 방법이 백분율법. 즉, 퍼센트(%) 법이다.

■ 한류리액터

단락전류를 제한하여 차단기 용량을 감소시키기 위해 한류리액터를 설치한다.

■ 임피던스 $Z$ 값

$\%Z = \dfrac{I_n Z}{E_n} \times 100$ 에서

$Z = \dfrac{\%Z E_n}{I_n \times 100}$

## ② 단락전류

### 1. 단락전류 계산목적

송전선로에서 단락사고 발생시 단락전류가 흐르게 된다. 단락전류의 계산은 차단기 용량의 결정, 보호 계전기의 정정, 기기에 가해지는 전자력의 크기를 파악하여 고장시의 상황에 대처하기 위해서이다.

### 2. 단락전류 계산

$$I_s = \frac{E}{Z}$$

$$I_s = \frac{100}{\%Z} \times I_n$$

---

예제문제  단락전류 계산

**2** 그림과 같은 3상 3선식 전선로의 단락점에 있어서의 3상 단락전류는 약 몇 [A]인가? (단, 66[kV]에 대한 %리액턴스는 10[%]이고, 저항분은 무시한다.)

20000[kVA]

① 1750[A]  ② 2000[A]

③ 2500[A]  ④ 3030[A]

해설

$I_s = \dfrac{100}{\%x} \times \dfrac{P_n}{\sqrt{3}\ V} = \dfrac{100}{10} \times \dfrac{20000}{\sqrt{3} \times 66} = 1750[A]$

답 ①

---

■ 3상 기준 단락용량

$P_s = 3E_n \times I_s$

$I_s = \dfrac{100}{\%Z} \times I_n = \dfrac{100}{\%Z} \times \dfrac{P}{3E_n}$

$\therefore P_s = \dfrac{100}{\%Z} \times P_n$

■ '단락비가 크다'의 뜻

• 안정도가 좋다
• 공극이 크다
• 선로의 충전용량이 크다
• 철손이 커지고 효율이 떨어진다.
• 동기임피던스가 작고 전압변동률이 작다

## ③ 단락용량

### 1. 단락용량 계산

단락용량이란 단락사고시 에너지의 정도를 나타낸 것으로 단락전류와 정격전압의 곱으로 표시한다.

$$P_s = \sqrt{3} \times 정격전압 \times 단락전류$$

$$P_s = \frac{100}{\%Z} \times P_n$$

## 2. 단락비

단락비가 크다는 것은 백분율 임피던스가 적은 것을 의미한다. 임피던스의 역수로 표현하며 정격전류에 대한 여자전류의 비이다.

$$k_s = \frac{100}{\%Z} = \frac{I_s}{I_n}$$

**예제문제** 차단기의 용량 선정

**3** 수변전설비에서 1차측에 설치하는 차단기의 용량은 어느 것에 의하여 정하는가?

① 변압기 용량 　　　　② 수전계약용량
③ 공급측 단락용량 　　④ 부하설비용량

해설

차단용량은 그 차단기가 적용되는 계통의 3상 단락용량($P_s$)의 한도를 표시한다.
단락용량 $P_s[\text{MVA}] = \sqrt{3} \times$정격전압$[\text{kV}] \times$정격차단전류$[\text{kA}]$일 때, 단락전류는 단락지점을 기준으로 한 경우 공급측 계통에 흐르게 되며 그 전류로 공급측 전원용량의 크기나 공급측 전원단락용량을 결정하게 된다.

답 ③

**예제문제** 단락용량 계산

**4** 용량 25000[kVA], 임피던스 10[%]인 3상 변압기가 2차측에서 3상 단락되었을 때 단락용량은 몇 [MVA]인가?

① 225[MVA] 　　　　② 250[MVA]
③ 275[MVA] 　　　　④ 433[MVA]

해설

$P_s = \dfrac{100}{\%Z} P_n[\text{kVA}] = \dfrac{0.1}{\%Z} P_n[\text{MVA}]$ 이므로,

$P_s = \dfrac{0.1}{\%Z} P_n = \dfrac{0.1}{10} \times 25000 = 250[\text{MVA}]$

답 ②

## **④** 대칭좌표법

### 1. 전압과 전류의 대칭분

비대칭인 기전력이나 전류 등을 대칭인 성분으로 분해하여 각 성분마다 계산하고, 이들을 중첩하여 비대칭 회로를 다루는 것을 대칭좌표법이라 한다. 사고시 각 상의 모든 값이 다르기 때문에 "사고값= 영상분+ 정상분+ 역상분"으로 나타낸다.

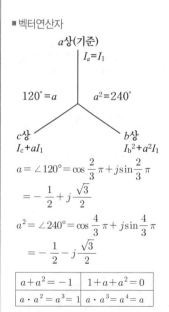

■ 벡터연산자

$a$상(기준)

$I_a = I_1$

$120° = a$ 　　$a^2 = 240°$

$c$상 　　　　　　$b$상
$I_c + aI_1$ 　　　$I_b^2 + a^2 I_1$

$a = \angle 120° = \cos\dfrac{2}{3}\pi + j\sin\dfrac{2}{3}\pi$

$\quad = -\dfrac{1}{2} + j\dfrac{\sqrt{3}}{2}$

$a^2 = \angle 240° = \cos\dfrac{4}{3}\pi + j\sin\dfrac{4}{3}\pi$

$\quad = -\dfrac{1}{2} - j\dfrac{\sqrt{3}}{2}$

| $a + a^2 = -1$ | $1 + a + a^2 = 0$ |
|---|---|
| $a \cdot a^2 = a^3 = 1$ | $a \cdot a^3 = a^4 = a$ |

| 비대칭전류를 대칭분으로 표시 | 비대칭전압을 대칭분으로 표시 |
|---|---|
| $a$상 : $I_a = I_0 + I_1 + I_2$ | $a$상 : $V_a = V_0 + V_1 + V_2$ |
| $b$상 : $I_b = I_0 + a^2 I_1 + a I_2$ | $b$상 : $V_b = V_0 + a^2 V_1 + a V_2$ |
| $c$상 : $I_c = I_0 + a I_1 + a^2 I_2$ | $c$상 : $V_c = V_0 + a V_1 + a^2 V_2$ |

(1) 영상분 전압 $V_0 = \dfrac{1}{3}(V_a + V_b + V_c)$

영상분 전류 $I_0 = \dfrac{1}{3}(I_a + I_b + I_c)$

(2) 정상분 전압 $V_1 = \dfrac{1}{3}(V_a + a V_b + a^2 V_c)$

정상분 전류 $I_1 = \dfrac{1}{3}(I_a + aI_b + a^2 I_c)$

(3) 역상분 전압 $V_2 = \dfrac{1}{3}(V_a + a^2 V_b + a V_c)$

역상분 전류 $I_2 = \dfrac{1}{3}(I_a + a^2 I_b + aI_c)$

## 2. 고장해석

■ 사고별 대칭좌표법 해석결과

| 1선 지락사고 | 정상, 역상, 영상 |
|---|---|
| 선간 단락사고 | 정상, 역상 |
| 3상 단락사고 | 정상 |

(1) 1선지락사고 및 지락전류(정상분, 역상분, 영상분 존재)

$a$상 지락시 $I_b = I_c = 0$

$I_0 = I_1 = I_2 = \dfrac{1}{3} I_a = \dfrac{1}{3} I_g$

$\dfrac{E}{Z_0 + Z_1 + Z_2}$ [A]

$$I_g = 3I_0 = \dfrac{3E}{Z_0 + Z_1 + Z_2}$$

■ 고장해석

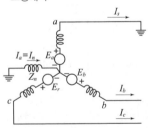

[1선지락고장]

(2) 선간단락사고 및 단락전류(정상분, 역상분 존재)

$b$상과 $c$상이 단락시

$I_a = 0$, $I_b = -I_c = I_s$

$I_0 = 0$, $V_0 = 0$

$$I_s = I_b = -I_c = \dfrac{a^2 - a}{Z_1 + Z_2} \times E$$

(3) 3상단락사고 및 단락전류(정상분 존재)

$I_a + I_b + I_c = 0$, $V_a + V_b + V_c = 0$

$I_s = I_a = \dfrac{E_a}{Z_1}$

$$I_b = a^2 I_a, \quad I_c = aI_a$$

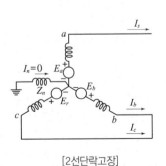

[2선단락고장]

**예제문제** 고장해석

**5** 다음 중 송전선의 1선 지락시 선로에 흐르는 전류를 바르게 나타낸 것은?

① 영상전류만 흐른다.
② 영상전류 및 정상전류만 흐른다.
③ 영상전류 및 역상전류만 흐른다.
④ 영상전류, 정상전류 및 역상전류가 흐른다.

해설

| 특성<br>사고종류 | 정상분 | 역상분 | 영상분 |
|---|---|---|---|
| 1선 지락 | ○ | ○ | ○ |
| 선간 단락 | ○ | ○ | × |
| 3상 단락 | ○ | × | × |

답 ④

**예제문제** 사고전압

**6** 불평형 3상 전압을 $V_a$, $V_b$, $V_c$라 하고 $a = \varepsilon^{j\frac{2\pi}{3}}$ 라 할 때,
$V_x = \frac{1}{3}(V_a + aV_b + a^2 V_c)$이다. 여기에서 $V_x$ 는 어떤 전압을 나타내는가?

① 정상전압                    ② 단락전압
③ 영상전압                    ④ 지락전압

해설

· 정상분 : $V_1 = \frac{1}{3}(V_a + aV_b + a^2 V_c)$

· 역상분 : $V_2 = \frac{1}{3}(V_a + a^2 V_b + aV_c)$

· 영상분 : $V_0 = \frac{1}{3}(V_a + V_b + V_c)$

답 ①

# 출제예상문제

## 01 %임피던스에 대한 설명 중 옳은 것은?

① 터빈발전기의 %임피던스는 수차의 %임피던스보다 적다.
② 전기기계의 %임피던스가 크면 차단용량이 작아진다.
③ %임피던스는 %리액턴스보다 작다.
④ 직렬 리액터는 %임피던스를 적게 하는 작용이 있다.

해설

퍼센트 임피던스와 차단용량은 반비례 관계이다.

$$P_s = \frac{100}{\%Z} \times P_n$$

## 02 %임피던스에 대한 설명으로 틀린 것은

① 단위를 갖지 않는다.
② 절대량이 아닌 기준량에 대한 비를 나타낸 것이다.
③ 기기 용량의 크기와 관계없이 일정한 범위의 값을 갖는다.
④ 변압기나 동기기의 내부 임피던스에만 사용할 수 있다.

해설

%임피던스
• 값이 단위를 가지지 않는 무명수(無名數)로 표시되므로 계산하는 도중에서 단위를 환산할 필요가 없다.
• 식 중의 정수 등이 생략되어 식이 간단해진다.
• 기기 용량의 대소에 관계없이 그 값이 일정한 범위 내에 들어간다.

## 03 3상 변압기의 %임피던스는? (단, 임피던스는 $Z[\Omega]$, 선간전압은 $V[kV]$, 변압기의 용량은 $P$ [kVA]이다.)

① $\dfrac{PZ}{V}$  ② $\dfrac{PZ}{10V}$

③ $\dfrac{PZ}{10V^2}$  ④ $\dfrac{10PZ}{V^2}$

해설

① $1\phi$ : $\%Z = \dfrac{\dfrac{P}{V} \times Z}{V} \times 100 = \dfrac{P \times Z}{V^2} \times 100$

② $3\phi$ : $P[kVA]$, $V[kV]$가 주어진 경우

$$\%Z = \frac{PZ}{V^2} \times 100 = \frac{P \times 10^3 \times Z}{(10^3\,V)^2} \times 100 = \frac{PZ}{10\,V^2}$$

## 04 18[kV], 500[MVA]를 정격으로 하는 발전기가 0.25[PU](Per Unit)의 리액턴스를 가지고 있다. 20[kV], 100[MVA]의 새로운 기준(base)에서의 리액턴스 값은 얼마인가?

① 0.25[PU]  ② 0.405[PU]
③ 0.0405[PU]  ④ 0.025[PU]

해설

$$Z'[PU] = 0.25 \times \frac{\dfrac{100}{20^2}}{\dfrac{500}{18^2}} = 0.0405[PU]$$

## 05 154[kV] 3상 1회선 송전선로 1선의 리액턴스가 25[Ω]이고 전류가 400[A]일 때 %리액턴스는 약 얼마인가?

① 6.49[%]  ② 10.22[%]
③ 11.25[%]  ④ 19.48[%]

해설

$$\%X = \frac{I_n X}{E_n} \times 100 = \frac{400 \times 25}{\dfrac{154 \times 10^3}{\sqrt{3}}} \times 100 \fallingdotseq 11.25[\%]$$

정답    01 ②    02 ④    03 ③    04 ③    05 ③

**06** 선로의 3상 단락전류는 대개 다음과 같은 식으로 구한다. 여기에서 $I_n$은 무엇인가?

$$I_s = \frac{100}{\%Z_T + \%Z_L} \times I_n$$

① 그 선로의 평균전류
② 그 선로의 최대전류
③ 전원변압기의 선로측 정격전류(단락측)
④ 전원변압기의 전원측 정격전류

해설

$I_s = \dfrac{100}{\%Z} \times I_n$ 에서

여기서 $I_n$은 단락측의 정격전류이다.

**07** 그림과 같은 3상 송전 계통에서 송전단 전압은 3300[V]이다. 지금 1점 $P$에서 3상 단락사고가 발생했다면 발전기에 흐르는 단락전류는 약 몇 [A]가 되는가?

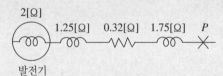

① 320
② 330
③ 380
④ 410

해설

단락전류
• 합성 임피던스 값을 구한다.
$Z = 0.32 + j(2 + 1.25 + 1.75) = 0.32 + j5$
합성 임피던스의 크기 $= \sqrt{0.32^2 + 5^2}$
• 단락전류 $I_s = \dfrac{E}{Z} = \dfrac{\frac{3300}{\sqrt{3}}}{\sqrt{0.32^2 + 5^2}} \fallingdotseq 380[\text{A}]$

**08** 3상용 차단기의 용량은 그 차단기의 정격전압과 정격차단전류와의 곱을 몇 배한 것인가?

① $\dfrac{1}{\sqrt{2}}$
② $\dfrac{1}{\sqrt{3}}$
③ $\sqrt{2}$
④ $\sqrt{3}$

해설

$P_s = \sqrt{3} \times 정격전압 \times 정격차단전류[\text{MVA}]$

$= \dfrac{100}{\%Z} \times P_n[\text{MVA}]$ ($P_n$ : 기준용량)

**09** 정격용량 20000[kVA], 임피던스 8[%]인 3상 변압기가 2차 측에서 3상 단락되었을 때 단락용량은 몇 [MVA]인가?

① 160
② 200
③ 250
④ 320

해설

3상 차단기 용량
$P_s = \dfrac{100}{\%Z} \times P_n = \dfrac{100}{8} \times 20000 \times 10^{-3} = 250[\text{MVA}]$

**10** 전원으로부터 합성 임피던스가 0.25%인 곳에 (10000[kVA] 기준) 설치하는 차단기의 용량은?

① 250[MVA]
② 400[MVA]
③ 2500[MVA]
④ 4000[MVA]

해설

$P_s = \dfrac{100}{\%Z} P_n[\text{MVA}]$

$= \dfrac{100}{0.25} \times 10000 \times 10^{-3} = 4000[\text{MVA}]$

**11** 정격전압 7.2[kV]인 3상용 차단기의 차단용량이 100[MVA]라면 정격차단전류는 약 몇 [kA]인가?

① 2
② 4
③ 8
④ 12

해설

차단용량 $P_s = \sqrt{3} \times V_n \times I_s$
정격차단전류
$I_s = \dfrac{P_s}{\sqrt{3} \times V_n} = \dfrac{100 \times 10^3}{\sqrt{3} \times 7.2} \times 10^{-3} \fallingdotseq 8[\text{kA}]$

정답   06 ③   07 ③   08 ④   09 ③   10 ④   11 ③

**12** 그림과 같은 선로에서 $A$점의 차단기 용량은 몇 [MVA]가 적당한가?

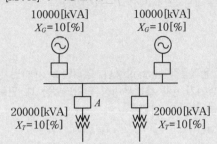

10000[kVA]　　　　10000[kVA]
$X_G = 10[\%]$　　　　$X_G = 10[\%]$

20000[kVA]　　　　　　20000[kVA]
$X_T = 10[\%]$　$A$　　$X_T = 10[\%]$

① 50　　　　　　② 100
③ 150　　　　　　④ 200

해설

$$P_s = \frac{100}{\%Z} P_n [\text{MVA}]$$

기준용량 선정 : 10000[kVA] = 10[MVA]
발전기 2대 병렬연결

$$합성\%Z = \frac{10 \times 10}{10 + 10} = 5[\%]$$

$$P_s = \frac{100}{5} \times 10 = 200[\text{MVA}]$$

**13** 3상 송전선로의 고장에서 1선 지락사고 등 3상 불평형 고장시 사용되는 계산법은?

① 옴[Ω]법에 의한 계산
② %법에 의한 계산
③ 단위(PU)법에 의한 계산
④ 대칭좌표법

해설

불평형 고장시 사용되는 계산법은 대칭좌표법이다.

| 사고종류 ＼ 특성 | 정상분 | 역상분 | 영상분 |
|---|---|---|---|
| 1선 지락 | ○ | ○ | ○ |
| 선간 단락 | ○ | ○ | × |
| 3상 단락 | ○ | × | × |

**14** 3본의 송전선에 동상의 전류가 흘렀을 경우 이 전류를 무슨 전류라 하는가?

① 영상전류　　　② 평형
③ 단락전류　　　④ 대칭전류

해설

영상전류는 3상의 전류 크기가 같고 위상이 동위상이다.

**15** 발전기의 정상, 역상, 영상 임피던스를 각각 $Z_1$, $Z_2$, $Z_0$라 하고 $A$상의 무부하 기전력을 $E_a$라 할 때 $A$상 단자가 접지된 경우의 전류 $I_a$는?

① $\dfrac{E_a}{Z_0 + Z_1 + Z_2}$ 　　② $\dfrac{\sqrt{3}\,E_a}{Z_0 + Z_1 + Z_2}$

③ $\dfrac{3E_a}{Z_0 + Z_1 + Z_2}$ 　　④ $\dfrac{6E_a}{Z_0 + Z_1 + Z_2}$

해설

지락전류

$$I_a = I_0 + I_1 + I_2 = 3I_0 \text{ 에서 } I_a = \frac{3E_a}{Z_0 + Z_1 + Z_2}$$

**16** $Y$결선된 발전기에서 3상 단락사고가 발생한 경우 전류에 관한 식 중 옳은 것은? (단, $Z_0$, $Z_1$, $Z_2$는 영상, 정상, 역상 임피던스이다.)

① $I_a + I_b + I_c = I_0$ 　　② $I_a = \dfrac{E_a}{Z_0}$

③ $I_b = \dfrac{a^2 E_a}{Z_1}$ 　　④ $I_c = \dfrac{aE_a}{Z_2}$

해설

3상단락사고 시 정상분만 존재하므로
$I_a$ : 영상, $I_b$ : 정상, $I_c$ : 역상 일 때

$$I_s = I_a = \frac{E_a}{Z_1}, I_b = a^2 I_a$$

따라서, $I_b = \dfrac{a^2 E_a}{Z_1}$

**17** 그림과 같은 3상 무부하 교류발전기에서 $a$상이 지락된 경우 지락전류는 어떻게 나타내는가?

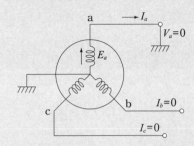

① $\dfrac{E_a}{Z_0 + Z_1 + Z_2}$    ② $\dfrac{2E_a}{Z_0 + Z_1 + Z_2}$

③ $\dfrac{3E_a}{Z_0 + Z_1 + Z_2}$    ④ $\dfrac{\sqrt{3}\,E_a}{Z_0 + Z_1 + Z_2}$

해설

1선지락사고 및 지락전류($I_g$)

$a$상이 지락되었을 때 $I_b = I_c = 0$, $V_a = 0$이므로

$$I_0 = I_1 = I_2 = \frac{1}{3} I_a = \frac{1}{3} I_g = \frac{E_a}{Z_0 + Z_1 + Z_2}$$

$$\therefore \ I_0 = I_1 = I_2 \neq 0 \quad \therefore \ I_g = 3I_0 = \frac{3E_a}{Z_0 + Z_1 + Z_2}$$

memo

# 중성점 접지방식

# Chapter 06

## SECTION 06

# 중성점 접지방식

## ① 중성점 접지목적

### 1. 중성점 접지의 목적

① 지락 고장시 건전상의 대지 전위상승을 억제하여 전선로 및 기기의 절연 레벨을 경감시킨다.

② 뇌, 아크 지락, 기타에 의한 이상전압의 경감 및 발생을 방지한다.

③ 지락 고장시 접지 계전기의 동작을 확실하게 한다.

④ 소호 리액터 접지방식에서는 1선 지락시의 아크 지락을 재빨리 소멸시켜 그대로 송전을 계속할 수 있게 한다.

### 2. 중성점 접지방식의 종류

| 항목＼종류 | 직접접지 | 소호리액터 | 비접지 | 저항접지 |
|---|---|---|---|---|
| 건전상의 전위 상승 | 최저 | 최대 | 크다 | 약간 크다 |
| 절연레벨 | 최저 | 크다 | 최고 | 크다 |
| 지락전류 | 최대 | 최소 | 적다 | 적다 |
| 보호계전기 동작 | 확실 | 불가능 | 곤란 | 확실 |
| 통신선 유도장해 | 최대 | 최소 | 작다 | 작다 |
| 과도안정도 | 최소 | 최대 | 크다 | 크다 |

**예제문제** 중성점 접지목적

**1** 송전계통의 중성점을 접지하는 목적으로 옳지 않은 것은?

① 전선로의 대지전위의 상승을 억제하고 전선로와 기기의 절연을 경감시킨다.

② 소호 리액터 접지방식에서는 1선 지락시 지락점 아크를 빨리 소멸시킨다.

③ 차단기의 차단용량의 절연을 경감시킨다.

④ 지락 고장에 대한 계전기의 동작을 확실하게 하여 신속하게 사고 차단을 한다.

해설

중성점접지 목적
• 1선 지락시 아크를 소멸시킨다. (소호 리액터 접지)
• 보호계전기 동작이 확실하다. (직접 접지)
• 중성점 이상전압 발생억제, 기기의 절연레벨 경감시킨다.

답 ③

---

**핵심 NOTE**

■ 중성점 접지
중성점 접지는 $Y$결선에서 1선 지락시 건전상의 전위상승을 억제하기 위해 중성선을 인출하여 접지하는 방식이다.

■ 중성점 접지의 영향
송전선 및 기기의 절연
통신선의 유도장해
보호계전기의 동작
차단기 용량
피뢰기 용량
계통의 안정도

■ 단절연
중성점 유효접지 방식의 송전계통에서는 변압기 권선의 경우 선로단으로부터 중성점까지의 전위 분포를 직선적이 되도록 설계한다. 권선의 절연도에 따라 중성점에 근접함에 따라 순차적으로 저감할 수 있다. 이러한 절연방식을 단절연이라 한다.

## ❷ 직접접지 방식

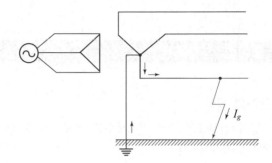

### 1. 직접접지의 적용

변압기 중성점을 직접 접지하는 방식으로, 우리나라 초고압(345[kV], 154[kV]) 송전선로에 채용하고 있다. 1선 지락시 건전상의 전압이 평상시의 대지전압의 1.3배 이하가 되도록 중성점을 접지하는 것을 유효접지라 한다.

### 2. 직접접지의 장단점

(1) 장점

  ① 1선지락 고장시 건전상 전압상승이 작다.

  ② 계통에 대한 절연 레벨을 낮출 수 있다.

  ③ 고장 전류가 크므로 보호계전기의 동작이 확실하다.

(2) 단점

  ① 과도 안정도가 나쁘다.

  ② 계통의 기계적 강도를 크게 하여야 한다.

  ③ 대전류를 차단하므로 차단기 등의 수명이 짧다.

  ④ 1선 지락 고장시 인접 통신선에 대한 유도 장해가 크다.

---

예제문제 **직접접지 방식**

**2 직접접지방식에 대한 설명 중 틀린 것은?**

  ① 애자 및 기기의 절연수준 저감이 가능하다.

  ② 변압기 및 부속설비의 중량과 가격을 저하시킬 수 있다.

  ③ 1상 지락사고시 지락전류가 작으므로 보호계전기 동작이 확실하다.

  ④ 지락전류가 저역률 대전류이므로 과도안정도가 나쁘다.

해설

직접접지 방식을 사용시 1선 지락고장시 지락전류가 매우 크기 때문에 지락계전기의 동작을 용이하게 해 고장의 선택차단이 신속하며 확실하다.

답 ③

## ③ 소호리액터 방식

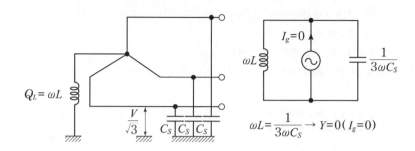

$$Q_L = \omega L$$

$$\frac{V}{\sqrt{3}} \quad C_s \ C_s \ C_s$$

$$I_g = 0 \quad \omega L \quad \frac{1}{3\omega C_S}$$

$$\omega L = \frac{1}{3\omega C_S} \rightarrow Y = 0\,(I_g = 0)$$

### 1. 소호리액터 접지방식의 적용

송전선로의 대지 정전용량과 병렬공진하는 리액터를 이용하여 중성점을 접지하는 방식을 소호리액터 접지방식이라 한다. 주로 66[kV] 송전계통에서 사용되며 직렬공진으로 인하여 이상전압이 발생할 우려가 있다.

### 2. 병렬 공진

(1) 소호 리액터의 리액턴스 : $X_L = \dfrac{1}{3\omega C_s} - \dfrac{X_t}{3}[\Omega]$

　　(단, $X_t$ : 변압기의 리액턴스)

(2) 소호 리액터의 인덕턴스 : $L = \dfrac{1}{3\omega^2 C_s} - \dfrac{X_t}{3\omega}[\mathrm{H}]$

(3) 소호 리액터의 용량 : $Q_L = 3\omega CE^2 \times 10^{-3}[\mathrm{kVA}]$

(4) 과보상 : 직렬공진에 의한 이상전압 억제

### 3. 중성점의 잔류전압

대지정전용량의 불평형으로 인하여 중성점의 전위가 0이 아닌 값을 갖게 된다. 이 때 나타나는 전위를 잔류전압($E_n$)이라 한다.

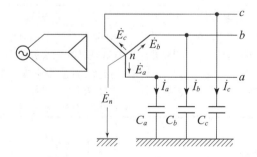

$$E_n = \frac{\sqrt{C_a(C_a - C_b) + C_b(C_b - C_c) + C_c(C_c - C_a)}}{C_a + C_b + C_c} \times \frac{V}{\sqrt{3}}[\mathrm{V}]$$

■ 합조도

| 공진식 | 공진정도 | 합조도 |
|---|---|---|
| $\omega L < \dfrac{1}{3\omega C_s}$ | 과보상 | + |
| $\omega L > \dfrac{1}{3\omega C_s}$ | 부족보상 | − |

예제문제　직접접지 방식

**3** 소호리액터 접지에 대한 설명으로 잘못된 것은?

① 선택지락계전기의 작동이 쉽다.
② 과도안정도가 높다.
③ 전자유도장해가 경감한다.
④ 지락전류가 작다.

해설

소호리액터방식은 지락전류가 적기 때문에 보호계전기의 동작이 불확실한 점과 직렬공진으로 이상전압이 발생할 우려가 있다.

답 ①

### ④ 비접지 방식

## 1. 비접지 방식의 특징

변압기의 결선을 △ − △ 로 하여 중성점을 접지하지 않는 방식이다. 저전압, 단거리 선로에서 사용한다.

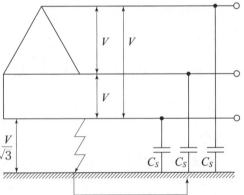

■비접지 방식

| 적용 | 저전압(20~30[kV] 이하) |
|---|---|
| 전위상승 | $\sqrt{3}$ 배 상승 |

| 장점 | 단점 |
|---|---|
| • 변압기 1대 고장시에도 V 결선에 의한 계속적인 3상 전력공급이 가능하다.<br>• 선로에 제3고조파가 발생하지 않는다. | • 1선지락 사고시 건전상 전압이 $\sqrt{3}$ 배까지 상승한다.<br>• 건전상 전압 상승에 의한 2중 고장 발생 확률이 높다.<br>• 기기의 절연수준을 높여야 한다. |

## 2. 지락전류

1선 지락시 지락전류는 대지 충전전류로 대지정전용량에 기인한다. 이때 1선 지락시 건전상의 전압이 $\sqrt{3}$ 배 상승한다.

$$I_g = j3\omega C_s E = j\sqrt{3}\,\omega C_s V[\text{A}] \quad (C_s : \text{대지정전용량})$$

예제문제   비접지 방식

**4** 비접지식 송전선로에서 1선 지락 고장이 생겼을 경우 지락점에 흐르는 전류는?

① 직류전류이다.
② 고장 지점의 영상전압보다 90도 빠른전류이다.
③ 고장 지점의 영상전압보다 90도 늦은전류이다.
④ 고장 지점의 영상전압과 동상의 전류이다.

해설
지락전류와 충전전류는 진상전류로 고장 지점의 영상전압보다 90˚ 빠른 전류다.

답 ②

## ⑤   저항접지 방식

중성점을 저항을 통하여 접지하는 것으로 지락고장시의 지락전류를 제어할 수 있으며, 저항값의 대소에 따라 저 저항접지 방식과 고 저항접지 방식으로 나누어진다.

■ 저항접지 방식의 특징
• 1선지락시 지락전류를 제한
• 통신선의 유도장해 경감
• 과도안정도 증진에 효과

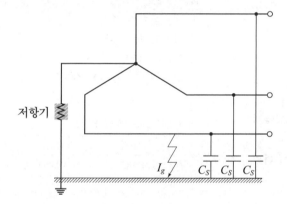

(1) 저 저항접지 방식 : $30[\Omega]$ 정도
(2) 고 저항접지 방식 : $100 \sim 1000[\Omega]$ 정도

예제문제   저항접지 방식

**5** 저항접지방식 중 고저항 접지방식에 사용하는 저항은?

① $30\sim50[\Omega]$        ② $50\sim100[\Omega]$
③ $100\sim1000[\Omega]$        ④ $1000[\Omega]$ 이상

해설
저저항 접지방식은 $30[\Omega]$ 정도이며, 고저항 접지방식은 $100\sim1000[\Omega]$ 정도이다.

답 ③

# SECTION 06 출제예상문제

## 01 송전선로의 중성점을 접지하는 목적으로 가장 옳은 것은?

① 전선 동량의 절약
② 전압강하의 감소
③ 유도장해의 감소
④ 이상전압의 방지

해설
송전선로의 중성점을 접지하는 목적은 이상전압의 억제이다.

## 02 평형 3상 송전선에서 보통의 운전 상태인 경우 중성점 전위는 항상 얼마인가?

① 0
② 1
③ 송전전압과 같다.
④ ∞(무한대)

해설
정상시 중성점의 전위는 0[V]이다.

## 03 중성점 직접 접지방식에 대한 설명으로 옳지 않은 것은?

① 1선 지락시 건전상의 전압은 거의 상승하지 않는다.
② 변압기의 단절연(段絶緣)이 가능하다.
③ 개폐 서지의 값을 저감시킬 수 있으므로 피뢰기의 책무를 경감시키고 그 효과를 증대시킬 수 있다.
④ 1선 지락전류가 적어 차단기가 처리해야 할 전류가 적다.

해설
직접 접지방식은 사고시 1선 지락전류가 가장 크므로 통신선에 유도장해가 가장 크다.

## 04 직접 접지방식이 초고압 송전선에 채용되는 이유 중 가장 적당한 것은?

① 지락 고장시 병행 통신선에 유기되는 유도전압이 작기 때문에
② 지락시의 지락전류가 적으므로
③ 계통의 절연을 낮게 할 수 있으므로
④ 송전선의 안정도가 높으므로

해설
직접 접지방식이 초고압 송전선에 채용되는 가장 큰 이유는 1선 지락 사고시 전위상승이 가장 낮기 때문이다.

## 05 송전계통의 중성점을 직접 접지할 경우 관계가 없는 것은?

① 과도안정도 증진
② 계전기 동작 확실
③ 기기의 절연수준 저감
④ 단절연변압기 사용 가능

해설
직접 접지방식의 장점과 단점

| 장 점 | 단 점 |
|---|---|
| • 전위상승이 작다. | • 지락전류가 크다. |
| • 단절연이 가능하다. | • 과도안정도가 저하된다. |
| • 기기 값이 저렴하여 경제적이다. | • 통신선의 유도장해가 크다. |
| • 보호계전기 동작이 신속하다. | • 차단회수가 많아진다. |

## 06 단선 고장시의 이상전압이 최저인 접지방식은?

① 직접 접지식
② 비접지식
③ 고저항 접지식
④ 소호 리액터 접지식

해설
직접 접지방식이 초고압 송전선에 채용되는 가장 큰 이유는 1선 지락 사고시 전위상승이 가장 낮기 때문이다.

**07** 송전계통의 접지에 대한 설명으로 옳은 것은?

① 소호 리액터 접지방식은 선로의 정전용량과 직렬공진을 이용한 것으로 지락전류가 타 방식에 비해 좀 큰 편이다.

② 고저항 접지방식은 이중고장을 발생시킬 확률이 거의 없으나, 비접지식보다는 많은 편이다.

③ 직접 접지방식을 채용하는 경우 이상전압이 낮기 때문에 변압기 선정시 단절연이 가능하다.

④ 비접지방식을 택하는 경우, 지락전류의 차단이 용이하고 장거리 송전을 할 경우 이중고장의 발생을 예방하기 좋다.

해설

| 구 분 | 전위상승 | 지락전류 |
|---|---|---|
| 직접 접지방식 | 1.3배 이하(최저) | $I_g = 3I_o$ (최대) |
| PC 접지방식 | $\sqrt{3}$ 배 이상(최대) | $I_g = 0$ (최저) |
| 비접지방식 | $\sqrt{3}$ 배 | $0 \le I_g \le 1$ |

**08** 우리나라의 154[kV]송전계통에서 채택하는 접지방식은?

① 비접지방식
② 직접 접지방식
③ 고저항 접지방식
④ 소호 리액터 접지방식

해설

우리나라 154[kV] 송전계통을 직접 접지방식을 채택한다.

**09** 변압기 중성점의 비접지방식을 직접 접지방식과 비교한 것 중 옳지 않은 것은?

① 전자유도장해가 경감된다.
② 지락전류가 작다.
③ 보호계전기의 동작이 확실하다.
④ 선로에 흐르는 영상전류는 없다.

해설

| 구 분 | 전위상승 | 지락전류 | 보호계전기 동작 |
|---|---|---|---|
| 직접 접지 | 1.3배 이하 (최저) | $I_g = 3I_o$ (최대) | 확실 |
| 소호 리액터 접지 | $\sqrt{3}$ 배 이상 (최대) | $I_g = 0$ (최저) | 불확실 |
| 비접지 | $\sqrt{3}$ 배 | $0 \le I_g \le 1$ | 불확실 |

**10** 중성점 저항접지방식에서 1선 지락시의 영상전류를 $I_o$라고 할 때 저항을 통하는 전류는 어떻게 표현되는가?

① $\dfrac{1}{3}I_o$   ② $\sqrt{3}\,I_o$

③ $3I_o$   ④ $6I_o$

해설

1선 지락 사고시 저항을 통하는 전류는 영상전류의 3배이다.

**11** 다음 중 중성점 비접지방식에서 가장 많이 사용되는 변압기의 결선 방법은?

① $\triangle - Y$   ② $\triangle - \triangle$

③ $Y - V$   ④ $Y - Y$

해설

$\triangle - \triangle$결선은 중성점 비접지방식에서 가장 많이 사용되는 변압기의 결선 방법이다.

**12** 3300[V], $\triangle$결선 비접지 배전선로에서 1선이 지락하면 전선로의 대지전압은 몇 [V]까지 상승하는가?

① 4125   ② 4950

③ 5715   ④ 6600

해설

비접지 계통에서 1선 지락시 건전상의 전위상승은 상전압의 $\sqrt{3}$ 배가 증가한다.

$V_\ell = \sqrt{3}\ V_P$이므로 $\sqrt{3}$ 배가 1선 지락시 대지전압으로 된다.

$\therefore \sqrt{3} \times 3300 ≒ 5715\,[\text{V}]$

**13** 송전선로의 보호방식으로 지락에 대한 보호는 영상전류를 이용하여 어떤 계전기를 동작시키는가?

① 차동계전기　　　② 전류계전기
③ 방향계전기　　　④ 접지계전기

해설
　ZCT에서 영상전류를 검출하여 지락(접지)계전기에 신호를 주어 트립코일을 여자시킨다.

**14** 중성점이 직접 접지된 6600[V], 3상 발전기의 1단자가 접지되었을 경우 예상되는 지락전류의 크기는 약 몇 [A]인가? (단, 발전기의 임피던스는 $Z_0=0.2+j0.6[\Omega]$, $Z_1=0.1+j4.5[\Omega]$, $Z_2=0.5+j1.4[\Omega]$ 이다.)

① 1578[A]　　　② 1678[A]
③ 1745[A]　　　④ 3023[A]

해설
　지락전류는 영상전류의 3배의 크기이다. $I_g=3I_0$

$$I_g = 3I_0 = 3 \times \frac{E}{Z_0+Z_1+Z_2}$$

$$= 3 \times \frac{\dfrac{6600}{\sqrt{3}}}{0.2+j0.6+0.1+j4.5+0.5+j1.4}$$

$$= \frac{\sqrt{3} \times 6600}{0.8+j6.5} \fallingdotseq 1745$$

**15** 소호 리액터를 송전계통에 사용하면 리액터의 인덕턴스와 선로의 정전용량이 어떤 상태로 되어 지락전류를 소멸시키는가?

① 병렬공진　　　② 직렬공진
③ 고 임피던스　　④ 저 임피던스

해설
　소호리액터 접지는 정상시는 직렬공진을 방지하여 이상전압 발생을 억제하는 목적으로 과보상 운전하고 지락 사고시는 병렬공진에 의해서 지락전류를 최소화시킨다.

**16** 1상의 대지 정전용량 $C$[F], 주파수 $f$[Hz]인 3상 송전선의 소호 리액터 공진탭의 리액턴스는 몇 [Ω]인가? (단, 소호 리액터를 접속시키는 변압기의 리액턴스는 $X_t$[Ω]이다.)

① $\dfrac{1}{3\omega C} + \dfrac{X_t}{3}$　　　② $\dfrac{1}{3\omega C} - \dfrac{X_t}{3}$

③ $\dfrac{1}{3\omega C} + 3X_t$　　　④ $\dfrac{1}{3\omega C} - 3X_t$

해설
　• 소호 리액터의 리액턴스 : $X_L = \dfrac{1}{3\omega C} - \dfrac{X_t}{3}$ [Ω]

　• 소호 리액터의 인덕턴스 : $L = \dfrac{1}{3\omega^2 C_s} - \dfrac{X_t}{3\omega}$ [H]

**17** 소호 리액터 접지계통에서 리액터의 탭을 완전공진상태에서 약간 벗어나도록 하는 이유는?

① 전력손실을 줄이기 위하여
② 선로의 리액턴스분을 감소시키기 위하여
③ 접지계전기의 동작을 확실하게 하기 위하여
④ 직렬공진에 의한 이상전압의 발생을 방지하기 위하여

해설
　과보상하는 이유는 직렬공진에 의한 이상전압 발생 방지이다.
　과보상 : $\omega L < \dfrac{1}{3\omega C}$

**18** 소호 리액터 접지의 합조도가 정(+)인 경우에는 어느 것과 관련이 있는가?

① 공진　　　　② 과보상
③ 접지저항　　④ 아크전압

해설
　직렬공진을 방지하기 위해서 $\omega L < \dfrac{1}{3\omega C}$이 되도록 한다.
　이것을 과보상이라 하며 합조도는 (+)이다.

정답　　13 ④　　14 ③　　15 ①　　16 ②　　17 ④　　18 ②

**19** 송전계통의 중성점 접지용 소호 리액터의 인덕턴스 $L$은? (단, 선로 한 선의 대지 정전용량을 $C$라 한다.)

① $L = \dfrac{1}{C}$

② $L = \dfrac{C}{2\pi f}$

③ $L = \dfrac{1}{2\pi f C}$

④ $L = \dfrac{1}{3(2\pi f)^2 C}$

해설

소호 리액터 접지방식의 원리는 병렬공진 $\left(\omega L = \dfrac{1}{3\omega C}\right)$의 원리를 이용한 것이다.

즉, 위 공식에서 인덕턴스를 구하면 $L = \dfrac{1}{3\omega^2 C}$ 이 된다.

여기서 $\omega = 2\pi f$이다.

**20** 3상 3선식 소호 리액터 접지방식에서 1선의 대지 정전용량을 $C[\mu\text{F}]$, 상전압 $E[\text{kV}]$, 주파수 $f[\text{Hz}]$라 하면, 소호 리액터의 용량은 몇 $[\text{kVA}]$인가?

① $\pi f\, CE^2 \times 10^{-3}$

② $2\pi f\, CE^2 \times 10^{-3}$

③ $3\pi f\, CE^2 \times 10^{-3}$

④ $6\pi f\, CE^2 \times 10^{-3}$

해설

소호 리액터 용량은 3선 1괄 대지 충전용량과 같다.

$Q_L = 3\omega CE^2 \times 10^{-3} = 3 \times 2\pi f \times CE^2 \times 10^{-3} [\text{kVA}]$

$\quad = 6\pi f \times CE^2 \times 10^{-3} [\text{kVA}]$

**21** 어떤 선로의 양단에 같은 용량의 소호 리액터를 설치한 3상 1회선 송전선로에서 전원측으로부터 선로길이의 $\dfrac{1}{4}$ 지점에서 1선 지락 고장이 발생했다면 영상전류의 분포는 대략 어떠한가?

①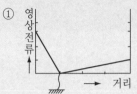

②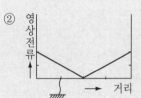

③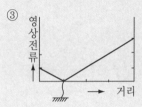

④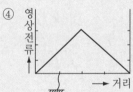

해설

소호 리액터 접지 계통에서 영상전류 분포는 지락사고의 위치와 관계가 없으며 선로의 2등분 위치에 분포한다.

memo

# 이상전압

# Chapter 07

## 1 이상전압의 종류

### 1. 개폐 서지

송전선로의 개폐 조작에 따른 과도현상 때문에 발생하는 이상전압을 뜻한다. 개폐 서지의 종류는 투입 서지와 개방 서지로 나뉜다. 회로를 투입할 때보다 개방하는 경우, 부하가 있는 회로를 개방하는 것보다 무부하의 회로를 개방할 때가 더 높은 이상전압이 발생된다.

### 2. 페란티 현상

계통의 정전용량이 커져 발생하는 것으로서 송전단의 전압보다 수전단의 전압이 상승하는 것을 의미한다. 페란티 현상을 방지하기 위하여 분로리액터를 설치한다.

### 3. 뇌의 종류

(1) 직격뢰 : 뇌가 송전선로를 직격할 때 발생하는 이상전압이다.

(2) 유도뢰 : 뇌운 밑에 있는 송전선에 유도된 구속전하가 뇌운간 또는 뇌운과 대지간의 방전을 통해서 자유전하로 되고 이것이 송전선로의 진행파로 되어 전파하는 경우 발생하는 이상전압이다.

### 4. 외부이상전압과 내부이상전압

| 구 분 | 원 인 | 종 류 | 대 책 | 결 과 |
|---|---|---|---|---|
| 내부<br>이상<br>전압 | 무부하<br>충전전류<br>(=진상전류) | 개폐 서지 | 개폐 저항기<br>설치 | 이상전압 억제 |
| | | 1선 지락<br>이상전압 | 중성점<br>접지(직접) | 이상전압 방지 |
| | | 무부하 이상전압<br>(페란티 현상) | 병렬(분로)<br>리액터 | 페란티 현상<br>방지 |
| | | 중성점의<br>잔류전압으로<br>인한 이상전압 | 연가 | 선로정수평행 |
| 외부<br>이상<br>전압 | 뇌 | 직격뢰 | 가공지선 | 직격뢰 차폐 |
| | | 유도뢰 | 파고가 높지 않기 때문에 송전선로 절연상의 문제는 별로 없다. | |

- 이상전압의 크기
  개방 > 투입
  무부하 > 부하

- 유도뢰

여름철 낙뢰의 경우, 뇌운 상부에는 프러스 전하, 상부에는 마이너스 전하가 발생한다. 이 뇌운의 아래에 송전선이나 통신선 케이블이 존재하면 케이블 위에도 프러스 전하가 모여 고전압이 발생한다.

뇌운 사이 또는 뇌운과 대지 사이의 방전에 의해 뇌운의 마이너스 전하가 소실(감소)되면 케이블 위에 축전된 플러스 전하는 구속이 풀려 양방향 진행파로 되어 나아간다.

예제문제    개폐 서지에 의한 이상전압

**1** 다음 중 송전선로에서 이상전압이 가장 크게 발생하기 쉬운 경우는?

① 무부하 송전선로를 폐로하는 경우
② 무부하 송전선로를 개로하는 경우
③ 부하 송전선로를 폐로하는 경우
④ 부하 송전선로를 개로하는 경우

해설
• 무부하 송전계통에서 충전전류 개폐시 발생하는 이상전압
• 무부하시가 전부하시보다 크다.

답 ②

예제문제    내부 이상전압

**2** 다음 중 송배전선로에서 내부 이상전압에 속하지 않는 것은?

① 유도뢰에 의한 이상전압
② 개폐 이상전압
③ 사고시의 과도 이상전압
④ 계통 조작과 고장시의 지속 이상전압

해설
직격뢰와 유도뢰는 외부이상전압에 속한다.

답 ①

## ❷ 직격뢰와 역섬락 보호대책

### 1. 가공지선

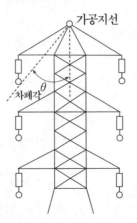

차폐각은 적을수록 보호효율이 크지만 이것을 작게 하려면 그만큼 가공지선을 높이 가선해야 하기 때문에 철탑의 높이가 높아지므로 시설비가 비싸진다. 가공지선을 설치하여 직격뢰 차폐, 유도뢰 차폐, 통신선의 유도장해를 경감시킬 수 있다.

(1) 직격뢰 및 유도뢰를 차폐하며 통신선의 유도장해를 경감시키는 역할을 한다.

(2) 차폐각 $\theta$(보호각)은 $30 \sim 45°$ 정도로 시공한다.

## 2. 매설지선

(1) 철탑에서 송전선로 쪽으로 역섬락을 방지하기 위하여 지하로는 약 $50 \sim 100[cm]$, 길이는 $30 \sim 50[m]$ 정도를 매설하는 지선이다.

(2) 역섬락이란 뇌격시 철탑각 접지저항값이 클 경우 접지극 전위상승이 높아지게 되면 직격뢰는 대지로 흐르지 않고 전선로를 향해서 흐르는 것을 말한다.

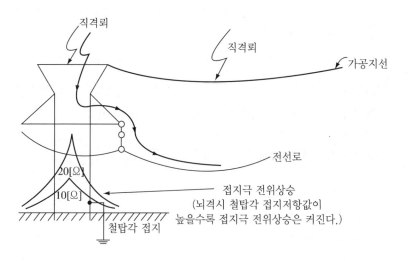

예제문제 가공지선

**3** 철탑에서 차폐각에 대한 설명 중 옳은 것은?

① 차폐각이 클수록 보호 효율이 크다.

② 차폐각이 작을수록 건설비가 비싸다.

③ 가공지선이 높을수록 차폐각이 크다.

④ 차폐각은 보통 $90°$ 이상이다.

해설

차폐각이 작을수록 보호 효율이 크지만 가공지선을 높게 가설하기 때문에 철탑의 높이가 높아져 건설비가 비싸진다. 일반적으로 차폐각은 $30 \sim 45°$정도로 하고 있다.

답 ②

■파두길이 및 파미길이
 • 파두길이
  규약영점에서 파고값에 도달할 때
  까지의 시간으로 표준 충격 파형에
  서는 1.2[$\mu s$]이다.
 • 파미길이
  규약영점에서 파고값의 50[%]로
  감쇠할 때 까지의 시간으로 표준
  충격 파형에서는 50[$\mu s$]이다.

## ③ 뇌의 파형(충격파) 및 특성

### 1. 뇌의 파형(충격파)

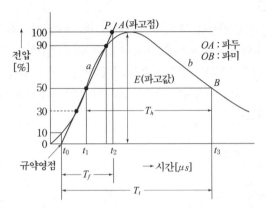

뇌의 파형은 충격파형으로 극히 짧은 시간에 파고값에 달하고 소멸하는
파형이다. 우리나라의 표준충격파형은 $1.2 \times 50[\mu s]$이다.

(1) 파두길이($T_f$) : $1.2[\mu s]$

(2) 파미길이($T_t$) : $50[\mu s]$

### 2. 반사계수와 투과계수

가공전선($Z_1$)에 진행파가 들어왔을 때 접속점을 기준으로 일부는 투과
하고 나머지는 반사된다.

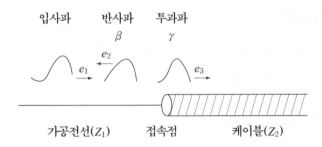

(1) 반사계수 : $\beta = \dfrac{Z_2 - Z_1}{Z_2 + Z_1}$ → 반사전압 $e_2 = \beta e_1 = \left( \dfrac{Z_2 - Z_1}{Z_2 + Z_1} \right) \times e_1$

(2) 투과계수 : $\gamma = \dfrac{2Z_2}{Z_2 + Z_1}$ → 투과전압 $e_3 = \gamma e_1 = \left( \dfrac{2Z_2}{Z_2 + Z_1} \right) \times e_1$

(3) 무반사 조건 : $Z_1 = Z_2$

**4** 임피던스 $Z_1$, $Z_2$ 및 $Z_3$을 그림과 같이 접속한 선로의 $A$쪽에서 전압파 $E$가 진행해 왔을 때 접속점 $B$에서 무반사로 되기 위한 조건은?

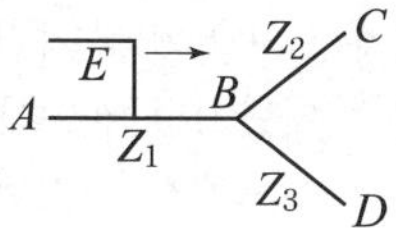

① $Z_1 = Z_2 + Z_3$

② $\dfrac{1}{Z_1} = \dfrac{1}{Z_3} - \dfrac{1}{Z_2}$

③ $\dfrac{1}{Z_1} = \dfrac{1}{Z_2} + \dfrac{1}{Z_3}$

④ $\dfrac{1}{Z_1} = -\dfrac{1}{Z_2} - \dfrac{1}{Z_3}$

**해설**

$Z_1$을 통해서 진행파가 들어왔을 때 $Z_2$와 $Z_3$을 통해서 일부는 반사되고 나머지는 투과된다. 무반사 조건은 진행파와 투과파가 같은 경우이다.

• 1식 $Z_1 = \dfrac{1}{\dfrac{1}{Z_2} + \dfrac{1}{Z_3}}$   • 2식 $\dfrac{1}{Z_1} = \dfrac{1}{Z_2} + \dfrac{1}{Z_3}$

답 ③

---

## ④ 절연협조와 BIL

### 1. 절연협조

절연협조란 발·변전소의 기기나 송배전선 등 전력계통 전체의 절연 설계를 보호장치와 관련시켜서 합리화를 도모하고 안전성과 경제성을 유지하는 것이다.

### 2. 기준충격 절연강도(BIL)

전력기기의 각 절연계급에 대응해서 절연강도를 지정할 때 기준이 되는 것으로 피뢰기 제한전압보다 높은 전압을 BIL로 정하며 이는 계통에서 뇌전압 진행파의 파고치, 보호 장치의 보호능력 및 경험치를 참고하여 정해진 기준이다. 전력기기, 공작물의 절연설계 표준화 및 계통의 절연의 구성을 통일시킬 수 있다. 송전계통의 절연협조에서 충격절연내력(BIL)의 크기는 선로애자, 차단기, 변압기, 피뢰기 순이다.

■ 절연협조

계통내의 각 기기, 기구 및 애자 등의 상호간에 적정한 절연강도를 지니게 함으로써 절연설계를 보호 장치와 관련시켜 합리화, 경제화를 도모한 것이다.

■ 기준충격 절연강도 순서

선로애자 〉 차단기 〉 변압기 〉 피뢰기

BIL(기준충격 절연강도)

**5** 345[kV] 송전계통의 절연협조에서 충격절연내력의 크기순으로 적합한 것은?

① 선로애자 > 차단기 > 변압기 > 피뢰기
② 선로애자 > 변압기 > 차단기 > 피뢰기
③ 변압기 > 차단기 > 선로애자 > 피뢰기
④ 변압기 > 선로애자 > 차단기 > 피뢰기

해설

| 기준전압[kV] | | 345 |
|---|---|---|
| 최고운전전압[kV] | | 362 |
| BIL[kV] | 선로애자 | 1745 |
| | CPD | 1550 |
| | 차단기 | 1300 |
| | 변압기 | 1050 |
| 피뢰기의 제한전압[kV] | | 730 |

답 ①

## ⑤ 피뢰기

### 1. 피뢰기의 역할

뇌 서지의 내습으로 피뢰기 단자전압이 어느 일정 값 이상이 되면 즉시 방전해서 전압상승을 억제하여 기기를 보호하는 기능과 이상전압을 소멸시킨다. 피뢰기 단자전압이 일정 값 이하가 되면 즉시 방전을 정지해서 원래의 송전상태로 회복시킨다.

■피뢰기

이상전압을 대지로 방전시키고 속류를 차단한다.

■피뢰기

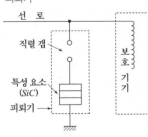

| 단선도용 | 복선도용 |
|---|---|
| | |

### 2. 피뢰기의 구조와 특징

(1) 직렬갭 : 누설전류가 특성요소에 흐르는 것을 방지하고 충격파가 내습하면 즉시 방전을 개시한다. 동작 후 에는 그 속류를 차단한다.

(2) 특성요소 : 큰 방전전류는 저저항값으로 방류하고 낮은 전압은 고저항
값으로 속류를 차단한다.

(3) 실드링 : 전·자기적인 충격으로부터 보호한다.

## 3. 피뢰기 관련용어

| 용어 | 의미 |
|------|------|
| 정격전압 | 속류를 차단하는 상용주파수 최고의 교류전압 |
| 제한전압 | 충격파 전류가 흐를때 피뢰기 단자전압의 파고치 |
| 속류 | 방전 후 계속해서 피뢰기에 흐르는 상용주파의 전류 |
| 충격방전<br>개시전압 | 피뢰기 단자에 충격파 인가시 방전을 개시하는 전압 |
| 상용주파방전<br>개시전압 | 계통의 사용주파 지속성 이상전압에 대한 방전개시전압 |

## 4. 피뢰기의 구비조건

(1) 제한전압이 낮을 것

(2) 충격 방전개시전압이 낮을 것

(3) 속류 차단 능력이 클 것

(4) 상용주파 방전개시 전압이 높을 것

(5) 방전내량이 클 것

## 5. 피뢰기의 설치 장소

(1) 발전소, 변전소의 가공전선 인입구 및 인출구

(2) 가공전선로와 지중전선로가 접속되는 곳

(3) 고압, 특별고압 가공전선로로부터 공급 받는 수용가의 인입구

(4) 가공전선로에 접속하는 배전용 변압기의 고압측 및 특별 고압측

예제문제 　피뢰기의 역할

**6** 이상전압의 파고치를 저감시켜 기기를 보호하기 위하여 설치하는 것은?

① 리액터　　　　　　② 아마 로드(Armour rod)

③ 피뢰기　　　　　　④ 아킹 혼(Arcing horn)

해설

피뢰기는 방전전류를 흘려 뇌전압의 파고값을 저감시키고 속류를 억제시킨다.

답 ③

■ 서지흡수기(SA)

차단기의 투입, 차단시에는 서지가
발생되며 경우에 따라서는 선로에 중
대한 영향을 미치므로 전동기, 변압
기 등을 서지로부터 보호할 수 있는
서지흡수기의 설치가 권장되고 있으
며 특히 몰드변압기 및 전동기에
VCB를 설치하는 경우에는 변압기의
보호를 위해 설치하고 있다

■ 피뢰기의 정격전압

피뢰기의 정격전압이란 속류가 차
단되는 최고의 교류전압으로서 유
효접지계통은 공칭전압의 0.8~1.0
배, 소호리액터접지계통은 1.4~1.6
배로 선정한다. 이는 1선지락 사고
시 건전상의 대지전위 상승을 고려
한 값으로서 지속성 이상전압에 해
당하는 값이다.

■ 피뢰기 구매시 고려사항

· 정격전압
· 공칭방전전류
· 전압-전류 특성
· 사용 장소

예제문제  **직렬갭(gap)**

**7** 전력용 피뢰기에서 직렬갭(gap)의 주된 사용 목적은?

① 방전내량을 크게 하고 장시간 사용하여도 열화를 적게 하기 위함
② 충격방전 개시전압을 높게 하기 위함
③ 상시는 누설전류를 방지하고 충격파 방전 종료 후에는 속류를 즉시 차단하기 위함
④ 충격파가 침입할 때 대지에 흐르는 방전전류를 크게 하여 제한전압을 낮게 하기 위함

해설
피뢰기는 특성요소와 직렬갭으로 구성
• 특성요소 : 방전전류를 흘려 뇌전압의 파고값을 저감시키고 속류를 억제시킨다.
• 직렬갭 : 누설전류가 특성요소에 흐르는 것을 방지하고 충격파가 내습하면 즉시 방전을 개시한다. 동작 후에는 그 속류를 차단한다.  답 ③

예제문제  **피뢰기의 충격방전 개시전압**

**8** 피뢰기의 충격방전 개시전압은 무엇으로 표시하는가?

① 직류전압의 크기        ② 충격파의 평균치
③ 충격파의 최대치        ④ 충격파의 실효치

해설
충격방전 개시전압이란 피뢰기 단자간에 충격전압을 인가하였을 경우 방전을 개시하는 전압으로 충격파의 최댓값으로 나타낸다.  답 ③

예제문제  **피뢰기의 구비조건**

**9** 피뢰기의 설명으로 틀린 것은?

① 충격방전 개시전압이 낮을 것
② 상용주파 방전개시전압이 낮을 것
② 제한전압이 낮을 것
④ 속류의 차단능력이 클 것

해설
**피뢰기 구비조건**
• 충격방전 개시전압이 낮을 것
• 상용주파수 방전개시전압은 높을 것
• 제한전압이 낮을 것
• 속류차단 능력은 충분할 것
• 방전내량이 클 것

답 ②

## ⑥ 유도장해

### 1. 전자 유도장해

#### (1) 전자 유도전압

송전선에 1선 지락사고 등 영상전류에 의해서 자기장이 형성되고 전력선과 통신선 사이에 상호 인덕턴스(M)에 의하여 통신선에 전압이 유기되며, 전자 유도전압이라 한다. 전자 유도장해는 통신이나 통화를 불가능하게 할 수 있다.

#### (2) 전자 유도전압($E_m$)

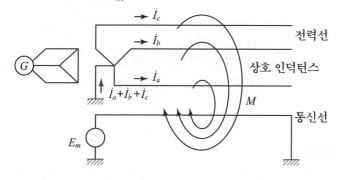

$$E_m = j\omega M\ell (I_a + I_b + I_c) = j\omega M\ell \times 3I_0$$

$3I_0$ : 지락전류(기유도 전류)

$\ell$ : 전력선과 통신선의 병행길이

$M$ : 상호인덕턴스

### 2. 정전 유도장해

#### (1) 정전 유도전압

송전선로의 영상 전압과 통신선과의 상호 정전용량의 불평형에 의해 통신선에 유도되는 전압을 정전 유도전압이라 하며, 정상시에 통신장해를 일으켜 문제가 된다. 한편, 전력선과 통신선 사이의 선간정전용량은 $C_{ab}$이고, 통신선과 대지사이의 대지정전용량 $C_s$이다. 정전 유도전압은 주파수 및 양 선로의 병행길이와는 관계가 없으며, 전력선의 대지전압에 비례한다.

#### (2) 단상인 경우 통신선의 정전 유도전압

$$E_s = \frac{C_{ab}}{C_{ab} + C_s} E \,[\text{V}]$$

■참고

전력선과 통신선이 근접해 있을 경우 통신선에 전압 및 전류가 유도되어 장해를 일으키며, 정전 유도장해, 정자 유도장해, 고조파 유도장해 등을 일으킨다.

■유도장해 경감대책

(1) 전력선측의 대책
 • 전력선과 통신선의 이격거리를 증대시켜 상호인덕턴스를 줄인다.
 • 전력선과 통신선을 수직 교차시킨다.
 • 연가를 충분히 하여 중성점의 잔류전압을 줄인다.
 • 소호리액터 접지를 채용하여 지락전류를 줄인다.
 • 전력선을 케이블화 한다.
 • 차폐선을 설치한다.
   (효과는 30~50[%] 정도)
 • 고속도차단기를 설치하여 고장전류를 신속히 제거한다.

(2) 통신선측의 대책
 • 통신선을 연피케이블화 한다.
 • 통신선 및 통신기기의 절연을 향상시키고 배류코일이나 중계코일을 사용한다.
 • 차폐선을 설치한다.
 • 통신선을 전력선과 수직교차 시킨다.

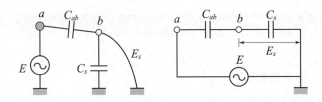

(3) 3상인 경우 정전 유도전압

$$E_s = \frac{\sqrt{C_a(C_a - C_b) + C_b(C_b - C_c) + C_c(C_c - C_a)}}{C_a + C_b + C_c + C_s} \times \frac{V}{\sqrt{3}}$$

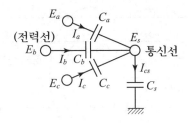

## 3. 고조파 유도장해

전력계통의 회전기, 변압기, 코로나 등에 의해 고조파가 발생하며 이때 100~1000[Hz] 범위 내의 고조파는 통신선에 노이즈 현상을 일으키게 된다.

---

**예제문제** 유도장해의 종류

**10** 전력선과 통신선간의 상호정전용량 및 상호인덕턴스에 의해 발생하는 유도장해로 옳은 것은?

① 정전유도장해 및 전자유도장해
② 전력유도장해 및 정전유도장해
③ 정전유도장해 및 고조파유도장해
④ 전자유도장해 및 고조파유도장해

해설

유도장해의 종류
• 정전유도장해 : 전력선과 통신선 사이의 선간정전용량과 통신선과 대지 사이의 대지정전용량에 의해서 통신선에 전압이 유기되는 현상을 말한다.
• 전자유도장해 : 지락사고시 자락전류와 영상전류에 의해서 자기장이 형성되고 전력선과 통신선 사이에 상호인덕턴스에 의하여 통신선에 전압이 유기되는 현상을 말한다.

답 ①

# SECTION 07 출제예상문제

## 01 송전선로에서 가공지선을 설치하는 목적이 아닌 것은?

① 뇌(雷)의 직격을 받을 경우 송전선 보호
② 유도에 의한 송전선의 고 전위 방지
③ 통신선에 대한 차폐 효과 증진
④ 철탑의 접지저항 경감

**해설**
가공지선
• 설치목적 : 직격뢰로부터 송전선로를 보호하기 위하여 지지물의 최상단에 설치
• 효과 : 직격뢰 차폐, 유도뢰 차폐, 통신선의 유도장해 차폐

## 02 가공지선에 대한 설명 중 틀린 것은?

① 직격뢰에 대하여 특히 유효하며 탑 상부에 시설하므로 뇌는 주로 가공지선에 내습한다.
② 가공지선 때문에 송전선로의 대지 정전용량이 감소하므로 대지사이에 방전할 때 유도전압이 특히 커서 차폐 효과가 좋다.
③ 송전선의 지락시 지락전류의 일부가 가공지선에 흘러 차폐작용을 하므로 전자 유도장해를 적게 할 수도 있다.
④ 유도뢰 서지에 대하여도 그 가설구간 전체에 사고방지의 효과가 있다.

**해설**
가공지선
• 설치목적 : 직격뢰로부터 송전선로를 보호하기 위하여 지지물의 최상단에 설치
• 효과 : 직격뢰 차폐, 유도뢰 차폐, 통신선의 유도장해 차폐

## 03 가공 송전선로에서 이상전압의 내습에 대한 대책으로 틀린 것은?

① 철탑의 탑각 접지저항을 작게 한다.
② 기기 보호용으로서의 피뢰기를 설치한다.
③ 가공지선을 설치한다.
④ 차폐각을 크게 한다.

**해설**
차폐각
철탑에서 차폐각을 $30° \sim 45°$정도가 표준이고 $30°$보다 작은 각도에서는 $100[\%]$ 보호가 되고 $40°$정도에서는 $97[\%]$ 보호가 되나 이상전압에서는 $100[\%]$ 보호가 안 될 경우 아무런 의미가 없다. 그래서 요즘 차폐각을 줄이기 위해서 가공지선을 2회선 설치한다.

## 04 송배전 계통에 발생하는 이상전압의 내부적 원인이 아닌 것은?

① 선로의 개폐
② 직격뢰
③ 아크 접지
④ 선로의 이상 상태

**해설**
직격뢰와 유도뢰는 외부 이상전압에 속한다.

## 05 차단기의 개폐에 의한 이상전압은 대부분 송전선 대지전압의 몇 배 정도가 최고인가?

① 2배　　　　② 4배
③ 8배　　　　④ 10배

**해설**
차단기의 개폐에 의한 이상전압은 최고 4배까지 상승한다.

## 06 접지봉으로 탑각의 접지저항값을 희망하는 접지저항값까지 줄일 수 없을 때 사용하는 것은?

① 가공지선　　② 매설지선
③ 크로스본드선　④ 차폐선

**해설**
역섬락이 일어나면 뇌전류가 애자련을 통하여 전선로로 유입될 우려가 있으므로 이때 탑각에 방사형 매설지선을 포설하여 탑각의 접지저항을 낮춰주면 역섬락을 방지할 수 있게 된다.

**정답**　01 ④　02 ②　03 ④　04 ②　05 ②　06 ②

**07 재점호가 가장 일어나기 쉬운 차단전류는?**

① 동상(同相)전류
② 지상전류
③ 진상전류
④ 단락전류

해설

재점호 현상은 정전용량 에 의해 발생하므로 진상전류이다.

**08 이상전압에 대한 설명 중 옳지 않은 것은?**

① 송전선로의 개폐 조작에 따른 과도현상 때문에 발생하는 이상전압을 개폐 서지라 부른다.
② 충격파를 서지라 부르기도 하며 극히 짧은 시간에 파고값에 도달하고 극히 짧은 시간에 소멸한다.
③ 일반적으로 선로에 차단기를 투입할 때가 개방할 때 보다 더 높은 이상전압을 발생한다.
④ 충격파는 보통 파고값과 파두길이와 파미길이로 나타낸다.

해설

개폐 이상전압은 폐로시보다 개로시 때가 더 크다. 또한 부하시보다 무부하시 때가 더 높다.

**09 송전선로의 개폐 조작시 발생하는 이상전압에 관한 상황으로 옳은 것은?**

① 개폐 이상전압은 회로를 개방할 때보다 폐로할 때 더 크다.
② 개폐 이상전압은 무부하시보다 전부하일 때 더 크다.
③ 가장 높은 이상전압은 무부하 송전선의 충전전류를 차단할 때이다.
④ 개폐 이상전압은 상규 대지전압의 6배, 시간은 2~3초이다.

해설

무부하 송전계통의 충전전류 차단시 발생
• 개로(6배)할 때가 폐로(4배)할 때보다 크다.
• 무부하시가 전부하시보다 크다.

**10 개폐 서지의 이상전압을 감쇠할 목적으로 설치하는 것은?**

① 단로기          ② 차단기
③ 리액터          ④ 개폐 저항기

해설

개폐서지 이상전압 억제대책으로 개폐 저항기를 설치한다.

**11 이상전압에 대한 방호장치가 아닌 것은?**

① 병렬 콘덴서
② 가공지선
③ 피뢰기
④ 서지 흡수기

해설

이상전압 방호장치
• 가공지선 : 직격뢰에 대해 전선을 보호하며 피뢰침과 같은 역할을 하여 직격뢰의 90[%] 이상 차폐한다.
• 피뢰기 : 이상전압으로(뢰)부터 기기보호
• 서지 흡수기 : 구내선로에서 발생할 수 있는 개폐 서지, 순간 과도전압 등으로 이상전압이 2차기기에 영향을 주는 것을 방지

**12 피뢰기의 정격전압에 대한 설명으로 가장 알맞은 것은?**

① 뇌전압의 평균값
② 뇌전압의 파고값
③ 속류를 차단할 수 있는 최고의 교류전압
④ 피뢰기가 동작되고 있을 때의 단자전압

해설

피뢰기의 정격전압
속류를 차단할 수 있는 최고의 교류전압

## 13 피뢰기의 제한전압이란?

① 상용주파수의 방전개시전압
② 충격파의 방전개시전압
③ 충격방전 종료 후 전력계통으로부터 피뢰기에 상용주파 전류가 흐르고 있는 동안의 피뢰기 단자전압
④ 충격방전전류가 흐르고 있는 동안의 피뢰기의 단자전압의 파고값

해설

**제한전압**
충격방전전류가 흐르고 있는 동안의 피뢰기의 단자전압의 파고값이다. 이 값은 낮을수록 좋다.

## 14 피뢰기가 방전을 개시할 때의 단자전압의 순시값을 방전개시전압이라 한다. 방전 중의 단자전압의 파고값은 무슨 전압이라고 하는가?

① 뇌전압
② 상용주파교류전압
③ 제한전압
④ 충격절연강도전압

해설

피뢰기 동작 중 피뢰기의 양 단자간에 걸리는 전압을 제한전압이라 하며 이 값은 낮을수록 좋다.

## 15 피뢰기가 구비해야 할 조건 중 잘못 설명된 것은?

① 충격방전 개시전압이 낮을 것
② 상용주파수 방전개시전압이 높을 것
③ 방전내량이 크면서 제한전압이 높을 것
④ 속류차단 능력이 충분할 것

해설

**피뢰기 구비조건**
• 충격방전 개시전압이 낮을 것
• 상용주파수 방전개시 전압은 높을 것
• 제한전압이 낮을 것
• 속류차단 능력은 충분할 것
• 방전내량이 클 것

## 16 피뢰기의 직렬 갭(gap)의 작용으로 가장 옳은 것은?

① 이상전압의 진행파를 증가시킨다.
② 상용주파수의 전류를 방전시킨다.
③ 이상전압이 내습하면 뇌전류를 방전하고, 상용주파수의 속류를 차단하는 역할을 한다.
④ 뇌전류 방전 시의 전위상승을 억제하여 절연파괴를 방지한다.

해설

**직렬갭**
누설전류가 특성요소에 흐르는 것을 방지하고 충격파가 내습하면 즉시 방전을 개시한다. 동작 후에는 그 속류를 차단한다.

## 17 아래의 충격 파형은 직격뢰에 의한 파형이다. 여기에서 $T_f$와 $T_t$는 무엇을 표시한 것인가?

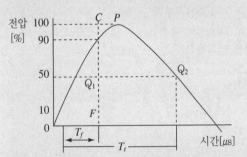

① $T_f$ = 파고값, $T_t$ = 파미길이
② $T_f$ = 파두길이, $T_t$ = 충격파길이
③ $T_f$ = 파미길이, $T_t$ = 충격반파길이
④ $T_f$ = 파두길이, $T_t$ = 파미길이

해설

• $T_f$ : 파두길이
규약영점에서 파고값에 도달할 때까지의 시간으로 표준 충격 파형에서는 $1.2[\mu s]$이다.
• $T_t$ : 파미길이
규약영점에서 파고값의 $50[\%]$로 감쇠할 때까지의 시간으로 표준 충격 파형에서는 $50[\mu s]$이다.

정답　13 ④　14 ③　15 ③　16 ③　17 ④

**18** 이상전압의 파고치를 저감시켜 기기를 보호하기 위하여 설치하는 것은?

① 리액터
② 피뢰기
③ 아킹 호온(Arcing horn)
④ 아모 로드(Armour rod)

해설

피뢰기의 역할
방전전류를 흘려 뇌전압의 파고값을 저감시키고 속류를 억제시킨다.

**19** 계통의 기기 절연을 표준화하고 통일된 절연 체계를 구성하는 목적으로 절연계급을 설정하고 있다. 이 절연계급에 해당하는 내용을 무엇이라 부르는가?

① 제한전압
② 기준충격절연강도
③ 상용주파 내전압
④ 보호계전

해설

계통의 기기는 기준충격절연강도(BIL)를 표준으로 절연계급을 설정한다.

**20** 계통내의 각 기기, 기구 및 애자 등의 상호간에 적정한 절연강도를 지니게 함으로써 계통 설계를 합리적으로 할 수 있게 한 것을 무엇이라 하는가?

① 기준충격절연강도
② 보호계전방식
③ 절연계급 선정
④ 절연협조

해설

절연협조
계통내의 각 기기, 기구 및 애자 등의 상호간에 적정한 절연강도를 지니게 함으로써 계통 설계를 합리적으로 할 수 있게 한 것

**21** 송전계통에서 절연협조의 기본이 되는 사항은?

① 애자의 섬락전압
② 권선의 절연내력
③ 피뢰기의 제한전압
④ 변압기 부싱의 섬락전압

해설 절연협조

송전선로에서 발생하는 이상전압에 대하여 보호 장치를 이용하여 계통 절연을 합리적이며 경제적으로 절연하는 것
• 절연협조 순서 : (小)피뢰기 → 변압기 → 결합 콘덴서 → 선로 및 애자(大)

**22** 전력 계통의 절연협조 계획에서 채택되어야 하는 모선 피뢰기와 변압기의 관계에 대한 그래프로 옳은 것은?

①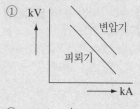

②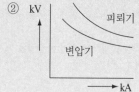

③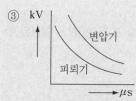

④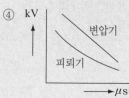

절연협조

송전선로에서 발생하는 이상전압에 대하여 보호 장치를 이용하여 계통 절연을 합리적이며 경제적으로 절연하는 것이다. 여기서, $\mu s$는 기기가 전압을 견디는 시간을 의미한다. 한편, 절연 협조는 계통의 각 기기 및 기구, 선로, 애자 상호간의 균형있는 적당한 절연 강도를 가지는 것을 말하며 피뢰기의 제한 전압이 기기의 기준 충격 절연 강도보다 낮아야 한다.

## 25 전력선에 의한 통신선로의 전자유도장해 발생 요인은 주로 무엇 때문인가?

① 지락사고 시 영상전류가 커지기 때문에
② 전력선의 전압이 통신선로보다 높기 때문에
③ 통신선에 피뢰기를 설치하였기 때문에
④ 전력선과 통신선로 사이의 상호인덕턴스가 감소하였기 때문에

해설

전자유도장해란 지락사고시 지락전류와 영상전류에 의해서 자기장이 형성되고 전력선과 통신선 사이에 상호인덕턴스에 의하여 통신선에 전압이 유기되는 현상

## 23 임피던스 $Z_1$, $Z_2$ 및 $Z_3$을 그림과 같이 접속한 선로의 $A$쪽에서 전압파 $E$가 진행해 왔을 때 접속점 $B$에서 무반사로 되기 위한 조건은?

① $Z_1 = Z_2 + Z_3$

② $\dfrac{1}{Z_1} - \dfrac{1}{Z_3} - \dfrac{1}{Z_2}$

③ $\dfrac{1}{Z_1} = \dfrac{1}{Z_2} + \dfrac{1}{Z_3}$

④ $\dfrac{1}{Z_1} = -\dfrac{1}{Z_2} - \dfrac{1}{Z_3}$

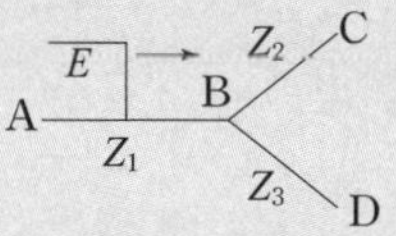

해설

진행파의 반사와 투과

파동임피던스 $Z_1$을 통해서 진행파가 들어왔을 때 파동임피던스 $Z_2$와 $Z_3$을 통해서 일부는 반사되고 나머지는 투과되어 나타나게 된다. 이때 무반사 조건은 진행파와 투과파를 같게 해주어야 하며 진행파와 투과파의 파동임피던스를 갖게 해주어야 한다.

$$\therefore Z_1 = \frac{1}{\dfrac{1}{Z_2} + \dfrac{1}{Z_3}} \quad \text{또는} \quad \frac{1}{Z_1} = \frac{1}{Z_2} + \frac{1}{Z_3}$$

## 24 피뢰기의 제한전압이 $728[\mathrm{kV}]$이고 변압기의 기준충격절연강도가 $1040[\mathrm{kV}]$라고 하면 보호 여유도는 약 몇 [%] 정도되는가?

① 31
② 38
③ 43
④ 47

해설

보호 여유도

$$\frac{기준충격절연강도 - 제한전압}{제한전압} \times 100[\%]$$

$$= \frac{1040 - 728}{728} \times 100 = 42.8 ≒ 43[\%]$$

# 수변전설비

# Chapter 08

## ① 수전설비의 주요기기

| 명 칭 | 약호 | 심벌 | 기능 및 용도 |
|---|---|---|---|
| 전류계 | A | (A) | 부하에 흐르는 전류를 측정하는 기기 |
| 전류계용 절환 개폐기 | AS | ⊘ | 1대의 전류계로 3상 전류를 측정하기 위하여 사용하는 개폐기 |
| 변류기 | CT | | 대전류를 소전류로 변환하여 계측기 및 계전기에 전원공급 |
| 전압계 | V | (V) | 부하에 걸리는 전압을 측정하는 기기 |
| 전압계용 절환 개폐기 | VS | ⊕ | 1대의 전압계로 3상 전압를 측정하기 위하여 사용하는 개폐기 |
| 계기용 변압기 | PT | | 고전압을 저전압으로 변성하여 계측기 및 계전기에 전원공급 |
| 전력 수급용 계기용변성기 | MOF | MOF | PT와 CT를 함께 내장한 것으로 전력량계에 전원공급 |
| 단로기 | DS | | 무부하시 보수·점검 등을 위해 선로 개폐 |
| 차단기 | CB | | 고장전류 차단 및 부하전류의 개폐 모두 가능 |
| 트립 코일 | TC | | 사고시에 전류가 흘러서 트립코일은 여자되고 차단기를 동작시킴 |
| 유입개폐기 | OS | | 부하전류를 개폐 |
| 피뢰기 | LA | | 이상 전압 내습시 대지로 방전시키고 그 속류를 차단 |
| 지락 계전기 | GR | GR | 지락사고시 트립코일을 여자시킴 |
| 영상 변류기 | ZCT | | 지락 사고시 영상 전류를 검출하여 지락계전기를 작동시킴 |
| 과전류 계전기 | OCR | OCR | 과부하나 단락시에 트립코일을 여자시킴 |

■전류계용 절환 개폐기

■전압계용 절환 개폐기

■전력수급용 계기용 변성기

■피뢰기

| 컷아웃 스위치 | COS | | 기계 기구를 과전류로부터 보호 |
|---|---|---|---|
| 전력 퓨즈 | PF | | 단락전류 차단 |
| 전력용콘덴서 | SC | | 역률 개선 |
| 직렬 리액터 | SR | | 제 5고조파 제거 |
| 케이블헤드 | CH | | 가공전선과 케이블 단말 접속 |

■ 표준도면 해설

【주1】 22.9[kV-Y] 1,000[kVA] 이하인 경우는 그림 4에 의할 수 있다.

【주2】 결선도중 점선내의 부분은 참고용 예시이다.

【주3】 차단기의 트립 전원은 직류(DC) 또는 콘덴서방식(CTD)이 바람직하며, 66[kV] 이상의 수전설비는 직류(DC)이어야 한다.

【주4】 LA용 DS는 생략할 수 있으며, 22.9[kV-Y]용의 LA는 Disconnector (또는 Isolator)붙임형을 사용하여야 한다.

【주5】 인입선을 지중선으로 시설하는 경우에 공동주택 등 고장 시 정전피해가 큰 경우는 예비 지중선을 포함하여 2회선으로 시설하는 것이 바람직하다.

【주6】 지중 인입선의 경우에 22.9 [kV-Y] 계통은 CNCV-W 케이블(수밀형) 또는 TR CNCV-W(트리억제형)을 사용하여야 한다. 다만, 전력구·공동구·덕트·건물구내 등 화재의 우려가 있는 장소에서는 FR CNCO-W(난연)케이블을 사용하는 것이 바람직하다.

【주7】 DS 대신 자동 고장 구분 개폐기(7000[kVA]) 초과 시는 Sectionalizer)를 사용할 수 있으며, 66[kV] 이상의 경우는 LS를 사용하여야 한다.

## ② 수변전 결선도

### 1. 특고압 수전설비 표준도면

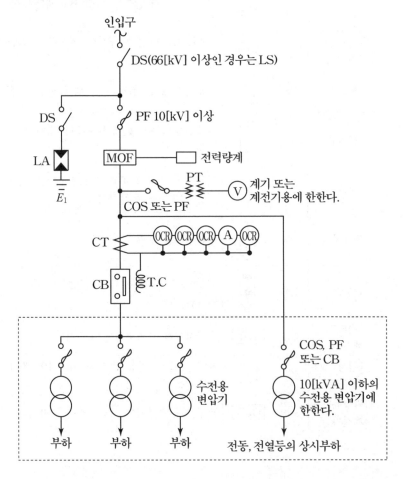

## 2. 특고압 간이수전설비 결선도 22.9[kV − Y] 1000[kVA]이하

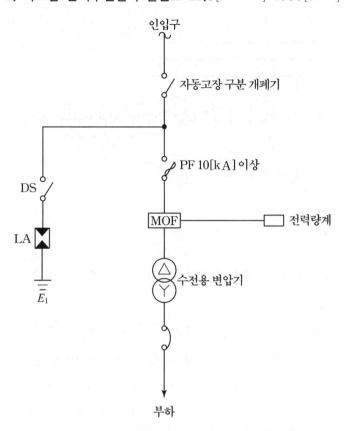

핵심 NOTE

■ 자동고장 구분개폐기(ASS)

고장구간만을 신속·정확하게 차단하여 고장의 확대를 방지한다. 1000[kVA] 이하의 간이수전설비의 인입개폐기로 설치한다.

### (3) 변류기와 계기용 변압기

#### 1. 변류기(CT)

대 전류를 소 전류로 변환하여 계기 및 계전기에 전원공급하는 역할을 한다. 보수점검시 변류기 2차측을 단락시킨다.

| 정격 1차 전류[A] | 정격 2차 전류[A] | 점 검 |
|---|---|---|
| 5, 10, 15, 20, 30, 40, 50, 75, 100, 150, 200, 300, 400, 500, 600… | 5 | 2차측 단락 |

■ 변류기(CT)

#### 2. 계기용 변압기(PT)

고전압을 저전압으로 변성하여 계측기 및 계전기에 전원공급하는 역할을 한다. 보수점검시 계기용변압기 2차측을 개방시킨다.

| 정격 1차 전압[V] | 정격 2차 전압[V] | 점 검 |
|---|---|---|
| 3300, 6600, 22000 | 110 | 2차측 개방 |
| $\dfrac{22900}{\sqrt{3}}$ | | |

■ 계기용 변압기(PT)

■ 비접지 방식 계통보호

지락사고시 비접지 방식의 선로는 지락전류를 검출하기 어렵기 때문에 접지형 계기용변압기로 영상전압을 검출하여 선로를 보호한다.

### 3. 접지형 계기용 변압기(GPT)

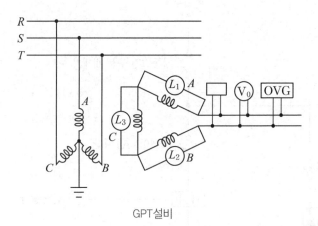

GPT설비

(1) **접속방법** : 1차측은 $Y$결선 중성점 접지, 2차측은 개방 $\triangle$ 결선한다.

(2) **2차측 전압**

정상시 1차측 A, B, C 각상의 전압은 $\dfrac{6600}{\sqrt{3}}[V]$이며, 2차측의 각상의 전압은 $\dfrac{110}{\sqrt{3}}[V]$이다. A상에서 1선지락사고가 발생했을 경우 지락된 1차측 및 2차측의 A상은 0[A]이다. 한편 나머지 건전한 B상 및 C상은 $\sqrt{3}$배 전위가 상승되어 1차측은 6600[V], 2차측은 110[V]가 된다. 이 때 접지형 계기용 변압기의 개방단 전압은 약 190[V]이다.

$$V_0 = 3\,V_2 = 3 \times \frac{110}{\sqrt{3}} = \sqrt{3} \times 110 = 190[V]$$

---

**예제문제** 계기용 변압기의 2차측 정격전압

**1** 자가용 수전설비의 13.2/22.9[kV − Y] 결선에서 계기용 변압기의 2차측 정격전압은 몇 [V]인가?

① 100  ② $100\sqrt{3}$

③ 110  ④ $110\sqrt{3}$

해설
• PT(계기용 변압기) 2차측 전압 : 110[V]
• CT(계기용 변류기) 2차측 전류 : 5[A]

답 ③

지락 사고검출

**2** 변전소에서 비접지 선로의 접지 보호용으로 사용되는 계전기에 영상
전류를 공급하는 변성기는?

① CT            ② GPT

③ ZCT           ④ PT

해설
지락 사고시 고장분을 검출하기 위해 동작하는 계전기
•영상전류 검출 : ZCT(영상 변류기)
•영상전압 검출 : GPT(접지형 계기용 변압기)       답 ③

---

## ④ 전력퓨즈

### 1. 전력퓨즈의 역할

(1) 단락사고시 단락전류를 차단한다.

(2) 부하전류를 안전하게 통전한다.

### 2. 전력퓨즈의 장점 및 단점

| 장점 | 단점 |
|---|---|
| •소형·경량이며, 가격이 저렴하다. | •재투입이 불가능하다. |
| •릴레이, 변성기가 필요 없다. | •과도전류에 용단되기 쉽다. |
| •보수가 간단하다. | •결상을 일으킬 염려가 있다. |
| •고속도로 차단한다. | •동작시간-전류특성을 계전기처럼 |
| •차단용량이 크다. |   자유롭게 조정이 불가능하다. |

■ 전력퓨즈 종류

| 구분 | 한류형 퓨즈 | 비 한류형퓨즈 |
|---|---|---|
| 동작<br>특성 | 무소음,<br>무방출 | 소음,<br>가스방출 |
| 크기 | 소형 | 대형 |
| 한류<br>효과 | 크다 | 작다 |
| 차단<br>시간 | 0.5 cycle 이하 | 0.65 cycle 이상 |

전력퓨즈의 장·단점

**3** 전력용 퓨즈의 장점으로 틀린 것은?

① 소형으로 큰 차단용량을 갖는다.

② 밀폐형 퓨즈는 차단시에 소음이 없다.

③ 가격이 싸고 유지보수가 간단하다.

④ 과도전류에 의해 쉽게 용단되지 않는다.

해설
**전력 퓨즈의 장점**
•소형 경량이며, 가격이 저렴하다.
•고속 차단한다.
•차단용량이 크다.
•보수가 간단하며, 한류형 퓨즈의 경우 무음, 무방출이다.
                                                 답 ④

## ⑤ 교류차단기

차단기는 단락, 지락등의 사고가 발생시 자동적으로 사고전류를 차단한다. 또한, 부하전류를 개폐할 수 있다. 변전소에서는 가스차단기를 사용하고 있으며, 일반 수용가에서는 주로 진공차단기를 사용한다.

### 1. 가스차단기(GCB)

(1) 원리

가스차단기는 전로의 차단이 육불화유황($SF_6$)과 같은 특수한 기체인 불활성 가스를 소호매질로 사용한다.

(2) 가스차단기의 장점

- 소음공해가 없다.
- 전기적 성질이 우수하다.
- 소호능력이 크다.
- 고전압 대전류 차단에 적합하다.
- 변압기의 여자전류 차단과 같은 소전류 차단에도 안정된 차단이 가능하다.
- 개폐시 과전압 발생이 적고, 근거리 선로고장, 이상 지락 등에도 강하다.

■ 가스차단기의 보호장치
가스차단기의 보호장치로는 가스상태를 측정하여 불량한 상태에서 부식성가스가 생성되지 않도록 하기 위하여 가스압력계, 조작압력계, 가스밀도검출계를 필요로 한다.

(3) $SF_6$ 가스의 특징

- 안정성이 뛰어나다.
- 열전도성이 뛰어나다.
- 소호능력이 뛰어나다.
- 무색, 무취, 무해하다.
- 절연내력이 높으며, 절연회복이 빠르다.
- 화학적으로 불활성이므로 화재위험이 없다.

■ 가스차단기(GCB)
- 육불화유황($SF_6$)를 사용한다.
- 소호능력이 크다.
- 무색, 무취, 무해하다.

### 2. 진공차단기(VCB)

(1) 원리

진공차단기는 전로의 차단을 높은 진공 속에서 행하는 차단기를 말한다.

(2) 진공차단기의 장·단점

| 장점 | 단점 |
|---|---|
| • 소형, 경량이다.<br>• 불연성, 저소음으로 수명이 길다.<br>• 고속도 개폐능력이 가능하고 차단 성능이 우수하다. | • 전류 절단현상이 일어날 수 있다.<br>• 고진공도의 유지 및 전극의 내 융착성 등의 문제점이 있다. |

■ 차단기의 정격차단시간
차단기의 정력차단시간이란 개극시간과 아크시간의 합산 시간을 말한다. 일반적으로 3~8cycle의 정격 차단시간을 갖는다.

### 3. 공기차단기(ABB)

(1) 원리

공기차단기는 전로의 차단이 압축공기를 매질로 하는 차단기를 말한다. 이 때, 압축공기($15 \sim 30\,\mathrm{kg/cm^2}$)를 소호매체로 한다.

(2) 공기차단기의 장·단점

| 장점 | 단점 |
|------|------|
| 절연 및 소호가 우수한 것 외에 간단하게 대기로부터 공기압축기를 통해서 보충할 수 있으며 또한 전로를 통해 조작력을 자유롭게 전달할 수 있다. | 차단기 동작시 발생하는 소음이 크고, 콤프레셔, 압축공기, 저장탱크, 배관 누기 등 유지보수가 어렵다. |

## 4. 유입차단기(OCB)

(1) 원리

유입차단기는 절연유를 절연 및 소호매질로 사용하는 차단기를 말한다.

(2) 유입차단기의 단점

유지보수의 번거로움과 진공, 가스차단기의 개발로 점점 사용이 줄어들고 있다.

## 5. 자기차단기(MBB)

(1) 원리

아크와 직각방향으로 자계를 주어서 발생한 아크를 소호장치 내로 끌어들여 차단하는 구조이다.

(2) 자기차단기의 장·단점

| 장점 | 단점 |
|------|------|
| 화재의 위험이 없고 절연유를 사용하지 않기 때문에 열화할 것이 없어 보수가 간단하다. | 소호 능력이 낮아 고전압에 적당하지 않아 낮은 전압회로에 사용($3.3 \sim 6.6[\text{kV}]$) 한다. |

## 7. 표준동작책무

(1) 의미

차단기가 계통에 사용될 때 차단–투입–차단의 동작을 반복하게 되는데, 그 동작 시간 간격을 나타낸 일련의 동작규정(Duty cycle)이다.

(2) 종류

일반적으로 $7.2[\text{kV}]$급 차단기는 일반용($CO - 15$초$- CO$)을 적용하고 $25.8[\text{kV}]$급 차단기는 고속도 재투입용($O - 0.3$초$- CO - 1$분$- CO$) 동작책무를 적용한다.

■ 차단기별 소호원리

| 명칭 | 약호 | 소호원리 |
|------|------|----------|
| 가스차단기 | GCB | 아크에 $SF_6$가스를 불어 넣어 소호한다. |
| 공기차단기 | ABB | 아크에 압축공기를 차단기 주 접점에 불어 넣어 소호한다. |
| 유입차단기 | OCB | 전로 개폐시 발생되는 아크를 절연유의 소호작용에 의하여 아크를 소호한다. |
| 진공차단기 | VCB | 전로의 차단을 고진공에서 행하는 것으로서, 고진공의 높은 절연특성을 이용한다. |
| 자기차단기 | MBB | 전자력을 이용하여 아크를 소호실 내로 유도하여 냉각차단 |
| 기중차단기 | ACB | 자연공기 내에서 개방할 때 접촉자가 떨어지면서 자연 소호에 의한 방식으로 소호한다. |

예제문제 가스차단기의 소호매질

**4** 다음 중 현재 널리 사용되고 있는 GCB(Gas Circuit Breaker)용 가스는?

① $SF_6$가스      ② 아르곤가스
③ 네온가스      ④ $N_2$가스

해설
$SF_6$가스는 안정도가 높고, 무색 , 무취, 무독, 불활성 기체로 절연내력이 공기의 약 3배이다.      답 ①

예제문제 차단기의 소호매질

**5** 차단기와 차단기의 소호매질이 틀리게 연결된 것은?

① 공기차단기 – 압축공기      ② 가스차단기 – $SF_6$가스
③ 자기차단기 – 진공      ④ 유입차단기 – 절연유

해설
자기차단기의 소호원리는 전자력이다.      답 ③

예제문제 진공차단기의 압력

**6** 공기차단기(ABB)의 공기압력은 일반적으로 몇 [kg/cm²] 정도되는가?

① 5 ~ 10      ② 15 ~ 30
③ 30 ~ 45      ④ 45 ~ 55

해설
공기차단기는 압축공기 15 ~ 30[kg/cm²]의 압력을 이용하여 아크소호 및 조작력에도 사용한다.      답 ②

## 6 개폐기

### 1. 단로기(DS)

(1) 정의

단로기는 고압 이상의 전로에서 단독으로 선로의 접속 또는 분리하는 것을 목적으로 무부하시 선로를 개폐한다. 단로기는 차단기와는 다르게 아크소호 능력이 없기 때문에 단로기는 부하전류의 개폐를 하지 않는 것이 원칙이다.

■ 단로기의 구조

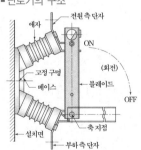

(2) 단로기와 차단기 조작순서

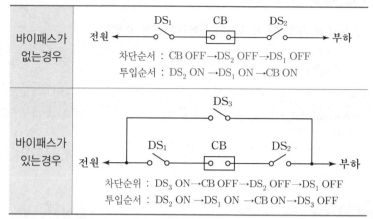

| 바이패스가<br>없는경우 | 차단순서 : CB OFF→$DS_2$ OFF→$DS_1$ OFF<br>투입순서 : $DS_2$ ON →$DS_1$ ON→CB ON |
|---|---|
| 바이패스가<br>있는경우 | 차단순위 : $DS_3$ ON→CB OFF→$DS_2$ OFF→$DS_1$ OFF<br>투입순서 : $DS_2$ ON →$DS_1$ ON →CB ON→$DS_3$ OFF |

## 2. 가스절연개폐장치(GIS)

### (1) 정의

금속용기내에 모선, 개폐장치, 변성기, 피뢰기 등을 내장시키고 절연 성능과 소호특성이 우수한 $SF_6$가스로 충전, 밀폐하여 절연을 유지시키는 종합 개폐장치이다. 환경조화 및 신뢰성, 변전소 부지의 대폭축소 등이 요구되는 변전소에 주로 사용되고 있다.

### (2) GIS의 장·단점

| 장점 | 단점 |
|---|---|
| • 절연거리축소로 설치면적이 적어진다.<br>• 조작 중 소음이 작고 전기적 충격 및 화재의 위험이 적다.<br>• 주위 환경과 조화를 이룬다.<br>• 부분 공장조립이 가능하여 설치공기가 단축된다.<br>• 절연물, 접촉자 등이 $SF_6$가스 내에 설치되어 보수, 점검 주기가 길어진다. | • 단로기 등의 조작시 발생하는 VFTO (Very Fast Transient Overvoltage) 현상에 대한 대책이 필요하다.<br>• GIS내 흡입금속(Particle)에 의한 절연 성능의 저하 가능성이 크므로 이에 대한 대책이 필요하다.<br>• 기밀구조 유지 및 수분관리가 필요하다.<br>• 구성기기의 고장발생시 고장파급 범위가 넓고 복구에 장시간이 걸린다. |

## 3. 자동전환개폐기(ATS)

자가용 수용가에 예비전원설비가 갖춰진 경우 계통의 정전사고시 자동으로 상시전원을 개방하고 예비전원으로 절체되어 부하에 비상전원을 공급하여 정전을 피할 수 있도록 변압기 저압측 선로에 연결하는 절체개폐기이다.

■ 배전선로의 보호 협조

① 리클로저(Recloser)
고장전류를 검출하여 지정된 시간 내에 고속차단하고 자동재폐로 동작을 수행하여 고장구간을 분리하거나 재송전하는 기능을 가진 차단기

② 섹셔널라이저(Sectionizer)
고장 발생시 리클로저와 협조하여 고장구간을 신속히 개방하여 사고를 국부적으로 분리시킴

③ 라인퓨즈(Line Fuse)
배전선로 도중에 삽입되는 fuse

■ 보호협조 설치 순서
변전소 차단기 → 리클로저 → 섹셔널라이저 → 라인퓨즈

■ 인터록

고장전류나 부하전류가 흐르고 있는 경우에는 단로기로 선로를 개폐하거나 차단이 불가능하다. 무부하 상태의 조건을 만족하게 되면 단로기는 조작이 가능하게 되며 그 이외에는 단로기를 조작할 수 없도록 시설하는 것을 인터록이라 한다.

예제문제  단로기의 역할

**7** 다음 중 부하전류의 차단에 사용되지 않는 것은?

① NFB　　　　　② OCB
③ VCB　　　　　④ DS

해설

단로기(DS : Disconnecting Switch)의 역할
• 무부하전로 개폐
• 기기의 점검 및 수리시 또는 회로의 접속을 변경하는 경우 사용　　답 ④

예제문제  단로기의 조작순서

**8** 다음 중 단로기에 대한 설명으로 바르지 못한 것은?

① 선로로부터 기기를 분리, 구분 및 변경할 때 사용되는 개폐기 구로 소호 기능이 없다.
② 충전전류의 개폐는 가능하나 부하전류 및 단락전류의 개폐 능력을 가지고 있지 않다.
③ 부하측의 기기 또는 케이블 등을 점검할 때에 선로를 개방하고 시스템을 절환하기 위해 사용된다.
④ 차단기와 직렬로 연결되어 전원과의 분리를 확실하게 하는 것으로 차단기 개방 후 단로기를 열고 차단기를 닫은 후 단로기를 닫아야 한다.

해설

단로기는 부하전류를 개폐할 수 없으므로 차단기와 단로기를 개폐할 때는 반드시 정해진 순서에 의해 조작해야 한다.
• 차단순서 : 차단기 → 단로기
• 투입순서 : 단로기 → 차단기
• 인터록 : 차단기가 열려 있는 상태에서만 단로기를 on, off 할 수 있는 기능　　답 ④

예제문제  GIS설비

**9** GIS(Gas Insulated Switch Gear)를 채용할 때, 다음 중 틀린 것은?

① 대기 절연을 이용한 것에 비하면 현저하게 소형화 할 수 있다.
② 신뢰성이 향상되고, 안전성이 높다.
③ 소음이 적고 환경 조화를 기할 수 있다.
④ 시설공사 방법은 복잡하나, 장비비가 저렴하다.

해설

GIS의 단점
• 내부를 직접 눈으로 볼 수 없다.
• 가스압력, 수분 등을 엄중하게 감시할 필요가 있다.
• 한랭지, 산악지방에서는 액화방지대책이 필요하다.
• 비교적 고가이다.　　답 ④

## ⑦ 보호계전방식

### 1. 보호계전방식의 구비조건

(1) 조정범위가 넓고 조정이 쉬워야 한다.
(2) 오래 사용하여도 특성의 변화가 없어야 한다.
(3) 외부충격에도 잘 견디며 기계적 강도가 커야 한다.
(4) 오차가 적으며 보호동작이 정확하고 확실해야 한다.
(5) 가격이 저렴하고 계전기의 소비전력이 작아야 한다.
(6) 주위온도의 영향을 받지 않으며 오동작이 없어야 한다.

### 2. 송전선로의 보호계전방식

| 명 칭 | 약호 | 기능 및 용도 |
|---|---|---|
| 과전류 계전기 | OCR | 일정 값 이상의 전류가 흘렀을 때 동작한다. |
| 과전압 계전기 | OVR | 일정 값 이상의 전압이 걸렸을 때 동작한다. |
| 부족전압 계전기 | UVR | 전압이 일정 값 이하로 떨어졌을 경우 동작한다. |
| 방향단락 계전기 | DSR | 어느 일정 방향으로 일정 값 이상의 단락전류가 흘렀을 경우에 동작하는 것인데 보통 이때 동시에 전력 조류가 반대로 되기 때문에 역전력 계전기라고도 한다. |
| 선택단락 계전기 | SSR | 병행 2회선 송전선로에서 한 쪽의 1회선에 단락 고장이 발생하였을 경우 2중 방향 동작의 계전기를 사용해서 고장 회선의 선택 차단을 할 수 있는다. |
| 거리 계전기 | DR | 전압과 전류의 비가 일정치 이하인 경우에 동작하는 계전기이다. |
| 방향거리 계전기 | DDR | 거리 계전기에 방향성을 가지게 한 것이다. |
| 결상 계전기 | OPR | 3상 회로에 설치된 기기에 평형 3상 압력이 가해지지 않은 경우에 기기 또는 회로를 보호하기 위해 결상상태를 검출하여 차단 또는 경보토록 하는 계전기를 말한다. |
| 역상 계전기 | NSR | 전력설비의 불평형 운전 또는 결상운전 방지를 위한 보호 계전기로 사용된다. |

■ 주요 계전기 정식명칭

| 약호 | 명칭 |
|---|---|
| OCR | Over Current Relay |
| OVR | Over Voltage Relay |
| UVR | Under Voltage Relay |
| DSR | Directional Short circuit Relay |

■ OCR

| 지락과전류 계전기 | OCGR | 과전류 계전기의 동작전류를 특별히 작게 한 것으로서 지락 고장 보호용으로 사용한다. |
|---|---|---|
| 방향지락 계전기 | DGR | 과전류지락 계전기에 방향성을 준 것이다. |
| 선택지락 계전기 | SGR | 비접지 계통의 배전선 지락사고를 검출하여 사고 회선만을 선택 차단하는 방향성 계전기로서, 지락 사고시 계전기 설치 점에 나타나는 영상전압과 영상지락고장전류를 검출하여 선택 차단한다. |

■ 계전기의 동작시간
보호 계전기는 송배전계통에 고장이 일어났을 경우 신속하게 이것을 검출하는 것이다. 계전기에 정해진 최소 동작 값 이상의 전압 또는 전류가 인가되었을 때부터 그 접점을 닫을 때까지에 요하는 시간, 즉 동작시간을 한시 또는 시한이라고 한다.

## 3. 계전기의 한시특성

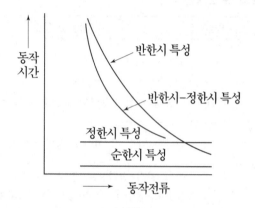

### (1) 순한시 계전기

정정된 최소 동작전류 이상의 전류가 흐르면 즉시 동작하는 계전기이다.

### (2) 정한시 계전기

정정된 값 이상의 전류가 흘렀을 때 동작전류의 크기와는 관계없이 항상 정해진 일정한 시간에서 동작하는 계전기이다.

### (3) 반한시 계전기

동작 시간이 전류 값에 반비례 한다. 전류 값이 클수록 빨리 동작하고 반대로 전류 값이 작아질수록 느리게 동작하는 계전기이다.

### (4) 반한시-정한시 계전기

정한시 · 반한시 계전기의 특성을 조합한 것으로서 일정 전류 값까지 반한시성이지만 그 이상이 되면 정한시로 되는 것으로 실용상 가장 적절한 한시 특성이라고 할 수 있다.

## 4. 기타계전 방식

### (1) 표시선 계전방식

고장점의 위치에 관계없이 양단을 동시에 차단할 수 있고, 송전선에 평행이 되도록 양단을 연락할 수 있다.

### (2) 반송보호 계전방식

결합콘덴서로 송전선에 연락을 한다.

### (3) 재폐로 계전방식

송전선의 고장구간을 고속차단하고 재송전을 자동적으로 실행하는 재폐로 차단장치를 가진 계전방식이다.

■ 모선 보호용 계전방식
• 전류차동 계전방식
• 전압차동 계전방식
• 방향비교 계전방식
• 위상비교 계전방식

■ 표시선 계전방식
• 방향 비교방식
• 전압 반향방식
• 전류 순환방식

■ 반송보호 계전방식
• 방향 비교 반송방식
• 위상 비교 반송방식
• 반송 트립방식

---

**예제문제**  과전류 계전기(OCR)

**10** 6.6[kV] 고압 배전선로(비접지 선로)에서 지락보호를 위하여 특별히 필요치 않은 것은?

① 과전류 계전기(OCR)
② 선택접지 계전기(SGR)
③ 영상변류기(ZCT)
④ 접지변압기(GPT)

해설
과전류 계전기(OCR) : 전류가 일정한 값 이상으로 흘렀을 때 동작한다.

답 ①

---

**예제문제**  보호계전기 조합방식

**11** 전원이 양단에 있는 방사상 송전선로의 단락보호에 사용되는 계전기의 조합방식은?

① 방향거리 계전기와 과전압 계전기의 조합
② 방향단락 계전기와 과전류 계전기의 조합
③ 선택접지 계전기와 과전류 계전기의 조합
④ 부족전류 계전기와 과전압 계전기의 조합

해설
**단락보호방식**
• 방사상선로
 ─ 전원이 1단에만 있을 경우 : 과전류 계전기(OCR)
 ─ 전원이 양단에 있을 경우 : 과전류 계전기+방향단락 계전기(D.S)

• 환상선로
 ─ 전원이 1단에만 있을 경우 : 방향단락 계전기(D.S)
 ─ 전원이 두 군데 이상 있는 경우 : 방향거리 계전기(D.Z)

답 ②

**과전류 계전기**

**12** 보호 계전기의 한시 특성 중 정한시에 관한 설명을 바르게 표현한 것은?

① 입력 크기에 관계없이 정해진 시간에 동작한다.
② 입력이 커질수록 정비례하여 동작한다.
③ 입력 150[%]에서 0.2초 이내에 동작한다.
④ 입력 200[%]에서 0.04초 이내에 동작한다.

해설
정한시 계전기란 동작전류의 크기와는 관계없이 항상 일정한 시간에 동작하는 계전기이다.
답 ①

■ 수용률
수용률은 변압기의 용량, 전선의 굵기를 결정할 때 고려한다.

## (8) 수용률

### 1. 정의

수용률이란 수용장소에 설비된 모든 부하설비용량의 합에 대한 최대 수용전력의 비를 말한다.

$$수용률 = \frac{최대수용전력}{부하설비용량} \times 100[\%]$$

### 2. 특징

(1) 일반적으로 1보다 작다.
(2) 부하의 종류, 사용기간, 계절에 따라 다르다.
(3) 가능한 낮게 적용하는 것이 바람직하다.

예제문제 **수용률 계산**

**13** 수용률 80[%], 부하율 60[%], 설비용량 320[kW]라면, 최대 수용 전력은 몇 [kW]인가?

① 192          ② 233
③ 247          ④ 256

해설
$$수용률 = \frac{최대수용전력}{부하설비용량} \times 100[\%]$$
최대수용전력 = 설비부하용량 × 수용률 = $320 \times 0.8 = 256[kW]$
답 ④

## ⑨ 부하율

### 1. 정의

임의의 수용가에서 공급 설비 용량이 어느 정도 유효하게 사용되고 있는지 나타내는 것으로 어떤 임의의 기간 중의 최대수용전력에 대한 평균 수용 전력의 비를 말한다.

$$\text{일 부하율} = \frac{\text{평균수요전력}}{\text{최대수요전력}} = \frac{\dfrac{\text{사용전력량[kWh]}}{24\text{시간[h]}}}{\text{최대수요전력[kW]}} \times 100$$

$$\text{연 부하율} = \frac{\text{평균수요전력}}{\text{최대수요전력}} = \frac{\dfrac{\text{사용전력량[kWh]}}{24 \times 365\text{시간[h]}}}{\text{최대수요전력[kW]}} \times 100$$

### 2. 특 징

(1) 일반적으로 1보다 작다.

(2) 전력사용의 변동 상태를 알 수 있는 지표로 사용된다.

(3) 부하율이 클수록 공급설비는 유효하게 사용된다는 뜻이다.

### 3. 손실계수(H)와 부하율(F)

$$1 \geq F \geq H \geq F^2 \geq 0$$

예제문제  월 부하율

**14** 30일간의 최대수용전력이 200[kW], 소비전력량이 72000[kWh]일 때 월 부하율은 몇 [%]인가?

① 30[%]          ② 40[%]

③ 50[%]          ④ 60[%]

해설

$$\frac{\text{월평균전력}}{\text{최대수용전력}} \times 100 = \frac{\dfrac{\text{사용전력량}}{30 \times 24}}{\text{최대수용전력}} \times 100 = \frac{\dfrac{72000}{30 \times 24}}{200} \times 100 = 50[\%]$$

답 ③

■ 평균전력

$$\text{평균전력} = \frac{\text{사용전력량[kWh]}}{\text{기준시간[h]}}$$

■ 손실계수(H)

$$H = \alpha F + (1 - \alpha)F^2$$

■ 월 부하율

한달을 30일로 하고, 월평균전력을 계산할 경우 기준시간은 720시간이다.

## ⑩ 부등률

### 1. 정의

다수의 수용가에서 어떤 임의의 시점에서 동시에 사용되고 있는 합성 최대 수용 전력에 대한 각 수용가에서의 최대 수용 전력과의 비를 말한다.

$$부등률 = \frac{각\ 부하의\ 최대수요전력의\ 합}{합성최대전력}$$

### 2. 특징

(1) 일반적으로 1보다 크다.
(2) 변압기 용량 계산에 사용한다.

---

**예제문제** 부등률

**15** 일반적으로 수용가 상호간, 배전 변압기 상호간, 급전선 상호간 또는 변전소 상호간에서 각개의 최대부하는 그 발생시각이 약간씩 다르다. 따라서 각개의 최대수요전력의 합계는 그 군의 종합최대 수요전력보다도 큰 것이 보통이다. 이 최대전력의 발생시각 또는 발생시기의 분산을 나타내는 지표는?

① 전일효율                    ② 부등률
③ 부하율                      ④ 수용률

해설
부등률은 개개의 최대수용전력의 합을 합성최대수용전력으로 나눈 값이다.

답 ②

---

## ⑪ 변압기 용량 계산

### 1. 변압기 용량 선정

변압기 용량의 결정은 경제성과 전력 절감 면에서 중요하므로 변압기용량의 적정성, 부하의 구성을 검토한다.

### 2. 변압기의 용량 계산

$$변압기\ 용량 = \frac{설비용량 \times 수용률}{역률 \times 부등률}[kVA]$$

변압기 용량 계산

**16** 설비용량 800[kW], 부등률 1.2, 수용률 60[%]일 때, 변전시설 용량은 최저 몇 [kVA] 이상이어야 하는가? (단, 역률은 90[%] 이상 유지되어야 한다고 한다.)

① 450[kVA]　　　　　　② 500[kVA]

③ 550[kVA]　　　　　　④ 600[kVA]

해설

변압기 용량 $= \dfrac{\text{설비용량} \times \text{수용률}}{\text{역률} \times \text{부등률}}$ 이므로

변압기 용량 $= \dfrac{800 \times 0.6}{0.9 \times 1.2} = 444$ ∴ 450[kVA]

답 ①

## ⑫ 전력용 콘덴서

### 1. 부하의 역률

부하의 역률 저하시 전압강하, 전력손실 등이 발생하고 발전기라든지 변압기 등의 용량은 피상전력이므로 역률이 저하될 경우 그만큼 출력도 감소하게 된다. 부하의 역률을 개선하기 위해 부하와 병렬로 전력용 콘덴서를 설치한다.

### 2. 역률 개선시 효과

(1) 전력손실감소　　　　(2) 전압강하 경감

(3) 전기요금 절감　　　　(4) 설비용량의 여유 증가

### 3. 콘덴서 용량

부하와 병렬로 콘덴서를 접속하면 콘덴서에 흐르는 전류($I_c$)는 전압($E$)보다 90°앞선 위상이 공급된다. 따라서 부하전류($I_L$)는 진상전류($I_c$) 만큼 상쇄되어 피상전류가 $I_1$에서 $I_2$으로 감소하고 역률 $\cos\theta_2$로 개선된다.

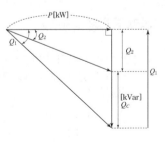

$$Q_c = Q_1 - Q_2 = P(\tan\theta_1 - \tan\theta_2) = P\left(\frac{\sin\theta_1}{\cos\theta_1} - \frac{\sin\theta_2}{\cos\theta_2}\right)$$

$$Q_c = P\left(\frac{\sqrt{1-\cos^2\theta_1}}{\cos\theta_1} - \frac{\sqrt{1-\cos^2\theta_2}}{\cos\theta_2}\right)[\text{kVA}]$$

■ 역률과 전기요금

고객의 역률이 0.9 이하이면 전기요금을 추가하고, 0.9 이상이면 전기요금의 기본요금을 감액해 준다.

■ 역률

$$역률 = \frac{유효전력}{피상전력}$$

■ 삼각함수

• $\cos^2\theta + \sin^2\theta = 1$

• $\sin\theta = \sqrt{1-\cos^2\theta}$

• $\cos\theta = \sqrt{1-\sin^2\theta}$

■ 방전코일(Discharging Coil)

잔류전하를 방전시켜 감전사고를 방지하고, 콘덴서를 재투입할 경우 과전압을 방지한다.

■ 역률과 보상시 현상

• 모선전압의 상승

• 고조파 왜곡증대

• 전력손실 증대, 역률저하

• 전동기 자기여자 현상

■ 전력용 콘덴서의 종류

• 병렬 콘덴서 : 역률개선

• 직렬 콘덴서 : 전압강하 방지

**예제문제** 역률 계산

**17** 200[V], 10[kVA]인 3상 유도전동기가 있다. 어느 날의 부하실적은 1일 사용전력량 72[kWh], 1일의 최대전력이 9[kW], 최대부하일 때의 전류가 35[A]이었다. 1일의 부하율과 최대 공급전력일 때의 역률은 몇 [%]인가?

① 부하율 : 31.3, 역률 : 74.2
② 부하율 : 33.3, 역률 : 74.2
③ 부하율 : 31.3, 역률 : 82.5
④ 부하율 : 33.3, 역률 : 82.5

해설

$$부하율 = \frac{평균전력}{최대전력} \times 100 = \frac{72}{24 \times 9} \times 100 = 33.3[\%]$$

$$역률(\cos\theta) = \frac{P}{\sqrt{3}\,VI} \times 100[\%] = \frac{9 \times 10^3}{\sqrt{3} \times 200 \times 35} \times 100 = 74.2[\%]$$

답 ②

**예제문제** 역률 개선시 전력손실

**18** 동일한 전압에서 동일한 전력을 송전할 때 역률을 0.8에서 0.9로 개선하면 전력손실은 약 몇 [%] 정도 감소하는가?

① 5  ② 10
③ 20  ④ 40

해설

전력손실 $P_\ell \propto \dfrac{1}{\cos^2\theta}$ 그러므로 $P_L = \left(\dfrac{0.8}{0.9}\right)^2 \times P_\ell \fallingdotseq 0.79 P_\ell$

$1 - 0.79 = 0.21 = 21[\%]$

답 ③

**예제문제** 콘덴서 용량 계산

**19** 역률 0.8(지상)의 2800[kW] 부하에 전력용콘덴서를 병렬로 접속하여 합성역률을 0.9로 개선하고자 할 경우, 필요한 전력용콘덴서의 용량은?

① 약 372[kVA]  ② 약 558[kVA]
③ 약 744[kVA]  ④ 약 1116[kVA]

해설

$$Q_c = P\left(\frac{\sqrt{1-\cos^2\theta_1}}{\cos\theta_1} - \frac{\sqrt{1-\cos^2\theta_2}}{\cos\theta_2}\right)에서$$

$P = 2800[kW]$, $\cos\theta_1 = 0.8$, $\cos\theta_2 = 0.9$이므로

$$= 2800 \times \left(\frac{\sqrt{1-0.8^2}}{0.8} - \frac{\sqrt{1-0.9^2}}{0.9}\right) = 744[kVA]$$

답 ③

SECTION

08

# 출제예상문제

## 01 영상 변류기를 사용하는 계전기는?

① 과전류 계전기
② 저전압 계전기
③ 선택지락 계전기
④ 과전압 계전기

해설
• ZCT(영상변류기) : 영상전류(지락전류) 검출

## 02 선택접지(지락) 계전기의 용도를 옳게 설명한 것은?

① 단일회선에서 접지고장 회선의 선택 차단
② 단일회선에서 접지전류의 방향 선택 차단
③ 병행 2회선에서 접지고장 회선의 선택 차단
④ 병행 2회선에서 접지사고의 지속시간 선택 차단

해설
• 1회선의 접지고장 회선의 선택 차단
  GR(접지 계전기)
• 2회선 또는 다회선의 접지고장 회선의 선택 차단
  SGR(선택접지 계전기)

## 03 변류기를 개방할 때 2차측을 단락하는 이유는?

① 1차측 과전류 보호
② 1차측 과전압 방지
③ 2차측 과전류 보호
④ 2차측 절연 보호

해설
변류기 2차측을 단락하는 이유
변류기의 2차측을 개방하면 1차 전류가 모두 여자전류가 된다. 그러므로 2차 권선에 매우 높은 전압이 발생되어 절연이 파괴되고 화재의 우려도 있다.

## 04 배전반에 접속되어 운전 중인 PT와 CT를 점검할 때의 조치 사항으로 옳은 것은?

① CT는 단락시킨다.
② PT는 단락시킨다.
③ CT와 PT 모두를 단락시킨다.
④ CT와 PT 모두를 개방시킨다.

해설
PT와 CT 점검시 주의 사항
• PT : 2차측 개방
• CT : 2차측 단락(2차측 절연 보호를 위해)

## 05 22.9[kV], $Y$결선된 자가용 수전설비의 계기용 변압기의 2차측 정격전압은 몇 [V]인가?

① 110
② 190
③ $110\sqrt{3}$
④ $190\sqrt{3}$

해설
계기용 변성기(PT, CT)
• PT(계기용 변압기) 2차측 전압 : 110[V] 이하
• CT(계기용 변류기) 2차측 전류 : 5[A] 이하

## 06 20[kV] 미만의 옥내 변류기로 주로 사용되는 것은?

① 유입식 권선형
② 부싱형
③ 관통형
④ 건식 권선형

## 07 전력용 퓨즈는 주로 어떤 전류의 차단을 목적으로 사용하는가?

① 충전전류
② 부하전류
③ 단락전류
④ 지락전류

해설
전력용 퓨즈의 역할 : 단락전류 차단

정답  01 ③  02 ③  03 ④  04 ①  05 ①  06 ④  07 ③

## 08 차단기의 정격차단시간은?

① 가동 접촉자의 동작시간부터 소호까지의 시간
② 고장 발생부터 소호까지의 시간
③ 가동 접촉자의 개극부터 소호까시의 시간
④ 트립코일 여자부터 소호까지의 시간

해설

차단기의 정격차단시간
트립코일이 여자되는 순간부터 고정전극이 개극할 때까지의 시간과 아크가 소호될 때까지의 시간의 합으로 3, 5, 8 사이클이 일반적으로 사용된다.

## 09 다음 중 고속도 재투입용 차단기의 표준 동작 책무 표기로 가장 옳은 것은? (단, $t$는 임의의 시간 간격으로 재투입하는 시간을 말하며, O은 차단동작, C는 투입동작, CO는 투입 동작에 계속하여 차단동작을 하는 것을 말함)

① O − 1분 − CO
② CO − 15초 − CO
③ CO − 15분 − CO − $t$초 − CO
④ O − $t$초 − CO − 1분 − CO

해설

고속도 재투입용 차단기의 표준 동작책무
O − $t$(0.3초)초 − CO − 1분 − CO
일반 재투입용 : CO − 15초 − CO

## 10 최근 154[kV]급 변전소에 주로 설치되는 차단기의 종류는?

① 자기차단기(MBB)
② 유입차단기(OCB)
③ 기중차단기(ACB)
④ SF$_6$가스차단기(GCB)

해설

초고압 변전소 계통에서는 절연이 높고 소호능력이 높은 GCB(가스차단기)를 많이 사용한다.

## 11 SF$_6$가스차단기의 설명이 잘못된 것은?

① SF$_6$가스는 절연내력이 공기의 2~3배이고 소호능력이 공기의 100~200배이다.
② 밀폐구조이므로 소음이 없다.
③ 근거리 고장 등 가혹한 재기전압에 대해서 우수하다.
④ 아크에 의해 SF$_6$가스는 분해되어 유독가스를 발생시킨다.

해설

SF$_6$가스의 특징
• 무색, 무취, 무독성
• 절연 성능이 우수하다.
• 불활성 가스로서 매우 안정되어 있다.
• 아크 소호능력이 공기보다 약 100 ~ 200배 정도 뛰어나다.
• 열전도성이 뛰어나다.
• 절연내력이 높고, 절연회복이 빠르다.

## 12 유입차단기에 대한 설명으로 틀린 것은?

① 기름이 분해하여 발생되는 가스의 주성분은 수소가스이다.
② 부싱 변류기를 사용할 수 없다.
③ 기름이 분해하여 발생된 가스는 냉각작용을 한다.
④ 보통 상태의 공기 중에서보다 소호능력이 크다.

해설

유입차단기의 특징
• 보수가 불편하다.(정기적으로 절연유를 교체)
• 부싱 변류기를 사용할 수 있다.
• 방음설비가 따로 필요 없다.
• 공기차단기의 아크 소호능력보다 소호능력이 크다.

**13** 그림은 유입차단기의 구조도이다. *A*의 명칭은?

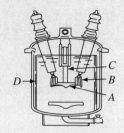

① 절연 liner      ② 승강간

③ 가동접촉자      ④ 고정접촉자

해설

유입차단기 구조
*A* : 가동접촉자
*B* : 고정접촉자
*C* : 승강간
*D* : 절연 라이너

**14** 압축된 공기를 아크에 불어넣어서 차단하는 차단기는?

① ABB      ② MBB

③ VCB      ④ ACB

해설

ABB(공기차단기)의 소호매질 : 압축공기

**15** 특별고압차단기 중 개폐 서지전압이 가장 높은 것은?

① 유입차단기(OCB)
② 진공차단기(VCB)
③ 자기차단기(MBB)
④ 공기차단기(ABB)

해설

진공차단기(VCB)
고 진공상태에서 고속으로 강제 차단하므로 차단 시 전류 절단현상에 의해서 개폐 서지전압이 높기 때문에 몰드 변압기와 사용 시 VCB 2차측에 SA(서지 흡수장치)를 설치하여 변압기를 보호해야 한다.

**16** 단로기에 대한 설명으로 적합하지 않은 것은?

① 소호장치가 있어 아크를 소멸시킨다.
② 무부하 및 여자전류의 개폐에 사용된다.
③ 배전용 단로기는 보통 디스커넥팅바로 개폐한다.
④ 회로의 분리 또는 계통의 접속 변경시에 사용한다.

해설

단로기(D.S : Disconnecting Switch)의 역할
• 무부하전로 개폐
• 기기의 점검 및 수리시 또는 회로의 접속을 변경하는 경우 사용

**17** 다음 중 무부하시의 전류 차단을 목적으로 사용하는 것은?

① 진공차단기      ② 유입차단기

③ 단로기      ④ 자기차단기

해설

단로기(D.S)
• 사용목적 : 기기의 점검 및 수리 또는 계통의 접속을 분리하거나 변경할 때 사용
• 용도 : 무부하전류만 차단할 수 있다.

**18** 인터록(interlock)의 설명으로 옳은 것은?

① 차단기가 열려 있어야만 단로기를 닫을 수 있다.
② 차단기가 닫혀 있어야만 단로기를 닫을 수 있다.
③ 차단기가 열려 있으면 단로기가 닫히고, 단로기가 열려 있으면 차단기가 닫힌다.
④ 차단기의 접점과 단로기의 접점이 기계적으로 연결되어 있다.

해설

단로기는 부하전류를 개폐할 수 없으므로 차단기와 단로기를 개폐할 때는 반드시 정해진 순서에 의해 조작해야 한다.
• 차단순서 : 차단기 → 단로기 순으로
• 투입순서 : 단로기 → 차단기 순으로
• 인터록 : 차단기가 열려 있는 상태에서만 단로기를 on, off 할 수 있는 기능

정답    13 ③    14 ①    15 ②    16 ①    17 ③    18 ①

**19** 변압기를 보호하기 위한 계전기로 사용되지 않는 것은?

① 비율차동 계전기
② 온도 계전기
③ 부흐홀쯔 계전기
④ 선택접지 계전기

해설

변압기 내부 고장시 동작하는 계전기
비율차동 계전기, 부흐홀쯔 계전기, 온도 계전기

**20** 변압기의 내부 고장시 동작하는 것으로서 단락 고장의 검출 등에 사용되는 계전기는?

① 부족전압 계전기
② 비율차동 계전기
③ 재폐로 계전기
④ 선택 계전기

해설

변압기 내부 고장시 동작하는 계전기
• 비율차동 계전기 : 양쪽 전류의 차로 동작
• 부흐홀쯔 계전기 : 절연유 열화 방지

**21** 변압기 보호용 비율차동 계전기를 사용하여 △−Y결선의 변압기를 보호하려고 한다. 이때 변압기 1, 2차측에 설치하는 변류기의 결선방식은?

① △−△          ② △−Y
③ Y−△          ④ Y−Y

해설

비율차동 계전기 역할 및 결선방법
• 비율차동 계전기(RDF) 역할
  − 발전기, 변압기의 내부 고장보호
  − 변압기 1차 및 2차와 $CT$의 전류 차에 의한 오동작을 방지하기 위하여 설치
• 비율차등계전기 결선방법
  변압기 결선이 △−Y시 1차와 2차 사이에 30°의 위상차가 발생하므로 이를 보상하기 위하여 변압기 결선이 △면 $CT$는 Y로, Y면 $CT$는 △로 결선한다. 즉 변압기 결선방식과 반대로 한다.

**22** 고압용 차단기에서 개폐 저항을 사용하는 이유는?

① 차단전류 감소          ② 이상전압 감쇠
③ 차단속도 증진          ④ 차단전류의 역률개선

해설

개폐 저항기의 역할
차단기 개폐시에 재점호로 인하여 이상전압이 발생할 경우 이것을 낮추고 절연내력을 높여주는 역할을 한다.

**23** 재폐로 차단기에 대한 설명으로 옳은 것은?

① 배전선로용은 고장구간을 고속차단하여 제거한 후 다시 수동조작에 의해 배전이 되도록 설계된 것이다.
② 재폐로 계전기와 함께 설치하여 계전기가 고장을 검출하여 이를 차단기에 통보, 차단하도록 된 것이다.
③ 3상 재폐로 차단기는 1상의 차단이 가능하고 무전압시간을 약 20~30초로 정하여 재폐로 하도록 되어 있다.
④ 송전선로의 고장구간을 고속차단하고 재송전하는 조작을 자동적으로 시행하는 재폐로 차단장치를 장비한 자동차단기이다.

해설

재폐로 차단기
송전선로의 고장구간을 고속차단하고 재송전하는 조작을 자동적으로 시행하는 재폐로 차단장치를 장비한 자동차단기이다.

**24** 차단기의 고속도 재폐로의 목적으로 가장 알맞은 것은?

① 고장의 신속한 제거
② 안정도 향상
③ 기기의 보호
④ 고장전류 억제

해설

재폐로 차단기
고장전류를 신속하게 차단 및 투입함으로써 안정도 증진

**25** 선로 고장 발생시 타 보호기기와의 협조에 의해 고장 구간을 신속히 개방하는 자동구간 개폐기로서 고장전류를 차단할 수 없어 차단 기능이 있는 후비 보호장치와 직렬로 설치되어야 하는 배전용 개폐기는?

① 배전용 차단기　② 부하 개폐기
③ 컷아웃스위치　④ 섹셔널라이저

**배전선로의 보호 협조**
• 리클로저(recloser) : 자동재폐로차단기
　22.9[kV] 배전선로에 고장이 발생하였을 때 고장전류를 검출하여 지정된 시간 내에 고속차단하고 자동재폐로 동작을 수행하여 고장구간을 분리하거나 재송전하는 기능을 가진 차단기(변전소에 설치)
• 섹셔널라이저(sectionalizer) : 자동선로 구분개폐기
　– 고장 발생시 리클로저와 협조하여 고장구간을 신속히 개방하여 사고를 국부적으로 분리시키는 장치(부하측에 설치)
　– 고장전로를 차단하는 능력이 없기 때문에 리클로저와 직렬로 조합하여 사용한다.
• 라인퓨즈(line fuse) : 배전선로 도중에 삽입되는 fuse로서 배전용 COS라고 한다.

**26** 다음 중 모선 보호용 계전기로 사용하면 가장 유리한 것은?

① 재폐로 계전기　② 옴형 계전기
③ 역상 계전기　④ 차동 계전기

**모선 보호용 계전기의 종류**
① 전류차동 계전방식　② 전압차동 계전방식
③ 방향비교 계전방식　④ 위상비교 계전방식

**27** 다음 중 보호대상과 사용되는 계전기의 연결로 옳지 않은 것은?

① 발전기 내부 단락 검출용 – 비율차동 계전기
② 발전기 계자보호 및 직류기 기동용 – 부족전류 계전기
③ 발전기 부하 불평형 회전자 과열소손 – 역상 과전류 계전기
④ 과부하 단락사고 – 과전압 계전기

과부하 단락사고에 사용되는 계전기는 과전류 계전기(OCR)이다.

**28** 송전선로의 단락보호 계전방식이 아닌 것은?

① 과전류 계전방식
② 방향단락 계전방식
③ 거리 계전방식
④ 과전압 계전방식

**단락보호방식**
• 방사상선로
　– 전원이 1단에만 있을 경우 : 과전류 계전기(OCR)
　– 전원이 양단에 있을 경우 : 과전류 계전기+방향단락 계진기(D.S)
• 환상선로
　– 전원이 1단에만 있을 경우 : 방향단락 계전기(D.S)
　– 전원이 두 군데 이상 있는 경우 : 방향거리 계전기(D.Z)

**29** 보호 계전기의 필요한 특성으로 옳지 않은 것은?

① 소비전력이 적고 내구성이 있을 것
② 고장구간의 선택차단을 정확히 행할 것
③ 적당한 후비 보호능력을 가질 것
④ 동작은 느리지만 강도가 확실할 것

**보호 계전기의 구비조건**
• 동작이 빠르고 오동작이 없을 것
• 조정범위가 넓을 것
• 소비전력이 적고 내구성이 있을 것
• 고장구간의 선택차단을 정확히 행할 것
• 적당한 후비 보호능력을 가질 것

**30** 고압가공 배전선로에서 고장, 또는 보수 점검시, 정전구간을 축소하기 위하여 사용되는 것은?

① 구분 개폐기　② 컷아웃스위치
③ 캐치홀더　④ 공기차단기

구분 개폐기의 역할은 고압가공 배전선로에서 고장, 또는 보수 점검시, 정전구간을 축소하기 위하여 사용된다.

**31** 공통 중성선 다중접지방식인 계통에 있어서 사고가 생기면 정전이 되지 않도록 선로 도중이나 분기선에 보호장치를 설치하여 상호 보호협조로 사고 구간만을 제거할수 있도록 각종 개폐기의 설치순서를 옳게 나열한 것은?

① 변전소 차단기 → 섹셔너라이저 → 리클로저 → 라인퓨즈
② 변전소 차단기 → 리클로저 → 라인퓨즈 → 섹셔너라이저
③ 변전소 차단기 → 섹셔너라이저 → 라인퓨즈 → 리클로저
④ 변전소 차단기 → 리클로저 → 섹셔너라이저 → 라인퓨즈

해설
개폐기의 설치순서
변전소 차단기 → 리클로저 → 섹셔너라이저 → 라인퓨즈

**32** 고장 즉시 동작하는 특성을 갖는 계전기는?

① 순시 계전기
② 정한시 계전시
③ 반한시 계전기
④ 반한시성 정한시 계전시

해설
순한시계전기란 정정된 최소동작전류 이상의 전류가 흐르면 즉시 동작하는 계전기이다.

**33** 계전기의 반한시 특성이란?

① 동작전류가 클수록 동작시간이 길어진다.
② 동작전류가 흐르는 순간에 동작한다.
③ 동작전류에 관계없이 동작시간은 일정하다.
④ 동작전류가 크면 동작시간은 짧아진다.

해설
동작시간 특성에 따른 계전기의 분류
• 순한시 계전기 : 계전기에 최소 동작전류 이상의 전류가 흐르면 즉시 동작하는 계전기
• 정한시 계전기 : 동작전류의 크기와는 관계없이 항상 일정한 시간에 동작하는 계전기

• 반한시 계전기 : 동작시간이 전류값에 반비례해서 전류값이 클수록 빨리 동작하고 반대로 전류값이 작아질수록 느리게 동작하는 계전기
• 반한시-정한시 계전기 : 어느 전류 값까지는 반한시성지만 그 이상이 되면 정한시성으로 동작하는 계전기

**34** 보호계전기의 반한시·정한시 특성은?

① 동작전류가 커질수록 동작시간이 짧게 되는 특성
② 최소 동작전류 이상의 전류가 흐르면 즉시 동작하는 특성
③ 동작전류의 크기에 관계없이 일정한 시간에 동작하는 특성
④ 동작전류가 적은 동안에는 동작전류가 커질수록 동작시간이 짧아지고 어떤 전류 이상이 되면 동작전류의 크기에 관계없이 일정한 시간에서 동작하는 특성

해설
반한시-정한시 계전기 : 어느 전류값 까지는 반한시성지만 그 이상이 되면 정한시성으로 동작하는 계전기이다.

**35** 다음 중 원방 감시제어(SCADA)의 기능과 관계가 먼 것은?

① 원격제어 기능
② 원격측정 기능
③ 부하조정 기능
④ 자동기록 기능

해설
원방 감시제어의 기능
• 원방감시 기능
• 원격제어 기능
• 원격측정 기능
• 경보발생 기능
• 자동기록 기능

정답    31 ④    32 ①    33 ④    34 ④    35 ③

**36** 22.9[kV] 가공배전선로에서 주 공급 선로의 정전사고시 예비전원선로로 자동 전환되는 개폐장치는?

① 자동고장구간 개폐기
② 자동선로구분 개폐기
③ 자동부하전환 개폐기
④ 기중부하 개폐기

해설
자동부하전환 개폐기 ALTS
배전선로에서 주 공급 선로의 정전사고시 예비전원선로로 자동 전환되는 개폐장치이다.

**37** 가공배전선로에서 부하용량 4000[kVA] 이하의 분기점에 설치하여 후비 보호장치인 차단기 또는 리클로저와 협조하여 고장구간을 자동으로 구분 분리하는 개폐장치는?

① 자동고장구간 개폐기
② 자동선로구분 개폐기
③ 자동부하전환 개폐기
④ 기중부하 개폐기

해설
자동고장구분 개폐기(ASS)
후비 보호장치인 차단기 또는 리클로저와 협조하여 고장구간을 자동으로 구분 분리하는 개폐장치이다.

**38** 3000[kW], 역률 75[%](늦음)의 부하에 전력을 공급하고 있는 변전소에 콘덴서를 설치하여 역률을 93[%]로 향상시키고자 한다. 필요한 전력용 콘덴서의 용량은 약 몇 [kAV]인가?

① 1460
② 1540
③ 1620
④ 1730

해설
$$Q_c = P(\tan\theta_1 - P\tan\theta_2) = P\left(\frac{\sin\theta_1}{\cos\theta_1} - \frac{\sin\theta_2}{\cos\theta_2}\right)$$
$$= P \cdot \left(\frac{\sqrt{1-\cos^2\theta_1}}{\cos\theta_1} - \frac{\sqrt{1-\cos^2\theta_2}}{\cos\theta_2}\right)$$
$$= 3000 \times \left(\frac{\sqrt{1-0.75^2}}{0.75} - \frac{\sqrt{1-0.93^2}}{0.93}\right) \fallingdotseq 1460[kVA]$$

**39** "수용률이 크다. 부등률이 크다. 부하율이 크다."라는 의미는?

① 항상 같은 정도의 전력을 소비하고 있다는 것이다.
② 전력을 가장 많이 소비할 때는 사용하지 않는 전기기구가 별로 없다는 것이다.
③ 전력을 가장 많이 소비하는 시간은 지역에 따라 다르다는 것이다.
④ 전력을 가장 많이 소비하는 시간은 모든 지역이 같다는 것이다.

해설
수용율 ∝ 부등율 ∝ 부하율이 크다는 의미는 전력소비기기를 많이 사용하고 있다는 것이다.

**40** 설비용량 600[kW], 부등률 1.2, 수용률 60[%]일 때의 합성 최대수용전력은 몇 [kW]인가?

① 240
② 300
③ 432
④ 833

해설
합성 최대수용전력
$$부등률 = \frac{각 부하의 최대전력의 합}{합성최대전력} 에서$$
$$합성최대전력 = \frac{600\times0.6}{1.2} = 300[kW]$$

**41** 연간 전력량이 $E$[kWh]이고, 연간 최대전력이 $W$[kW]인 연 부하율은 몇 [%]인가?

① $\frac{E}{W}\times100$
② $\frac{W}{E}\times100$
③ $\frac{8760\,W}{E}\times100$
④ $\frac{E}{8760\,W}\times100$

해설

① (日)부하율$=\dfrac{\text{평균전력}}{\text{최대전력}}=\dfrac{\dfrac{1일\ 전력량}{24}}{\text{최대전력}}\times100[\%]$

② (月)부하율$=\dfrac{\text{평균전력}}{\text{최대전력}}=\dfrac{\dfrac{월간\ 전력량}{30\times24}}{\text{최대전력}}\times100[\%]$

③ (年)부하율$=\dfrac{\text{평균전력}}{\text{최대전력}}=\dfrac{\dfrac{연간\ 전력량}{365\times24}}{\text{최대전력}}\times100[\%]$

$=\dfrac{\text{연간 전력량}}{8760\times\text{최대전력}}\times100[\%]$

**42** 정격 10[kVA]의 주상 변압기가 있다. 이것의 2차측 일부하곡선이 그림과 같을 때 1일의 부하율은 몇 [%]인가?

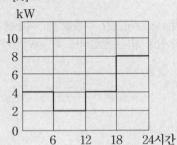

① 52.25　　　　② 54.25
③ 56.25　　　　④ 58.25

해설

$1일\ 부하율=\dfrac{\text{평균전력}}{\text{최대전력}}=\dfrac{\dfrac{\text{사용전력량}[kWh]}{\text{시간}[h]}}{\text{최대전력}[kW]}$

$=\dfrac{\dfrac{4\times6+2\times6+4\times6+8\times6}{24}}{8}\times100$

$≒56.25[\%]$

**43** 단일 부하의 선로에서 부하율 50[%], 선로 전류의 변화곡선의 모양에 따라 달라지는 계수 $\alpha=0.2$인 배전선의 손실계수는 얼마인가?

① 0.05　　　　② 0.15
③ 0.25　　　　④ 0.30

해설

손실계수
$H=\alpha F+(1-\alpha)F^2$
$=0.2\times0.5+(1-0.2)\times0.5^2=0.30$

**44** 각 개의 최대수요전력의 합계는 그 군의 종합 최대수요전력보다도 큰 것이 보통이다. 이 최대전력의 발생 시각 또는 발생 시기의 분산을 나타내는 지표를 무엇이라 하는가?

① 전일효율　　　② 부등률
③ 부하율　　　　④ 수용률

해설

최대전력의 발생 시각 또는 발생 시기의 분산을 나타내는 지표를 뜻하는 것은 부등률이며, 이것은 일반적으로 1보다 큰 값을 가진다.

**45** 일반적인 경우 그 값이 1 이상인 것은?

① 수용률　　　　② 전압강하율
③ 부하율　　　　④ 부등률

해설

부등률은 일반적으로 그 값이 1이다.

**46** 각 수용가의 수용률 및 수용가 사이의 부등률이 변화할 때 수용가군 총합의 부하율에 대한 설명으로 옳은 것은?

① 수용률에 비례하고 부등률에 반비례한다.
② 부등률에 비례하고 수용률에 반비례한다.
③ 부등률과 수용률에 모두 반비례한다.
④ 부등률과 수용률에 모두 비례한다.

정답　42 ③　43 ④　44 ②　45 ④　46 ②

해설

$$부하율 = \frac{평균전력}{최대전력} \times 100 = \frac{소비전력량}{최대전력 \times 시간} \times 100$$

$$수용율 = \frac{최대수용전력[kW]}{부하설비용량[kW]} \times 100$$

$$부등율 = \frac{각 \ 부하의 \ 최대수요전력의 \ 합[kW]}{합성최대전력[kW]}$$

$$부하율 \propto \frac{1}{최대전력}, \quad 수용률 \propto 최대수용전력$$

$$부등율 \propto \frac{1}{합성최대수용전력}$$

부하율은 부등률에 비례하고 수용률에 반비례한다.

---

**47** 연간 최대수용전력이 $70[kW]$, $75[kW]$, $85[kW]$, $100[kW]$인 4개의 수용가를 합성한 연간 최대수용전력이 $250[kW]$이다. 이 수용가의 부등률은 얼마인가?

① 1.11   ② 1.32
③ 1.38   ④ 1.43

해설

부등률

$$= \frac{각 \ 부하의 \ 최대전력의 \ 합}{합성최대전력} = \frac{70 + 75 + 85 + 100}{250}$$

$$= 1.32$$

---

**48** 시설용량 $500[kW]$, 부등률 $1.25$, 수용률 $80$ $[\%]$일 때 합성최대전력은 몇 $[kW]$인가?

① 320   ② 400
③ 500   ④ 720

해설

$$합성최대전력 = \frac{설비용량 \times 수용률}{부등률}$$

$$= \frac{500 \times 0.8}{1.25} = 320[kW]$$

---

**49** 그림과 같은 수용설비용량과 수용률을 갖는 부하의 부등률이 $1.5$이다. 평균부하역률을 $75[\%]$라 하면 변압기 용량은 약 몇 $[kVA]$인가?

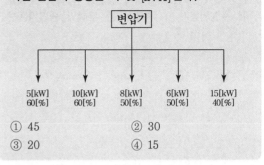

| 변압기 |

| 5[kW] | 10[kW] | 8[kW] | 6[kW] | 15[kW] |
| 60[%] | 60[%] | 50[%] | 50[%] | 40[%] |

① 45   ② 30
③ 20   ④ 15

해설

$$변압기용량 = \frac{개별수용 \ 최대전력의 \ 합}{부등률 \times 역률}$$

$$= \frac{5 \times 0.6 + 10 \times 0.6 + 8 \times 0.5 + 6 \times 0.5 + 15 \times 0.4}{1.5 \times 0.75}$$

$$\fallingdotseq 20[kVA]$$

---

**50** 어떤 고층건물의 부하 총 설비전력이 $800[kW]$이고, 수용률이 $0.5$이며, 역률이 $0.8$(뒤짐)일 때 이 건물의 변전시설 용량의 최저값은 몇 $[kVA]$인가?

① 350   ② 500
③ 750   ④ 900

해설

$$변압기 \ 용량 = \frac{설비용량 \times 수용률}{부등률 \times 역률} = \frac{800 \times 0.5}{1 \times 0.8}$$

$$= 500[kVA]$$

---

**51** $150[kVA]$ 단상변압기 3대를 $\triangle - \triangle$결선으로 사용하다가 한 대의 고장으로 $V - V$결선하여 사용하면 약 몇 $[kVA]$ 부하까지 걸 수 있겠는가?

① 200   ② 220
③ 240   ④ 260

해설

$V$ 결선시 출력 : $P_v = \sqrt{3} P = \sqrt{3} \times 150 = 259.8[kVA]$
여기서, $P$ : 변압기 한 대의 용량$[kVA]$

---

정답   47 ②   48 ①   49 ③   50 ②   51 ④

**52** 한 대의 주상변압기에 역률(뒤짐) $\cos\theta_1$, 유효전력 $P_1[\text{kW}]$의 부하와 역률(뒤짐) $\cos\theta_2$, 유효전력 $P_2[\text{kW}]$의 부하가 병렬로 접속되어 있을 때 주상변압기 2차측에서 본 부하의 종합역률은 어떻게 되는가?

① $\dfrac{P_1+P_2}{\sqrt{(P_1+P_2)^2+(P_1\tan\theta_1+P_2\tan\theta_2)^2}}$

② $\dfrac{P_1+P_2}{\sqrt{(P_1+P_2)^2+(P_1\sin\theta_1+P_2\sin\theta_2)^2}}$

③ $\dfrac{P_1+P_2}{\dfrac{P_1}{\cos\theta_1}+\dfrac{P_2}{\cos\theta_2}}$

④ $\dfrac{P_1+P_2}{\dfrac{P_1}{\sin\theta_1}+\dfrac{P_2}{\sin\theta_2}}$

해설

• 역률

$$\cos\theta=\frac{\text{유효전력}}{\text{피상전력}}=\frac{\text{유효전력}}{\sqrt{(\text{유효전력})^2+(\text{무효전력})^2}}$$

• 유효전력$(P)=P_a\cos\theta$
• 무효전력$(P_r)=P_a\sin\theta=P\tan\theta$
• 피상전력$(P_a):VI$

$$\cos\theta=\frac{P}{P_a}=\frac{P_1+P_2}{\sqrt{(P_1+P_2)^2+(P_1\tan\theta_1+P_2\tan\theta_2)^2}}$$

**53** 배전계통에서 전력용 콘덴서를 설치하는 목적으로 다음 중 가장 타당한 것은?

① 전력손실 감소
② 개폐기의 차단 능력 증대
③ 고장시 영상전류 감소
④ 변압기 손실 감소

해설

전력용 콘덴서 설치 목적
• 전력손실 감소
• 전압강하 감소
• 설비이용률 향상
• 전기요금 절감

**54** 다음 중 배전선로의 손실을 경감하기 위한 대책으로 적절하지 않은 것은?

① 전력용 콘덴서 설치
② 배전전압의 승압
③ 전류밀도의 감소와 평형
④ 누전차단기 설치

해설

누전차단기는 배전선로 손실 경감대책과 관련 없다.

**55** 정격용량 $P[\text{kVA}]$의 변압기에서 늦은!역률 $\cos\theta_1$의 부하에 $P[\text{kVA}]$를 공급하고 있다. 합성역률 $\cos\theta_2$로 개선하여 이 변압기의 전 용량까지 전력을 공급하려고 한다. 소요 콘덴서의 용량은 몇 $[\text{kVA}]$인가?

① $P\cos\theta_1(\tan\theta_1-\tan\theta_2)$
② $P\cos\theta_2(\cos\theta_1-\cos\theta_2)$
③ $P(\tan\theta_1-\tan\theta_2)$
④ $P(\cos\theta_1-\cos\theta_2)$

해설

$$Q_c=P(\tan\theta_1-\tan\theta_2)=P\left(\frac{\sin\theta_1}{\cos\theta_1}-\frac{\tan\theta_2}{\cos\theta_2}\right)$$
$$=P\left(\frac{\sqrt{1-\cos^2\theta_1}}{\cos\theta_1}-\frac{\sqrt{1-\cos^2\theta_2}}{\cos\theta_2}\right)$$
$$=P_a\times\cos\theta_1(\tan\theta_1-\tan\theta_2)$$

**56** 역률 0.8(지상)의 $2800[\text{kW}]$ 부하에 전력용 콘덴서를 병렬로 접속하여 합성역률을 0.9로 개선하고자 할 경우, 필요한 전력용 콘덴서의 용량은 약 몇 $[\text{kVA}]$인가?

① 372
② 558
③ 744
④ 1116

해설

콘덴서 용량
$$Q_c=P(\tan\theta_1-\tan\theta_2)=P\left(\frac{\sin\theta_1}{\cos\theta_1}-\frac{\sin\theta_2}{\cos\theta_2}\right)$$
$$=2800\times\left(\frac{0.6}{0.8}-\frac{\sqrt{1-0.9^2}}{0.9}\right)\fallingdotseq744[\text{kVA}]$$

**57** 역률 0.6, 출력 480[kW]인 부하에 병렬로 용량 400[kVA]의 전력용 콘덴서를 설치하면 합성역률은 어느 정도로 개선되는가?

① 0.75　　　　　　② 0.86

③ 0.89　　　　　　④ 0.94

해설

전력용 콘덴서 용량
- 유효전력 : 480[kW]
- 콘덴서 설치전 무효전력

$$P_r = P \cdot \tan\theta = P \cdot \frac{\sin\theta}{\cos\theta} = 480 \times \frac{0.8}{0.6} = 640[\text{kVar}]$$

- 콘덴서 설치시 무효전력 = 640 − 400 = 240[kVar]
- 합성역률 : $\cos\theta_2 = \dfrac{P}{P_a} = \dfrac{480}{\sqrt{480^2 + 240^2}} = 0.89$

**58** 역률(늦음) 80[%], 10[kVA]의 부하를 가지는 주상변압기의 2차측에 2[kVA]의 전력용 콘덴서를 접속하면 주상변압기에 걸리는 부하는 약 몇 [kVA]가 되겠는가?

① 8[kVA]　　　　　② 8.5[kVA]

③ 9[kVA]　　　　　④ 9.5[kVA]

해설

역률개선을 하게 되면 지상 무효전력이 줄어든다.
- 개선 전 무효전력 : $P_{r1} = 10 \times 0.6 = 6[\text{kVar}]$
- 개선 후 무효전력 : $P_{r2} = 6 - 2 = 4[\text{kVar}]$
- ∴ 역률개선 후 피상전력 = $\sqrt{8^2 + 4^2} \fallingdotseq 9[\text{kVA}]$

**59** 역률 80[%]인 10000[kVA]의 부하를 갖는 변전소에 2000[kVA]의 콘덴서를 설치해서 역률을 개선하면 변압기에 걸리는 부하는 약 몇 [kW]인가?

① 8000　　　　　　② 8540

③ 8940　　　　　　④ 9440

해설

- 콘덴서 투입 후(합성역률)

$$\cos\theta_2 = \frac{8000}{\sqrt{8000^2 + (6000 - 2000)^2}} = 0.894$$

- 역률개선 후 유효전력
$$P' = P_a \cdot \cos\theta_2 = 10000 \times 0.894 \fallingdotseq 8940[\text{kW}]$$

정답　　57 ③　　58 ③　　59 ③

memo

# 배전방식

# Chapter 09

# 배전방식

## 1 배전방식의 종류

### 1. 수지상식

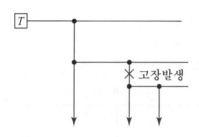

(1) 정의

변압기 단위로 저압 전선이 분할되며, 나뭇가지 모양으로 한 쪽 방향으로 간선이나 분기선이 추가로 접속하는 방식이다. 전압강하가 크고 정전범위가 넓고, 공급신뢰도가 낮다. 가지식은 농어촌에 적합하다.

(2) 장·단점

| 장 점 | 단 점 |
|---|---|
| • 공사비가 저렴하다. | • 신뢰성이 낮다.<br>• 전압변동이 크다.<br>• 전력손실이 크다.<br>• 정전범위가 넓다. |

### 2. 환상식(loop)

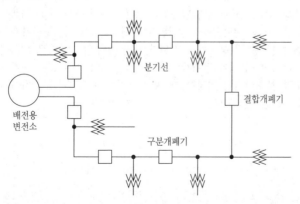

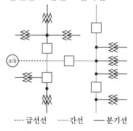

····· 급선선    ── 간선    ── 분기선

• 급전선 : 배전변전소 또는 발전소로부터 배전간선에 이르기까지 도중에 부하가 접속되지 않은 선로

• 간선 : 급전선에 접속된 수용지역에서 배전선로 가운데에서 부하의 분포에 따라 배전하는 선로이며, 간선부분에는 분기선 또는 주상변압기가 접속되기도 한다.

• 분기선 : 간선으로부터 분기한 배전선로의 가지모양으로 된 부분

■ 환상식(루프식)
  간선을 환상으로 구성하여 양방향에서 전력을 공급하는 방식으로 가지식에 비해 신뢰도가 높다. 부하밀집지역에 사용된다.

(1) 정의

간선을 환상으로 구성하여 양방향에서 전력을 공급하는 방식으로 배전 간선은 하나의 환상선으로 구성되며, 비교적 수용밀도가 큰 지역의 고압 배전선으로 많이 사용된다.

(2) 장·단점

| 장 점(수지상식과 비교시) | 단 점 |
|---|---|
| • 신뢰도가 높다.<br>• 전력손실이 적다<br>• 전압강하가 적다.<br>• 정전범위가 축소된다. | • 설비비가 비싸진다.<br>• 보호방식이 복잡하다. |

### 3. 저압 뱅킹방식

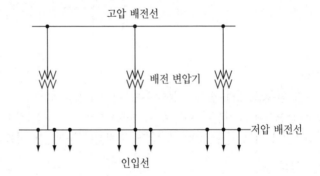

(1) 정의

같은 간선에 접속된 2대 이상의 변압기의 저압측 간선을 상호 병렬접속하는 방식으로 부하가 밀집된 시가지에서 사용한다.

(2) 장·단점

| 장 점 | 단 점 |
|---|---|
| • 플리커(flicker)가 경감된다.<br>• 전압강하 및 전력손실이 경감된다.<br>• 변압기용량 및 동량이 절감된다.<br>• 부하 증가에 대한 탄력성이 향상<br>• 고장 보호방법이 적당할 때 공급 신뢰도는 향상된다. | 캐스케이딩(cascading)현상이 발생한다.(이것은 변압기 2차측 저압선 일부의 고장으로 인하여 건전한 변압기의 일부 또는 전부가 변압기 1차측 보호장치에 의하여 차단되는 현상이다.) |

## 4. 저압 네트워크방식

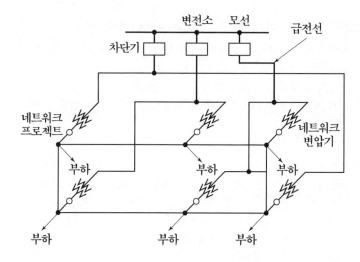

### (1) 정의

같은 변전소의 같은 변압기에서 나온 2회선이상의 고압배전선에 접속된 변압기의 2차측을 같은 저압선에 연결하여 부하에 전력을 공급하는 방식이다.

### (2) 장·단점

| 장 점 | 단 점 |
|---|---|
| • 배전의 신뢰도가 가장 높다.<br>• 전압변동이 적다.<br>• 전력손실이 감소된다.<br>• 기기의 이용률이 향상된다.<br>• 부하 증가에 대한 적응성이 좋다.<br>• 변전소의 수를 줄일 수 있다. | • 건설비가 비싸다.<br>• 인축의 접촉사고가 많아진다.<br>• 특별한 보호장치를(네트워크 프로텍터) 필요로 한다. |

■ 네트워크 프로텍터의 구성
저압차단기, 퓨즈, 전력방향 계전기

---

**예제문제** 환상식 배전방식

**1** 루프(loop) 배전방식에 대한 설명으로 옳은 것은?

① 전압강하가 적은 이점이 있다.
② 시설비가 적게 드는 반면에 전력손실이 크다.
③ 부하밀도가 적은 농·어촌에 적당하다.
④ 고장시 정전 범위가 넓은 결점이 있다.

해설

**루프 배전방식 특징**
• 전압강하가 적다.　　　　• 전력손실이 적다.
• 시설비가 많이 든다.　　　• 부하밀도가 높은 시가지에 적당
• 간선의 어느 한 곳에 고장이 생길 경우 그 고장구간을 분리해도 다른 구간에는 배전을 계속할 수 있다.

답 ①

■ 고압배전선 / 저압배전선

| | 전기방식 |
|---|---|
| 고압<br>배전<br>선 | 종래 우리 나라의 고압 배전선은 3.3kV, 6.6kV, 22kV의 3상 3선식이었으나 오늘날 1차 배전 전압 승압정책에 따라 배전선로는 모두 22.9kV 이다. |
| 저압<br>배전<br>선 | 종래의 저압 배전선은 전등 수용가에 대해서 단상 2선식 110V, 동력 수용가에 대해서는 3상 3선식 200V였으나 전력 수요 증가에 따라 3상 4선식 220/380V로 승압되고 있으며 일부에서는 단상 3선식도 사용되고 있다. |

예제문제 캐스케이딩현상

**2 저압뱅킹 배전방식에서 캐스케이딩(cascading) 현상이란?**

① 저압선이나 변압기에 고장이 생기면 자동적으로 고장이 제거되는 현상
② 변압기의 부하 배분이 균일하지 못한 현상
③ 저압선의 고장에 의하여 건전한 변압기의 일부 또는 전부가 차단되는 현상
④ 전압동요가 적은 현상

해설
저압 뱅킹방식을 사용하면 전압강하, 전력손실이 감소하고 플리커 현상이 감소하지만 저압선 사고로 인하여 캐스케이딩 현상이 발생한다.

답 ③

## ② 전기공급방식

### 1. 전기공급방식 비교

| 전기방식 | 전력($P$) | 1선당 전력 | 1선당 공급전력의 비 | 전선량비<br>(중량비) |
|---|---|---|---|---|
| 단상 2선식 | $VI\cos\theta$ | $0.5\,VI\cos\theta$ | 1 | 1 |
| 단상 3선식 | $2\,VI\cos\theta$ | $0.67\,VI\cos\theta$ | 1.33 | $\dfrac{3}{8}$ |
| 3상 3선식 | $\sqrt{3}\,VI\cos\theta$ | $0.57\,VI\cos\theta$ | 1.15 | $\dfrac{3}{4}$ |
| 3상 4선식 | $3\,VI\cos\theta$ | $0.75\,VI\cos\theta$ | 1.5 | $\dfrac{1}{3}$ |

### 2. 1선당 공급전력

(1) 단상 2선식

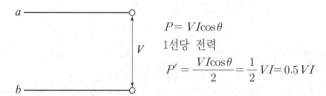

$$P = VI\cos\theta$$

1선당 전력

$$P' = \frac{VI\cos\theta}{2} = \frac{1}{2}\,VI = 0.5\,VI$$

(2) 단상 3선식

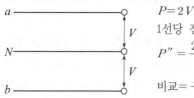

$P = 2VI\cos\theta$

1선당 전력

$P'' = \dfrac{2VI\cos\theta}{3} = \dfrac{2}{3}VI = 0.67VI$

비교 $= \dfrac{P''}{P'} = \dfrac{0.67VI}{0.5VI} = 1.33[배]$

(3) 3상3선식

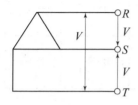

$P = \sqrt{3}\,VI\cos\theta$

1선당 전력

$P'' = \dfrac{\sqrt{3}\,VI\cos\theta}{3} = \dfrac{\sqrt{3}}{3}VI = 0.57VI$

비교 $= \dfrac{P''}{P'} = \dfrac{0.57VI}{0.5VI} = 1.15[배]$

(4) 3상4선식

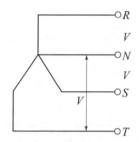

$P = 3VI\cos\theta$

1선당전력

$P'' = \dfrac{3VI\cos\theta}{4} = \dfrac{3}{4}VI = 0.75VI$

비교 $= \dfrac{P''}{P'} = \dfrac{0.75VI}{0.5VI} = 1.5[배]$

■ 배전방식 전기적 특성

|  | 단상 2선식 | 단상 3선식 | 3상 3선식 |
|---|---|---|---|
| 공급 전력 | 100[%] | 133[%] | 115[%] |
| 선로 전류 | 100[%] | 50[%] | 58[%] |
| 전력 손실 | 100[%] | 25[%] | 75[%] |
| 전선량 | 100[%] | 37.5[%] | 75[%] |

■ 전기방식
• 송전선로 : 3상 3선식
• 배전선로 : 3상 4선식

■ 3상 4선식의 특징
배전압, 거리, 전력 및 선로손실이 같을 경우 배전선로의 전기방식 중 전선의 중량이 가장 적게 소요되는 방식을 3상 4선식이다.

**예제문제** 전기공급방식(전선량)

**3** 송전전력, 선간전압, 부하역률, 전력손실 및 송전거리를 동일하게 하였을 경우 단상 2선식에 대한 3상 3선식의 총 전선량(중량)비는 얼마인가?

① 0.75  ② 0.94
③ 1.15  ④ 1.33

해설

| 전기방식 | 전력($P$) | 1선당 전력 | 1선당 공급전력의 비 | 전선량 비(중량비) |
|---|---|---|---|---|
| 단상 2선식 | $VI\cos\theta$ | $0.5VI\cos\theta$ | 1 | 1 |
| 단상 3선식 | $2VI\cos\theta$ | $0.67VI\cos\theta$ | 1.33 | $\dfrac{3}{8}$ |
| 3상 3선식 | $\sqrt{3}\,VI\cos\theta$ | $0.57VI\cos\theta$ | 1.15 | $\dfrac{3}{4}=0.75$ |
| 3상 4선식 | $3VI\cos\theta$ | $0.75VI\cos\theta$ | 1.5 | $\dfrac{1}{3}$ |

답 ①

## ③ 단상3선식 전기방식

전원이 되는 단상변압기의 중성점으로부터 중성선을 인출하고 두 외선과 함께 3개의 전선으로 부하를 공급하는 방식이다. 보통 소용량의 100V 부하와 비교적 용량이 큰 220V 부하를 사용할 때 이 방식이 사용된다.

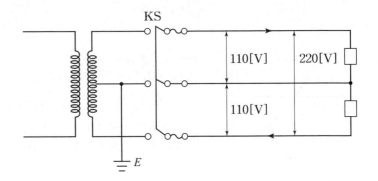

■단상3선식 전압불평형
  단상3선식은 중성선이 용단되면 전압불평형이 발생하므로 중선선에 퓨즈를 삽입하면 안되고, 부하 말단에 밸런서를 설치하여 전압밸런스를 유지한다.

### 1. 결선조건

(1) 2차측 중성선에 접지공사를 한다.

(2) 동시 동작형 개폐기를 설치한다.

(3) 중선선에 퓨즈를 넣지 않고 동선으로 직결시킨다.

### 2. 장·단점

| 장 점 | 단 점 |
|---|---|
| •2종의 전원을 얻을 수 있다. <br>•1선당 공급전력이 크다. <br>•전선의 소요중량이 적다. | •부하 불평형으로 전력손실이 발생할 수 있다. <br>•중성선 단선시 전압의 불평형이 생긴다. |

---

예제문제　전기공급방식(전선량)

**4** 단상 3선식 110/220[V]에 대한 설명으로 옳은 것은?

　① 전압 불평형이 우려되므로 콘덴서를 설치한다.

　② 중성선과 외선 사이에만 부하를 사용하여야 한다.

　③ 중성선에는 반드시 퓨즈를 끼워야 한다.

　④ 2종의 전압을 얻을 수 있고 전선량이 절약되는 이점이 있다.

해설

**단상 3선식의 장점**

• 전선량이 절약된다.

• 2종의 전원을 얻을 수 있다.

• 전압변동률, 전압강하가 적다.

답 ④

## ④ 플리커

### 1. 플리커 현상

플리커 현상이란 부하의 특성에 기인하는 전압 동요에 의해서 조명의 깜박거림, 텔레비전의 영상이 일그러지는 현상이다.

### 2. 플리커 방지대책

① 플리커를 발생하는 동요 부하는 독립된 주상 변압기로부터 직접 공급하도록 설계한다.
② 내부 임피던스가 작은 대용량의 변압기를 선정한다.
③ 저압 배전선을 굵은 전선으로 바꾸어 준다.
④ 저압 뱅킹 또는 저압 네트워크방식을 채용한다.
⑤ 단상 3선식 배전선에서 기동 빈도가 많은 단상 전동기를 사용할 경우에는 그 인입구와 같은 장소에 단상 3선용 평형기(balancer)를 시설해서 기동 전류를 각 상에 분산 평형시킨다.

## ⑤ 고조파

### 1. 고조파의 발생원인

① 정류기, 인버터 등의 전력변환장치에 의해 발생
② 형광등, 전기기기 등 콘덴서의 병렬공진에 의해 발생
③ 전압의 순시동요, 계통서지, 개폐서지 등에 의해 발생
④ 코로나 현상 발생시 3고조파 발생

### 2. 고조파 경감대책

| 계통측 대책 | 수용가측 대책 |
|---|---|
| • 단락용량 증대<br>• 용량이 큰 고조파 발생기의 공급 배전선 전용화<br>• 배전선 선간전압의 평형화<br>• 배전계통 절체 | • 필터의 설치<br>• 변환 장치의 다(多)펄스화<br>• 기기 자체의 고조파 내량 증가<br>• PWM 방식 채용<br>• 변압기의 $\Delta$ 결선 |

### 3. 종합 고조파 왜형률(THD)

$$THD = \frac{고조파의\ 실효치}{기본파의\ 실효치} = \frac{\sqrt{V_3^2 + V_5^2 + \cdots + V_n^2}}{V_1}$$

# SECTION 09

## 출제예상문제

**01** 특고수용가가 근거리에 밀집하여 있을 경우, 설비의 합리화를 기할 수 있고, 경제적으로 유리한 지중송전 계통의 구성방식은?

① 루프(loop)방식
② 수지상방식
③ 방사상방식
④ 유니트(unit)방식

해설

**지중송전 계통의 구성방법**
• 유니트(unit)방식
  – 고압측의 차단기 및 모선을 생략하여 선로와 변압기를 직접 또는 개폐기를 통하여 접속하는 방식
  – 건설비가 저감되고 용지 확보가 용이하다.
• 루프(loop)방식
  – 송전선에 사고 발생시 정전구간 최소화
  – 특고수용가가 근거리에 밀집해 있을 경우에는 설비의 합리화를 기할 수 있어서 경제적으로 유리하다.
• 방사상 방식
  – 1차 변전소로부터 2차 변전소 내지 특고수용가의 각각에 방사상으로 선로를 연결해서 전력을 공급하는 방식
  – 공사비가 비싸고 운용 및 보수가 어렵다.
• 수지상 방식
  – 변전소로부터 인출된 비교적 큰 용량의 송전선으로부터 부하 분포에 따라 분기선을 연결, 인출하는 방식
  – 설비비가 적게 드나 사고시 정전범위 확대

**02** 저압 뱅킹(Banking)배전방식이 적당한 곳은?

① 농촌
② 어촌
③ 부하밀집지역
④ 화학공장

해설

**저압 뱅킹방식 특징**
• 전압강하 및 전력손실이 경감된다.
• 변압기 용량 및 저압선 동량이 절감된다.
• 부하 증가에 대한 탄력성이 향상된다. 또한, 부하밀집지역(도심지)에서 사용하기 적당한 방식이다.
• 고장 보호방법이 적당할 때 공급 신뢰도가 향상되며 플리커 현상이 경감된다.

**03** 저압 뱅킹(banking)방식에 대한 설명으로 옳은 것은?

① 깜박임(light flicker) 현상이 심하게 나타난다.
② 저압 간선의 전압강하는 줄어지나 전력손실은 줄일 수 없다.
③ 캐스케이딩(cascading) 현상의 염려가 있다.
④ 부하의 증가에 대한 융통성이 없다.

해설

**저압 뱅킹방식 특징**
• 변압기 용량을 절감할 수 있다.
• 전압변동 및 전력손실이 감소된다.
• 부하의 증가에 대응할 수 있는 탄력성이 향상된다.
• 공급 신뢰도 향상

**04** 네트워크 배전방식의 장점이 아닌 것은?

① 정전이 적다.
② 전압변동이 적다.
③ 인축의 접촉사고가 적어진다.
④ 부하 증가에 대한 적응성이 크다.

해설

**저압 네트워크방식**
① 장 점
  • 배전의 신뢰도가 가장 높다.(무정전 공급)
  • 전압변동이 적다.
  • 전력손실이 감소된다.
  • 기기의 이용률이 향상된다.
  • 부하 증가에 대한 적응성이 좋다.
  • 변전소의 수를 줄일 수 있다.
② 단 점
  • 인축의 접촉사고가 많아진다.
  • 건설비가 비싸다.
  • 특별한 보호장치를 필요하다.
    (네트워크 프로텍터 : 차단기, 퓨즈, 전력방향 계전기)

정답  01 ①  02 ③  03 ③  04 ③

**05** 망상(Network) 배전방식에 대한 설명으로 옳은 것은?

① 부하 증가에 대한 융통성이 적다.
② 전압변동이 대체로 크다.
③ 인축에 대한 감전사고가 적어서 농촌에 적합하다.
④ 환상식보다 무정전 공급의 신뢰도가 더 높다.

**해설**

네트워크 배전방식
① 장 점
 • 배전의 신뢰도가 가장 높다.(무정전 공급)
 • 전압변동이 적다.
 • 전력손실이 감소된다.
 • 기기의 이용률이 향상된다.
 • 부하 증가에 대한 적응성이 좋다.
 • 변전소 수를 줄일 수 있다.
② 단 점
 • 인축에 대한 감전사고가 많다.
 • 건설비가 비싸다.
 • 특별한 보호장치가 필요하다.(네크워크 프로텍터 : 차단기, 퓨즈, 방향 계전기)

**06** 저압 네트워크 배전방식에 사용되는 네트워크 프로텍터(Network protector)의 구성 요소가 아닌 것은?

① 계기용 변압기　　② 전력방향 계전기
③ 저압용 차단기　　④ 퓨즈

**해설**

네트워크 프로텍터(Network protector)
고압측기기(고압 배전선과 네트워크 변압기)의 사고나 작업정전으로부터 저압 네트워크방식을 보호한다.
네트워크 프로텍터의 구성은 프로텍터 차단기, 계전기, 퓨즈로 되어 있다.

**07** 망상(network) 배전방식의 장점이 아닌 것은?

① 전압변동이 적다.
② 인축의 접지사고가 적어진다.
③ 부하의 증가에 대한 융통성이 크다.
④ 무정전 공급이 가능하다.

**해설**

저압 네트워크방식
① 장점
 • 배전의 신뢰도가 가장 높다.(무정전 공급)
 • 전압변동이 적다.
 • 전력손실이 감소된다.
 • 기기의 이용률이 향상된다.
 • 부하 증가에 대한 적응성이 좋다.
 • 변전소의 수를 줄일 수있다.
② 단점
 • 인축의 접촉사고가 많아진다.
 • 건설비가 비싸다.
 • 특별한 보호장치를 필요로 한다.(네트워크 프로텍터 : 차단기, 퓨즈, 전력방향 계전기)

**08** 3상 4선식 배전방식에서 1선당의 최대전력은? (단, 상전압 : $V$, 선전류 : $I$ 라 한다.)

① $0.5\,VI$　　　　　② $0.57\,VI$
③ $0.75\,VI$　　　　④ $1.0\,VI$

**해설**

| 전기 방식 | 전력($P$) | 1선당 전력 | 1선당 공급전력의 비 | 전선량비 (중량비) |
|---|---|---|---|---|
| 단상 2선식 | $VI\cos\theta$ | $0.5\,VI\cos\theta$ | 1 | 1 |
| 단상 3선식 | $2VI\cos\theta$ | $0.67\,VI\cos\theta$ | 1.33 | $\dfrac{3}{8}$ |
| 3상 3선식 | $\sqrt{3}\,VI\cos$ | $0.57\,VI\cos\theta$ | 1.15 | $\dfrac{3}{4}$ |
| 3상 4선식 | $3VI\cos\theta$ | $0.75\,VI\cos\theta$ | 1.5 | $\dfrac{1}{3}$ |

**09** 동일한 조건하에 3상 4선식 배전선로의 총 소요전선량은 3상 3선식의 것에 비해 몇 배 정도로 되는가? (단, 중성선의 굵기는 전력선의 굵기와 같다고 한다.)

① $\dfrac{1}{3}$　　　　　② $\dfrac{3}{4}$
③ $\dfrac{3}{8}$　　　　　④ $\dfrac{4}{9}$

해설

### 전선 중량비

| 전기방식 비교 | 중량비(전선량의 비) | |
|---|---|---|
| $1\phi2\omega$과 $1\phi2\omega$의 중량의 비 | $1$ | 100[%] |
| $1\phi2\omega$과 $1\phi3\omega$의 중량의 비 | $\dfrac{3}{8}$ | 37.5[%] |
| $1\phi2\omega$과 $3\phi3\omega$의 중량의 비 | $\dfrac{3}{4}$ | 75[%] |
| $1\phi2\omega$과 $3\phi4\omega$의 중량의 비 | $\dfrac{1}{3}$ | 33.3[%] |

**10** 동일 전력을 동일 선간전압, 동일 역률로 동일 거리에 보낼 때 사용하는 전선의 총중량이 같으면, 단상 2선식과 3상 3선식의 전력손실비(3상 3선식/단상 2선식)는?

① $\dfrac{1}{3}$      ② $\dfrac{1}{2}$

③ $\dfrac{3}{4}$      ④ $1$

해설

전력이 동일하므로 $VI_1 = \sqrt{3}\,VI_3$   전압은 양변이 약분된다.

$\therefore I_1 = \sqrt{3}\,I_3$

전선의 총중량이 같으므로 $2\sigma A_1 l = 3\sigma A_3 l$

$\therefore 2A_1 = 3A_3$

$R = \rho \dfrac{l}{A}$ 에서 전선의 단면적과 저항은 반비례관계에 있으므로 $\therefore 2R_3 = 3R_1$

$\dfrac{3상\ 전력손실}{단상\ 전력손실} = \dfrac{3I_3^2 R_3}{2I_1^2 R_1} = \dfrac{3I_3^2 R_3}{2 \times (\sqrt{3}I_3)^2 \times \frac{2}{3}R_3} = \dfrac{3}{4}$

**11** 선로에 따라 균일하게 부하가 분포된 선로의 전력 손실은 이들 부하가 선로의 말단에 집중적으로 접속되어 있을 때 보다 어떻게 되는가?

① 2배로 된다.      ② 3배로 된다.

③ $\dfrac{1}{2}$로 된다.      ④ $\dfrac{1}{3}$로 된다.

해설

균등부하시

전압강하 : $\dfrac{1}{2}$, 전력손실 : $\dfrac{1}{3}$

**12** 송전전력, 부하역률, 송전거리, 전력손실 및 선간전압이 같을 경우 3상 3선식에서 전선 한 가닥에 흐르는 전류는 단상 2선식에서 전선 한 가닥에 흐르는 경우의 몇 배가 되는가?

① $\dfrac{1}{\sqrt{3}}$배      ② $\dfrac{2}{3}$배

③ $\dfrac{3}{4}$배      ④ $\dfrac{4}{9}$배

해설

• $3\phi3\omega : P_3 = \sqrt{3}\,VI_3\cos\theta$   $1\phi2\omega : P_1 = VI_1\cos\theta$

$P_3 = P_1$ 에 의해서

$\sqrt{3}\,VI_3\cos\theta = VI_1\cos\theta$

$I_3 = \dfrac{VI_1\cos\theta}{\sqrt{3}\,V\cos\theta} = \dfrac{I_1}{\sqrt{3}} = \dfrac{1}{\sqrt{3}}I_1$

**13** 주상변압기의 2차측 접지공사는 어느 것에 의한 보호를 목적으로 하는가?

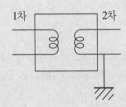

① 2차측 단락
② 1차측 접지
③ 2차측 접지
④ 1차측과 2차측의 혼촉

해설

주상변압기 2차측에는 접지공사를 하며 1차측과 2차측 혼촉사고시 저압(2차)측 전위상승 억제 역할을 한다.

**14** 교류 단상 3선식 배전방식을 교류 단상 2선식에 비교하면?

① 전압강하가 작고, 효율이 높다.
② 전압강하가 크고, 효율이 높다.
③ 전압강하가 작고, 효율이 낮다.
④ 전압강하가 크고, 효율이 낮다.

정답    10 ③    11 ④    12 ①    13 ④    14 ①

**해설**

단상 3선식과 단상 2선식의 비교
교류 $1\phi 3\omega$식은 $1\phi 2\omega$식의 2배 승압 의미가 있다.
2배 승압시 전압강하는 $\frac{1}{2}$배, 공급전력은 4배, 선로손실은 $\frac{1}{4}$배가 된다.

---

**15** 단상 3선식에 사용되는 밸런서(balancer)의 특성이 아닌 것은?

① 여자 임피던스가 적다.
② 누설 임피던스가 적다.
③ 권수비가 1 : 1이다.
④ 단권변압기이다.

**해설**

밸런서의 특징
• 권수비가 1 : 1인 단권변압기 사용
• 여자 임피던스는 클 것(변압기 임피던스보다 클 것)
• 누설 임피던스는 적을 것
• 효율이 높을 것

---

**16** 20개의 가로등이 $500[\mathrm{m}]$ 거리에 균등하게 배치되어 있다. 한 등의 소요전류가 $4[\mathrm{A}]$이고 전선의 단면적이 $38[\mathrm{mm}^2]$, 도전율이 $56[\mathrm{m}/\Omega\mathrm{mm}^2]$라면 한쪽 끝에서 $110[\mathrm{V}]$로 급전할 때 최종 전등에 가해지는 전압은 약 몇 $[\mathrm{V}]$인가?

① 91　　　　② 96
③ 101　　　④ 106

**해설**

전압강하

$e = 2IR = 2I \times \rho \frac{l}{A} \times \frac{1}{2}$

$= 2 \times 20 \times 4 \times \frac{1}{56} \times \frac{500}{38} \times \frac{1}{2} = 18.8[\mathrm{V}]$

말단 전등전압 $= 110 - 18.8 = 91.2[\mathrm{V}]$

---

**17** 최근에 초고압 송전계통에서 단권변압기가 사용되고 있는데 그 이유로 볼 수 없는 것은?

① 중량이 가볍다.　　② 전압변동률이 적다.
③ 효율이 높다.　　　④ 단락전류가 적다.

---

**해설**

단권변압기는 1차, 2차 코일을 공유하기 때문에 일반 변압기에 비해 임피던스 전압강하, 전압변동률이 작고, 동량도 적으며 동손도 감소한다. 단점은 단락전류가 커서 기계적 강도를 높여야 한다.

---

**18** 그림과 같은 이상 변압기에서 2차측에 $5[\Omega]$의 저항 부하를 연결하였을 때 1차측에 흐르는 전류 $I$는 약 몇 $[\mathrm{A}]$인가?

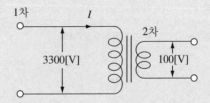

① 0.6　　　　② 1.8
③ 20　　　　④ 660

**해설**

2차 전류 $I_2 = \dfrac{V_2}{R_L} = \dfrac{100}{5} = 20[\mathrm{A}]$

변압기 권수비 $a = \dfrac{V_1}{V_2} = \dfrac{N_1}{N_2} = \dfrac{I_2}{I_1}$

$a = \dfrac{V_1}{V_2} = \dfrac{3300}{100} = 33$

$a = \dfrac{I_2}{I_1} \rightarrow I_1 = \dfrac{I_2}{a} = \dfrac{20}{33} \fallingdotseq 0.6[\mathrm{A}]$

∴ 1차에 흐르는 전류 $I = 0.6[\mathrm{A}]$

---

**19** 2선식($110[\mathrm{V}]$) 저압 배전선로를 단상 3선식($110/220[\mathrm{V}]$)으로 변경하였을 때 전선로의 전압강하율은 변경 전에 비해서 어떻게 되는가? (단, 부하용량은 변경 전후에 같고 역률은 1.0이며 평형부하이다.)

① $\frac{1}{4}$로 된다.　　　② $\frac{1}{3}$로 된다.
③ $\frac{1}{2}$로 된다.　　　④ 변하지 않는다.

**해설**

전압강하율 $\delta \propto \dfrac{1}{V^2}$이다. 그러므로 전압이 2배 증가 → 전압강하율은 $\frac{1}{4}$이 된다.

---

**20** 고압 배전선로의 보호방식에서 고장 전류의 차단방식이 아닌 것은?

① 퓨즈에 의한 보호방식
② 리클로저(recloser)에 의한 방식
③ 섹셔널라이저(sectionalizer)에 의한 방식
④ 자동부하 전환스위치(ALTS ; Auto Load Transfer Switch)에 의한 방식

해설

자동부하 전환스위치(ALTS : Auto Load Transfer Switch)는 선로 사고시 자동으로 예비선으로 전환되어 전원을 공급할 수 있도록 하는 자동전환스위치이다.

# 수력발전

## Chapter 10

# 수력발전

## ① 수력발전

### 1. 수력발전의 원리

하천 또는 호수등에서 물이 갖는 위치에너지를 수차를 이용하여 기계에 너지로 변환하고 이것을 다시 발전기를 이용하여 전기에너지로 변화하는 발전방식이다.

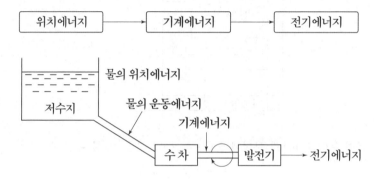

### 2. 수력발전의 종류

(1) 취수방식 : 수로식, 댐식, 댐수로식, 유역변경식
(2) 유량을 얻는 방식 : 저수지식, 조정지식, 양수식, 조력식

## ② 동수력학

### 1. 연속의 정리

유수는 고체로 둘러싸여 있고, 또한 비압축성이므로 도중에서 물의 출입이 없는 한 지점 a로부터 유입되는 수량과 지점 b로부터 유출되는 수량은 같다. 이것을 연속의 정리라 한다.

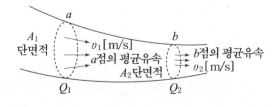

핵심 NOTE

■양수식발전소
전력계통의 경부하시 또는 다른 발전소의 발전전력에 여유가 있을 때(대용량 화력발전 또는 원자력발전소에서 전력을 공급받음), 이 잉여전력을 이용해서 전동기로 펌프를 돌려 물을 상부의 저수지에 저장하였다가 필요에 따라(첨두부하시) 수압관을 통하여 이 물을 이용해서 발전하는 방식이다.

■조력발진소
바닷물의 간만의 차에 의한 위치에너지를 전력으로 변환하는 발전소이다. 조력발전소의 수차는 저낙차(15[m] 이하)발전에 사용되는 원통형(튜블러)수차이다.

■연속의 정리
$Q = A_1 v_1 = A_2 v_2 \, [\text{m}^3/\text{s}]$

- 관로나 수로 등에 흐르는 물의 양

$$Q = A \cdot v [\text{m}^3/\text{s}]$$

## 2. 베르누이의 정리

유체의 흐름이 빠른 곳의 압력은 유체의 흐름이 느린 곳의 압력보다 작아진다는 이론으로 에너지 불변의 법칙을 설명한다.

$$h + \frac{p}{w} + \frac{v^2}{2g} = H [\text{m}]$$

## 3. 토리첼리의 정리

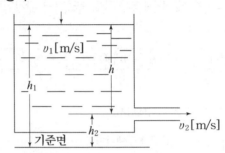

물의 높이 $h[\text{m}]$의 구멍에서 나오는 물의 분출속도를 구할 수 있다.

$$v_2 = \sqrt{2gh} \ [\text{m/s}]$$

---

**예제문제** 연속의 정리

**1** 그림과 같이 "수류가 고체에 둘러싸여 있고 $A$로부터 유입되는 수량과 $B$로부터 유출되는 수량이 같다."고 하는 이론은?

① 베르누이 정리
② 연속의 원리
③ 토리첼리의 정리
④ 수두이론

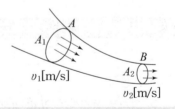

해설

연속의 정리에 의해 관로나 수로 등에 흐르는 물의 양 $Q[\text{m}^3/\text{s}]$은 유수의 단면적 $A$ $[\text{m}^2]$와 평균유속 $v[\text{m/s}]$와 곱으로 나타내며 관로나 수로 어느 지점에서나 유량은 같다.
$$Q = Av = A_1 v_1 = A_2 v_2 [\text{m}^3/\text{s}]$$

답 ②

**베르누이의 정리**
유체의 위치에너지와 운동에너지의 합은 항상 일정하다.

## ③ 유량

### 1. 유량

(1) 연(年)평균유량($Q$)

$$Q = \frac{\text{면적}[\text{km}^2] \times 10^6 \times \text{연강수량}[\text{mm}] \times 10^{-3}}{365 \times 24 \times 3600} \times \text{유출계수}[\text{m}^3/\text{s}]$$

(2) 유량의 변동

- 갈수량 : 1년 365일 중 355일은 이것보다 내려가지 않는 유량
- 저수량 : 1년 365일 중 275일은 이것보다 내려가지 않는 유량
- 평수량 : 1년 365일 중 185일은 이것보다 내려가지 않는 유량
- 풍수량 : 1년 365일 중 95일은 이것보다 내려가지 않는 유량

(3) 유량도

가로축에 날짜순, 세로축에 유량의 크기를 나타낸 것으로서 유량도만 있으면 1년 동안의 유량 변동 상황을 알 수 있다.

### 2. 유황곡선

가로축에 1년의 일수를, 세로축에 매일의 유량을 큰 순서대로 나타낸 곡선이다.

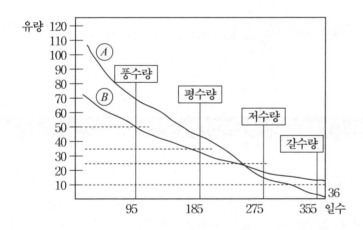

### 3. 적산유량곡선

가로축에 365일을, 세로축에 유량의 누계를 나타낸 곡선으로 댐 설계시나 저수지 용량을 결정할 때 주로 사용한다.

**■유량 측정법**

- 하천의 유량 측정법
  언측법, 부자측법, 공식측법, 유속계법, 수위 관측법

- 발전소의 사용 유량 측정법
  피토관법, 벨 마우스법, 깁슨법, 염수 속도법

**■댐의 부속설비**

- 수압관로
  수조에서 수차까지 이르는 관로

- 침사지
  수로에 유입된 물에 함유된 토사의 침전을 배제하는 설비

- 제수문
  취수 수량을 조절하기 위한 장치

**■유량도**

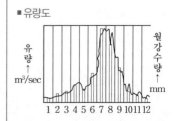

**예제문제** 적산유량곡선

**2** 수력발전소의 댐을 설계하거나 저수지의 용량 등을 결정하는 데 가장 적당한 것은?

① 유량도　　　　　　　　② 적산유량곡선
③ 유황곡선　　　　　　　④ 수위유량곡선

해설
적산유량곡선은 1년 365일을 취하여 매일의 유량을 적산하여 작성한 것으로 댐을 만들고 저수지를 설치하여 저수지 용량을 구하는데 사용한다.

답 ②

**예제문제** 유량의 변동

**3** 유량의 크기를 구분할 때 갈수량이란?

① 하천의 수위 중에서 1년을 통하여 355일간 이보다 내려가지 않는 수위 때의 물의 양
② 하천의 수위 중에서 1년을 통하여 275일간 이보다 내려가지 않는 수위 때의 물의 양
③ 하천의 수위 중에서 1년을 통하여 185일간 이보다 내려가지 않는 수위 때의 물의 양
④ 하천의 수위 중에서 1년을 통하여 95일간 이보다 내려가지 않는 수위 때의 물의 양

해설
갈수량 : 355일, 저수량 : 275일, 평수량 : 185일, 풍수량 : 95일

답 ①

## 4 조속기 및 조압수조

### 1. 조속기

부하 변동에 따른 속도 변화를 감지하여 수차의 유량을 자동적으로 조절하여 수차의 회전 속도를 일정하게 유지하기 위한 장치이다. 조속기가 예민하면 난조(탈조)를 일으킬 수 있다.

**(1) 조속기의 동작순서**

평속기 → 배압밸브 → 서보모터 → 복원기구

- 평속기 : 수차 회전속도의 편차검출
- 배압밸브 : 평속기 동작에 의한 유압분배
- 서보모터 : 니들밸브나 안내날개 개폐
- 복원기구 : 난조방지

■ 조속기 및 조압수조
  • 조속기 : 난조(탈조) 방지
  • 조압수조 : 수압관을 보호

## (2) 속도 조정률 및 속도 변동률

| 속도 조정률 | 속도 변동률 |
|---|---|
| $\delta = \dfrac{N_0 - N}{N} \times 100 \, [\%]$ | $\delta_m = \dfrac{N_m - N_N}{N_N} \times 100 \, [\%]$ |
| $\begin{cases} N_0 : \text{무부하시 회전속도} \\ N : \text{부하시 회전속도} \end{cases}$ | $\begin{cases} N_m : \text{최대 회전속도} \\ N_N : \text{정격 회전속도} \end{cases}$ |

## 2. 조압수조

수력 발전소의 부하가 급격하게 변화하였을 때 생기는 수격작용을 흡수하고 수차의 사용유량 변동에 의한 서징작용을 흡수한다. 이 때 수격압을 완화시켜 수압관을 보호한다.

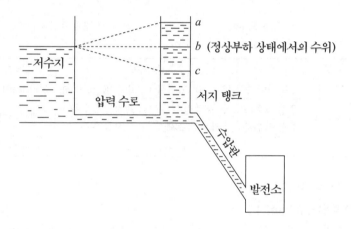

**■ 조압수조의 종류**

· 단동 조압수조 : 수조의 높이만을 증가시킨 수조

· 차동 조압수조 : 라이저라는 상승관을 가진 수조

· 수실 조압수조 : 수조의 상.하부 측면에 수실을 가진 수조

· 소공 조압수조 : 제수 구멍에서의 마찰 손실을 이용한 구조의 수조

**■ 수조의 서징**

갑자기 부하가 차단되면 수차에 들어가던 물의 유입이 차단되므로(노즐의 폐쇄) 조압수조 내의 순간적으로 상승해서 $a$로 된다. 이 결과 조압수조의 수위가 저수지의 수위보다도 더 높으므로 물은 압력수로를 역류해서 수위 $c$에 정지한다. 이러한 과정을 되풀이 함으로써 수로내에서의 마찰손실에 의해서 수위는 최종적으로 평해수위인 $b$에 멈추게 된다.

---

**예제문제** 조압수조의 목적

**4** 수력발전소에서 조압수조를 설치하는 목적은?

① 부유물의 제거
② 수격작용의 완화
③ 유량의 조절
④ 토사의 제거

해설

**조압수조**(surge tank)
저수지로부터의 수로가 압력 터널인 경우에 시설한다. 이것 유량의 또는 부하의 급변으로 생긴 수격압이 압력 터널에 미치지 않도록 하는 장치이다. 즉 수격작용을 완화시켜 수압관을 보호해주는 역할을 한다.

답 ②

• 충동 수차 : 펠턴 수차 (고낙차용)

• 반동 ┌ 프란시스수차(중낙차용)
수차 └ 프로펠러수차
　　　카플란수차(저낙차용)

■ 펠턴 수차

물을 노즐로부터 분출시켜 위치 에너지를 전부 운동 에너지로 바꾸는 수차.

■ 프란시스 수차

물의 위치 에너지를 압력 에너지로 바꾸고 이것을 러너에 유입시켜 빠져나갈 때의 반작용으로 구동력을 발생하는 수차.

■ 흡출관

반동수차의 러너출구에서 방수로까지 이르는 관으로 유효낙차를 늘린다.

## ❺ 수차

### 1. 수차의 종류

물이 보유하고 있는 에너지를 기계적인 에니지로 변환시키는 상치로서 낙차에 따라 사용하는 수차의 종류가 다르다.

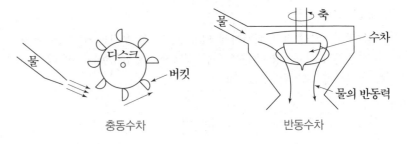

| 구 분 | 저 낙차 | 중 낙차 | | 고 낙차 |
|---|---|---|---|---|
| 낙 차 | 15[m]이하 | 15~130[m]이하 | 130~300[m]이하 | 300[m]이상 |
| 수차종류 | 원통형수차 튜블러수차 | 프로펠러수차 카플란수차 | 프란시스수차 사류수차 | 펠턴수차 |
| | | 반동수차 | | 충동수차 |

### 2. 수차의 특성

(1) 특유속도(비속도)

수차와 기하학적으로 서로 닮은 수차를 가정하고 이 수차를 단위낙차 1[m] 아래에서 단위출력 1[kW]의 출력을 얻는데 필요한 1분간 회전수를 말한다.

$$N_s = N \times \frac{P^{\frac{1}{2}}}{H^{\frac{5}{4}}} [\mathrm{m \cdot kW}]$$

여기서, $N$ : 정격회전속도, $P$ : 수차의 정격출력, $H$ : 유효낙차[m]

(2) 수력발전의 출력

| 이론출력 | 실제출력 |
|---|---|
| $P = 9.8\,QH$[kW] | $P = 9.8\,QH \cdot \eta \cdot U$[kW] |
| $Q$ : 유량[m³/s], $H$ : 유효낙차[m] | $\eta$ : 종합효율[%], $U$ : 이용률 |

(3) 낙차 변화에 따른 특성 변화

• $\dfrac{N_2}{N_1} = \left(\dfrac{H_2}{H_1}\right)^{\frac{1}{2}}$　　　• $\dfrac{P_2}{P_1} = \left(\dfrac{H_2}{H_1}\right)^{\frac{3}{2}}$　　　• $\dfrac{Q_2}{Q_1} = \left(\dfrac{H_2}{H_1}\right)^{\frac{1}{2}}$

## 3. 캐비테이션 현상

유체가 매우 빠른 속도로 흐를 때 미세한 기포가 발생한다. 기포가 압력이 높은 곳에 도달하면 터지게 되는데 이때 부근의 물체에 큰 충격을 준다. 이 충격이 되풀이 되면 러너와 버킷등을 침식시키는 현상을 캐비테이션 현상이라 한다.

---

**예제문제** 수차의 종류

**5** 다음 중 특유속도가 가장 작은 수차는?

① 프로펠러수차　　　　② 프란시스수차
③ 펠턴수차　　　　　　④ 카플란수차

해설
펠턴수차는 고 낙차용이므로 특유속도가 가장 작다　　　　답 ③

---

**예제문제** 특유속도

**6** 어느 수차의 정격회전수가 450[rpm]이고 유효낙차가 220[m]일 때 출력은 6000[kW]이었다. 이 수차의 특유속도는 약 몇 [m·kW]인가?

① 35[m · kW]　　　　② 38[m · kW]
③ 41[m · kW]　　　　④ 47[m · kW]

해설

$$N_s = N \cdot \frac{\sqrt{P}}{H^{\frac{5}{4}}} = 450 \times \frac{\sqrt{6000}}{220^{\frac{5}{4}}} ≒ 41[\text{m · kW}]$$

답 ③

■ 케비테이션 현상
(1) 영향
· 수차의 효율, 낙차가 저하
· 러너와 버킷 등에 침식 발생
· 수차에 진동, 소음을 발생
· 흡출관 입구에서 수압의 변동

(2) 방지대책
· 흡출관높이를 높게 취하지 않는다.
· 비속도를 너무 크게 잡지 않는다.
· 침식에 강한 재료로 제작한다.
· 러너표면을 매끄럽게 가공한다.

■ 특유속도의 크기순서

| 원통형수차 튜블러수차 | > | 프로펠러수차 카플란수차 |
|---|---|---|

| > | 프란시스수차 사류수차 | > | 펠턴수차 |
|---|---|---|---|

**01** 수압 철관의 안지름이 $4[\text{m}]$인 곳에서의 유속이 $4[\text{m/s}]$이었다. 안지름이 $3.5[\text{m}]$인 곳에서의 유속은 약 몇 $[\text{m/s}]$인가?

① $4.2[\text{m/s}]$　　② $5.2[\text{m/s}]$

③ $6.2[\text{m/s}]$　　④ $7.2[\text{m/s}]$

해설

유량 $Q = A_1 v_1 = A_2 v_2$ 여기서 단면적 $A$는 $D^2$에 비례한다.

$$\therefore v_2 = \frac{A_1}{A_2} \times v_1 = \left(\frac{D_1}{D_2}\right)^2 \times v_1 = \left(\frac{4}{3.5}\right)^2 \times 4 = 5.2[\text{m/s}]$$

**02** 수력학에 있어서 수두(水頭)의 단위는?

① $[\text{m}]$　　　　② $[\text{kg} \cdot \text{m}]$

③ $[\text{kg/m}]$　　④ $[\text{kg/m}^3]$

해설

수두의 종류

• 압력수두 : $H = \dfrac{P}{W}[\text{m}]$

• 속도수두 : $H = \dfrac{V^2}{2g}[\text{m}]$

**03** 수력발전소에서 낙차를 취하기 위한 방식이 아닌 것은?

① 댐식　　　　② 수로식

③ 역조정지식　④ 유역변경식

해설

수력발전소의 종류 두 가지

• 낙차를 얻는 방법에 따른 분류 : 수로식, 댐식, 댐수로식, 유역변경식

• 유량의 사용방법에 따른 분류 : 역조정지식, 저수지식, 양수식

**04** 그림과 같이 폭 $B[\text{m}]$인 수로를 막고 있는 구형 수문에 작용하는 전 압력은 몇 $[\text{kg}]$인가?(단, 물의 단위 체적당의 무게를 $W[\text{kg/m}^3]$이라 한다.)

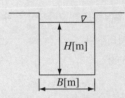

① $\dfrac{1}{2}HWB$

② $\dfrac{1}{2}H^2WB$

③ $H^2WB$

④ $HWB$

**05** 그림과 같이 수심이 $5[\text{m}]$인 수조가 있다. 이 수조의 측면에 미치는 수압 $P_0[\text{kg/m}^2]$는 얼마인가?

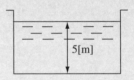

① $2500$　　② $3000$

③ $3500$　　④ $4000$

해설

• 압력수두$(H) = \dfrac{P}{W}[\text{m}]$

$$P = HW = 1000H[\text{kg/m}^2] = \frac{1}{10}H[\text{kg/cm}^2]$$

$P$는 높이 $H$에 비례하므로

$$\therefore P = \frac{1}{2} \times 1000H\,(H = 5 \text{ 대입})$$

$$= \frac{1}{2} \times 1000 \times 5 = 2500[\text{kg/m}^2]$$

**06** 취수구에 제수문을 설치하는 주된 목적은?

① 낙차를 높이기 위하여
② 홍수위를 낮추기 위하여
③ 모래를 배제하기 위하여
④ 유량을 조정하기 위하여

해설

취수구의 부속설비
• 취수문 : 물의 유입량 조절
• 배수문 : 침전된 토사물 제거
• 제수문 : 취수량 조절

**07** 수력발전소의 댐을 설계하거나 저수지의 용량 등을 결정하는 데 가장 적당한 것은?

① 유량도
② 적산유량곡선
③ 유황곡선
④ 수위유량곡선

해설

• 유량도 : 세로축 유량, 가로축 1년 365일 일수를 취하고 하천의 유량을 매일 측정하여 나타낸 것
• 유황곡선 : 세로축 유량, 가로축 1년 365일 일수를 취하고 유량도를 기초로 유량이 큰 것부터 순차적으로 나타낸 것
• 적산유량곡선 : 풍수기가 시작되는 점을 기점으로 하여 세로축에 수량, 가로축에 1년 365일을 취하여 매일의 유량을 적산하여 작성한 것으로 댐을 만들고 저수지를 설치하여 저수지 용량을 구하는데 사용한다.

**08** 어떤 발전소의 유효낙차가 $100[m]$이고 최대사용수량이 $10[m^3/sec]$일 경우 이 발전소의 이론적인 출력은 몇 $[kW]$인가?

① 4900
② 9800
③ 10000
④ 14700

해설

수력발전소의 이론출력
$P = 9.8\,QH\,[kW]$
　$= 9.8 \times 10 \times 100 = 9800\,[kW]$

**09** 유효낙차 $100[m]$, 최대사용수량 $20[m^3/s]$인 발전소의 최대출력은 약 몇 $[kW]$인가? (단, 수차 및 발전기의 합성효율은 85[%]라 한다.)

① 14160
② 16660
③ 24990
④ 33320

해설

$P = 9.8\,QH\eta\,[kW] = 9.8 \times 20 \times 100 \times 0.85 = 16660\,[kW]$

**10** 총 낙차 $80.9[m]$, 사용수량 $30[m^3/s]$인 발전소가 있다. 수로의 길이가 $3800[m]$, 수로의 구배가 $\frac{1}{2000}$, 수압 철관의 손실낙차를 $1[m]$라고 하면 이 발전소의 출력은 약 몇 $[kW]$인가? (단, 수차 및 발전기의 종합효율은 83[%]라 한다.)

① 15000
② 19000
③ 24000
④ 28000

해설

유효낙차 $H$＝총 낙차 － 총 손실낙차
$\therefore H = 80.9 - \left(1 + 3800 \times \frac{1}{2000}\right) = 80.9 - 2.9 = 78\,[m]$

수력발전소의 출력 : $P = 9.8\,QH\eta\,[kW]$

$P = 9.8 \times 30 \times 78 \times 0.83 \fallingdotseq 19000\,[kW]$

**11** 평균유효낙차 $48[m]$의 저수지식 발전소에서 $1000[m^3]$의 저수량은 약 몇 $[kWh]$의 전력량에 해당하는가? (단, 수차 및 발전기의 종합효율은 85[%]라고 한다.)

① 111
② 122
③ 133
④ 144

해설

$P = 9.8 \times \frac{저수량}{3600} \times H \times \eta\,[kWh]$
　$= 9.8 \times \frac{1000}{3600} \times 48 \times 0.85 = 111.07\,[kWh]$

**12** 유역면적이 $4000[\mathrm{km^2}]$인 어떤 발전 지점이 있다. 유역내의 연강우량이 $1400[\mathrm{mm}]$이고 유출계수가 $75[\%]$라고 하면, 그 지점을 통과하는 연평균유량은 약 몇 $[\mathrm{m^3/s}]$인가?

① 121
② 133
③ 251
④ 150

해설

$$Q = \frac{\text{유역면적} \times 10^6 \times \text{강수량} \times 10^{-3} \times \text{유출계수}}{365 \times 24 \times 60 \times 60} [\mathrm{m^3/s}]$$

$$= \frac{4000 \times 10^6 \times 1400 \times 10^{-3} \times 0.75}{365 \times 24 \times 60 \times 60} = 133.18 [\mathrm{m^3/s}]$$

[참고] $1[\mathrm{km^2}] = 10^6 [\mathrm{m^2}]$

**13** 유효저수량 $100000[\mathrm{m^3}]$, 평균유효낙차 $100$ $[\mathrm{m}]$, 발전기 출력 $5000[\mathrm{kW}]$ 1대를 유효저수량에 의해서 운전할 때 약 몇 시간 발전할 수 있는가? (단, 수차 및 발전기의 합성효율은 $90[\%]$이다.)

① 2
② 3
③ 4
④ 5

해설

유량 : $Q = \dfrac{V}{T \times 3600} [\mathrm{m^3/s}]$

여기서, $V$ : 저수량$[\mathrm{m^3}]$, $T$ : 발전시간$[\mathrm{h}]$

출력 $P = 9.8 Q H \eta_t \eta_g = 9.8 \times \dfrac{V}{T \times 3600} \times H \eta_t \eta_g [\mathrm{kW}]$

$T = \dfrac{9.8 \times 100000 \times 100 \times 0.9}{5000 \times 3600} = 5[\mathrm{h}]$

**14** 유효낙차 $100[\mathrm{m}]$, 최대유량 $20[\mathrm{m^3/s}]$의 수차에서 낙차가 $81[\mathrm{m}]$로 감소하면 유량은 몇 $[\mathrm{m^3/s}]$가 되겠는가? (단, 수차안내날개의 열림은 불변이라고 한다.)

① 15
② 18
③ 24
④ 30

해설

$$\frac{Q_2}{Q_1} = \left(\frac{H_2}{H_1}\right)^{\frac{1}{2}} \Rightarrow Q_2 = Q_1 \times \left(\frac{H_2}{H_1}\right)^{\frac{1}{2}}$$

$$Q_2 = 20 \times \left(\frac{81}{100}\right)^{\frac{1}{2}} = 18 [\mathrm{m^3/s}]$$

**15** 수차의 특유속도 $[N_s]$를 나타내는 식은?(단, $N$ : 정격회전수$[\mathrm{rpm}]$, $H$ : 유효낙차$[\mathrm{m}]$, $P$ : 유효낙차 $H[\mathrm{m}]$일 경우의 최대출력$[\mathrm{kW}]$이라고 함.)

① $N \times \dfrac{\sqrt{P}}{H^{\frac{5}{4}}}$

② $N \times \dfrac{\sqrt[3]{P}}{H^{\frac{1}{4}}}$

③ $N \times \dfrac{P}{H^{\frac{3}{2}}}$

④ $N \times \dfrac{P}{H^{\frac{1}{4}}}$

해설

특유속도

낙차 $1[\mathrm{m}]$에서 $1[\mathrm{kW}]$의 출력을 1분 동안 얻을 수 있는 회전수를 말하며 수차의 특유속도가 크다는 것은 수차의 러너와 유수와의 상대속도가 크다는 뜻이다.

$\therefore$ 수차 특유속도 $N_s = N \cdot \dfrac{\sqrt{P}}{H^{\frac{5}{4}}} = N \cdot \dfrac{P^{\frac{1}{2}}}{H^{\frac{5}{4}}} [\mathrm{m \cdot kW}]$

**16** 유효낙차 $90[\mathrm{m}]$, 출력 $103000[\mathrm{kW}]$, 비속도(특유속도) $210[\mathrm{m \cdot kW}]$인 수차의 회전 속도는 약 몇 $[\mathrm{rpm}]$인가?

① 150
② 180
③ 210
④ 240

해설

$$N = N_s \times \frac{H^{\frac{5}{4}}}{\sqrt{P}} = \frac{210 \times 90^{\frac{5}{4}}}{\sqrt{103000}} = 180[\mathrm{rpm}]$$

**17** 수차의 특유속도에 대한 설명으로 옳은 것은?

① 특유속도가 크면 경부하시의 효율 저하는 거의 없다.
② 특유속도가 큰 수차는 러너의 주변속도가 일반적으로 적다.
③ 특유속도가 높다는 것은 수차의 실용속도가 높은 것을 의미한다.
④ 특유속도가 높다는 것은 수차 러너와 유수와의 상대속도가 빠르다는 것이다.

해설
　특유속도란 그 수차와 기하학적으로 서로 짧은 수차를 가장하고 이 수차를 단위낙차(1[m])에서 단위출력(1[kW])을 발생하는데 필요한 1분간의 회전수이다.
　• 특유속도를 크게 취하는 경우
　　– 러너의 직경을 적게 할 수 있다.
　　– 발전기의 중량이 감소한다.
　• 특유속도가 너무 과도하게 높은 경우
　　– 유수와 러너와의 상대속도가 증가한다.
　　– 수차의 효율이 저하된다.

**18** 수차의 조속기가 너무 예민하면 어떤 현상이 발생되는가?

① 탈조를 일으키게 된다.
② 수압 상승률이 크게 된다.
③ 속도 변동률이 작게 된다.
④ 전압 변동이 작게 된다.

해설
　회전속도의 변화에 따라서 자동적으로 유량을 가감하는 장치로 조속기의 감도가 너무 예민하면 난조를 일으켜 탈조현상까지 일으킨다. 난조를 방지하기 위하여 제동권선을 설치한다.

**19** 수력발전설비에서 흡출관을 사용하는 목적은?

① 압력을 줄이기 위하여
② 물의 유선을 일정하게 하기 위하여
③ 속도 변동률을 적게 하기 위하여
④ 낙차를 늘리기 위하여

해설
　흡출관은 유효낙차를 늘려준다.

**20** 흡출관이 필요 없는 수차는?

① 프로펠러수차　　② 카플란수차
③ 프란시스수차　　④ 펠턴수차

해설
　흡출관(유효낙차를 늘리기 위한 설비)은 충동수차 형태에서는 사용되지 않는다. 펠턴수차는 충동형 수차이고, 나머지는 반동형 수차이다. 반동형 수차에서는 반드시 흡출관이 필요하다.

**21** 수력발전소에서 이용되는 서지탱크의 설치목적이 아닌 것은?

① 흡출관을 보호하기 위함이다.
② 부하의 변동시 생기는 수격압을 경감시킨다.
③ 유량을 조절한다.
④ 수격압이 압력수로에 미치는 것을 방지한다.

해설
　서지탱크는 수압관의 보호를 위한 설비이다.

**22** 다음 중 수차의 캐비테이션의 방지책으로 옳지 않은 것은?

① 과부하 운전을 가능한 한 피한다.
② 흡출수두를 증대시킨다.
③ 수차의 비속도를 너무 크게 잡지 않는다.
④ 침식에 강한 금속재료로 러너를 제작한다.

해설
　흡출수두를 증대시키면 수차의 캐비테이션 현상은 더 심해진다.

**23** 조압수조의 설치 목적은?

① 조속기의 보호　　② 수차의 보호
③ 여수의 처리　　　④ 수압관의 보호

해설
　조압수조는 부하변동에 따른 수격 작용의 완화와 수압관의 보호를 목적으로 한다.

정답　17 ④　18 ①　19 ④　20 ④　21 ①　22 ②　23 ④

memo

# 화력발전

# Chapter 11

# 화력발전

## ① 화력발전

### 1. 화력발전의 원리

화력발전이란 열에너지를 변환해서 전기 에너지를 얻는 방식의 총칭이다. 이때 연료를 연소시켜 발생한 열에너지로 물을 끓여서 고온고압의 증기를 만든다. 이 증기의 힘으로 터빈발전기를 회전시켜 전기에너지를 생성한다.

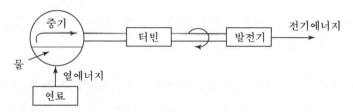

### 2. 화력발전소의 열효율

열기관에 공급한 에너지중 몇 %가 유효한 일로 변하는가를 나타내는 지표이다. 화력발전소의 열효율은 발생한 전력량과 소비한 연료의 보유발열량과의 비율을 나타낸다.

$$\eta = \frac{860\,W}{mH} \times 100$$

$W$ : 전력량[kWh]
$m$ : 연료[kg]
$H$ : 발열량[kcal/kg]

---

예제문제   화력발전의 열효율

**1** 화력발전소에서 매일 최대출력 100000[kW], 부하율 90[%]로 60일간 연속 운전할 때 필요한 석탄량은 약 몇 [t]인가? (단, 사이클 효율은 40[%], 보일러 효율은 85[%], 발전기 효율은 98[%]로 하고 석탄의 발열량은 5500[kcal/kg]이라 한다.)

① 60820
② 61820
③ 62820
④ 63820

해설   $W$는 발생전력량[kWh], $m$은 연료소비량[kg], $H$는 발열량[kcal/kg], 출력 $P$ [kW], 시간 $t$[h], 부하율 $F$, $\eta_c$는 사이클 효율, $\eta_h$는 보일러 효율, $\eta_g$는 발전기 효율
$P = 100000$[kW], $t = 60 \times 24$[h], $F = 0.9$
$W = P \cdot t \cdot F = 100000 \times 60 \times 24 \times 0.9$[kWh]
$m = \dfrac{860\,W}{\eta_c \eta_h \eta_g H} = \dfrac{860 \times 100000 \times 60 \times 24 \times 0.9}{0.4 \times 0.85 \times 0.98 \times 5500} = 60820 \times 10^3$[kg] $= 60820$[t]

답 ①

## ② 열사이클

### 1. 열사이클의 종류

(1) 카르노 사이클 : 두 개의 등온 변화와 두 개의 단열 변화로 이루어지며, 가장 효율이 좋은 이상적인 사이클이다.

(2) 랭킨 사이클 : 카르노 사이클을 토대로 화력발전의 가장 기본적인 사이클이다.

(3) 재열 사이클 : 고압터빈에서 나온 증기를 모두 추기하여 보일러의 재열기로 보내어 다시 열을 가해 저압터빈으로 보내는 방식이다.

(4) 재생 사이클 : 터빈 내에서 팽창한 증기를 일부만 추기하여 급수가열기에 보내어 급수가열에 이용하는 방식이다.

(5) 재생재열 사이클 : 재생과 재열 사이클의 특징을 모두 살린 방식으로 가장 열효율이 좋다.

### 2. 열사이클 장치선도

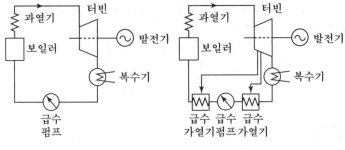

랭킨 사이클                              재생 사이클

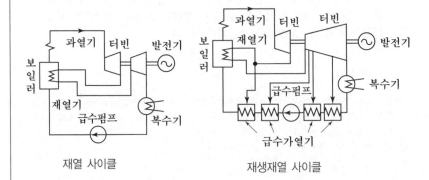

재열 사이클                              재생재열 사이클

■ 재열기
고압터빈의 증기를 모두 추기하여 증기를 가열한다.

■ 발전소개요도

■ 랭킨 사이클(Rankine cycle)
급수펌프 → 보일러 → 과열기 → 터빈 → 복수기 → 보일러

## 3. 열사이클 효율향상 방법

(1) 과열기 설치한다.

(2) 진공도를 높인다.

(3) 고온·고압증기의 채용한다.

(4) 절탄기, 공기예열기 설치한다.

(5) 재생·재열사이클의 채용한다.

---

**예제문제** 랭킨사이클

**2** 기력발전소의 열사이클 중 가장 기본적인 것으로 두 개의 등압변화
와 두 개의 단열변화로 되는 열사이클은?

① 재생사이클

② 랭킨사이클

③ 재열사이클

④ 재생재열사이클

**해설**

랭킹 사이클이란 카르노 사이클을 증기 원동기에 적합하게끔 개량한 것으로서 증기를 작
업 유체로 사용하는 기력발전소의 가장 기본적인 사이클로 되어 있다. 이것은 증기를 동
작물질로 사용해서 카르노 사이클의 등온과정을 등압과정으로 바꾼 것이다.

답 ②

---

**예제문제** 재열사이클

**3** 그림과 같은 열사이클의 명칭은?

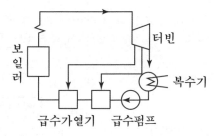

① 랭킨사이클

② 재생사이클

③ 재열사이클

④ 재생재열사이클

**해설**

재열사이클 : 터빈 내에서 팽창한 증기를 일부만 추기하여 급수가 열기에 보내어 급수가
열에 이용하는 열사이클을 말한다.

답 ②

## ③ 화력발전 설비

■ 수냉벽

수냉벽은 노벽을 보호하기 위해 설
치하는 것으로서 보일러 드럼 또는
수관과 연락하는 수관을 가진 노벽
이다. 복사열을 흡수하며 흡수열량
이 40~50[%]로 가장 큰 흡수열량
을 갖는다.

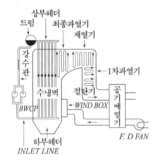

■ 과열기

• 접촉형
  열가스의 대류전열로 가열한다.
• 복사형
  복사전열로 가열한다.
• 혼합형
  대류 및 복사전열을 조합해서 가
  열한다.

| 급수가열기 | 절탄기 |
|---|---|
| 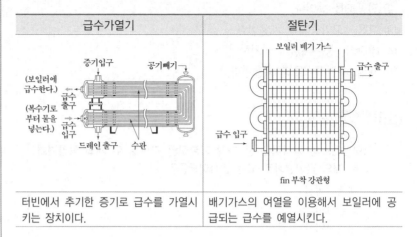 | |
| 터빈에서 추기한 증기로 급수를 가열시키는 장치이다. | 배기가스의 여열을 이용해서 보일러에 공급되는 급수를 예열시킨다. |

| 과열기 | 복수기 |
|---|---|
| 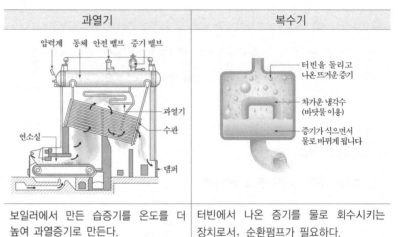 | |
| 보일러에서 만든 습증기를 온도를 더 높여 과열증기로 만든다. | 터빈에서 나온 증기를 물로 회수시키는 장치로서, 순환펌프가 필요하다. |

| 공기예열기 | 탈기기 |
|---|---|
| 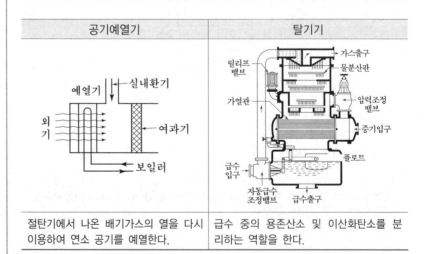 | |
| 절탄기에서 나온 배기가스의 열을 다시 이용하여 연소 공기를 예열한다. | 급수 중의 용존산소 및 이산화탄소를 분리하는 역할을 한다. |

## 집진장치

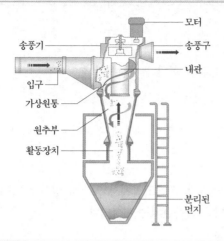

모터

송풍기

송풍구

내관

입구

가상원통

원추부

활동장치

분리된 먼지

회분을 없애 오염을 방지시키는 장치로서 전기식 집진장치가 효율이 가장 좋다.

---

**예제문제** 절탄기

**4 화력발전소에서 절탄기의 용도는?**

① 보일러에 공급되는 급수를 예열한다.
② 포화증기를 과열한다.
③ 연소용 공기를 예열한다.
④ 석탄을 건조한다.

**해설**
배기가스의 여열을 이용해서 보일러에 공급되는 급수를 예열시킨다.

답 ①

---

**예제문제** 탈기기

**5 화력발전소에서 탈기기의 설치 목적으로 가장 타당한 것은?**

① 급수 중의 용해산소의 분리
② 급수의 습증기 건조
③ 연료 중의 공기제거
④ 염류 및 부유물질 제거

**해설**
탈기기는 터빈의 발생증기를 분사하여 급수를 직접 가열해서 급수 중에 용해해서 존재하는 산소를 물리적으로 분리 제거하여 보일러 배관의 부식을 미연에 방지하는 장치이다.

답 ①

## ④ 보일러의 급수영향

### 1. 포 밍

보일러 표면에 거품이 일어나는 현상이다.

### 2. 스케일

고형물질이 석출되어 보일러 내면에 부착되는 현상이다.

### 3. 캐리오버

물속에 있던 불순물이 고온고압에서 약간의 양이 증기에 용해되어 증기와 함께 관벽 밖으로 운반되는 현상이다.

---

**예제문제** 포밍

**6** 포밍(foaming)의 원인은?

① 과열기의 손상　　　　② 냉각수의 불순물
③ 급수의 불순물　　　　④ 기압의 과대

해설

포밍이란 급수 불순물(＝칼슘, 나트륨 등)에 의하여 증기가 잘 발생하지 않고 거품이 발생하는 현상을 말한다.

답 ③

---

## ⑤ 특수 화력발전

### 1. 가스터빈

연소가스 또는 공기를 가열, 압축시켜 직접 터빈에서 팽창 작동시키는 열기관이다.
(1) 장치가 소형경량으로 건설 및 유지비가 적다.
(2) 냉각수량이 적고 기동정지 시간이 짧다.

### 2. MHD발전(Magnet Hydro Dynamic Generation)

고온의 연소가스를 전기도체 대신에 강력한 자계속을 통과시켜 자속을 끊음으로써 패러데이의 전자 유도법칙에 따라 발전하는 것을 이용한 발전이다.
(1) 기계적 가동 부분이 없기 때문에 대형화가 가능하다.
(2) 내압의 문제도 큰 것이 없으므로, 발전기 1기당의 출력을 크게 할 수 있다.

# SECTION 11

## 출제예상문제

**01** 증기의 엔탈피란?

① 증기 1[kg]의 잠열
② 증기 1[kg]의 보유열량
③ 증기 1[kg]의 현열
④ 증기 1[kg]의 증발열을 그 온도로 나눈 것

**02** 발전 전력량 $E$[kWh], 연료 소비량 $W$[kg], 연료의 발열량 $C$[kcal/kg]인 화력발전소의 효율 $\eta$[%]는?

① $\dfrac{860E}{WC} \times 100$
② $\dfrac{E}{WC} \times 100$
③ $\dfrac{E}{860WC} \times 100$
④ $\dfrac{9.8E}{WC} \times 100$

해설
발전소의 열효율($\eta$)
$$\eta = \frac{860W}{mH} \times 100 \,[\%]$$
$m$ : 연료소비량, $H$ : 발열량, $W$ : 전력량

**03** 기력발전소에서 1톤의 석탄으로 발생할 수 있는 전력량은 약 몇 [kWh]인가? (단, 석탄의 발열량은 5500[kcal/kg]이고 발전소 효율을 33[%]로 한다.)

① 1860
② 2110
③ 2580
④ 2840

해설
열효율
$$\eta = \frac{860W}{mH} \times 100 \,[\%]$$
전력량 $W = \dfrac{mH\eta}{860} = \dfrac{10^3 \times 5500 \times 0.33}{860} = 2110 \,[\text{kWh}]$
여기서, $W$ : 전력량[kWh], $m$ : 질량[kg],
$H$ : 발열량[kcal/kg], $1[\text{ton}] = 10^3 \,[\text{kg}]$

**04** 평균발열량 7200[kcal/kg]의 석탄이 있다. 탄소와 회분으로 되어 있다면 회분은 몇 [%]인가? (단, 탄소만인 경우의 발열량은 8000[kcal/kg]이다.)

① 11
② 15
③ 17
④ 19

해설
석탄 1[kg], 발열량 7200[kcal/kg]에 필요한 석탄의 양
$$m = \frac{7200}{8100} = 0.888\,[\text{kg}] = 888\,[\text{g}]$$
회분의 양 = 석탄 1[kg] − 석탄의 양
$= 1000 - 888 = 112\,[\text{g}]$
$\therefore \dfrac{112}{1000} \times 100 \,[\%] = 11.2 \,[\%]$

**05** 발열량 5000[kcal/kg]의 석탄을 사용하고 있는 기력발전소가 있다. 이 발전소의 종합효율이 30[%]라면, 30억[kWh]를 발생하는데 필요한 석탄량은 몇 [t]인가?

① 300000
② 500000
③ 860000
④ 1720000

해설
$$m = \frac{860W}{\eta H} = \frac{860 \times 30 \times 10^8}{0.3 \times 5000} \times 10^{-3} = 1720000\,[\text{ton}]$$

**06** 그림과 같은 $T-S$선도를 갖는 열사이클은?

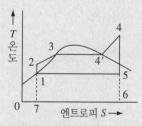

① 카르노 사이클
② 랭킨 사이클
③ 재생 사이클
④ 재열 사이클

정답    01 ②    02 ①    03 ②    04 ①    05 ④    06 ②

열사이클 중에서 가장 기본 사이클은 랭킨 사이클이다.

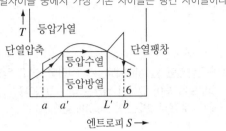

**09** 증기압, 증기온도 및 진공도가 일정하다면 추기할 때는 추기하지 않을 때보다 단위 발전량당 증기소비량과 연료소비량은 어떻게 변하는가?

① 증기소비량, 연료소비량 모두 감소한다.
② 증기소비량은 증가하고, 연료소비량은 감소한다.
③ 증기소비량은 감소하고, 연료소비량은 증가한다.
④ 증기소비량, 연료소비량 모두 증가한다.

추기를 하게 되면 회수되는 열량이 크므로 화력발전 전체로 보아 연료소비량이 감소하고 증기소비량이 증가하여 발전소 효율이 증가한다.

**07** 그림과 같은 열사이클은?

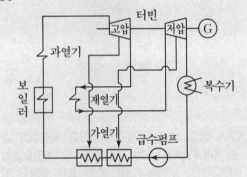

① 재열 사이클     ② 재생 사이클
③ 재생재열 사이클    ④ 기본 열사이클

재생재열 사이클
재생 사이클과 재열 사이클의 장점을 혼합하여 만든 것으로 열효율이 좋아 대용량 발전기 고온고압 발전기에서 채용한다.

**10** 증기터빈 내에서 팽창 도중에 있는 증기를 일부 추기하여 그것이 갖는 열을 급수가열에 이용하는 열사이클은?

① 랭킨 사이클
② 카르노 사이클
③ 재생 사이클
④ 재열 사이클

• 증기를 일부 추기하는 방법 : 재생 사이클
• 증기를 모두 추기하는 방법 : 재열 사이클

**08** 발전소에서 재열기의 목적은?

① 공기를 가열한다.
② 급수를 가열한다.
③ 증기를 가열한다.
④ 석탄을 건조한다.

재열기란 고압터빈 내에서 팽창한 증기를 일부 추출, 보일러에서 재가열함으로써 건조도를 높여 적당한 과열도를 갖도록 하는 과열기이다. 즉, 재열기는 증기를 가열한다.

**11** 증기터빈의 팽창 도중에서 증기를 추출하는 형태의 터빈은?

① 복수터빈
② 배압터빈
③ 추기터빈
④ 배기터빈

증기터빈의 팽창 도중에서 증기를 추출하는 형태의 터빈은 추기터빈이다.

**12** 보일러 급수 중에 포함되어 있는 산소 등에 의한 보일러 배관의 부식을 방지할 목적으로 사용되는 장치는?

① 공기 예열기  ② 탈기기
③ 급수 가열기  ④ 수위 경보기

해설
탈기기는 터빈의 발생증기를 분사하여 급수를 직접 가열해서 급수 중에 용해해서 존재하는 산소를 물리적으로 분리 제거하여 보일러 배관의 부식을 미연에 방지하는 장치이다.

**13** 기력발전소의 열사이클의 과정 중 단열팽창 과정의 물 또는 증기의 상태변화는?

① 습증기 → 포화액
② 과열증기 → 습증기
③ 포화액 → 압축액
④ 압축액 → 포화액 → 포화증기

**14** 다음 중 화력발전소에서 가장 큰 손실은?

① 소내용 동력
② 연도 배출가스 손실
③ 복수기에서의 손실
④ 송풍기 손실

해설
복수기 손실이 총 손실의 50[%] 정도를 차지한다.

**15** 화력발전소의 기본 랭킨 사이클(Rankine cycle)을 바르게 나타낸 것은?

① 보일러 → 급수펌프 → 터빈 → 복수기 → 과열기 → 다시 보일러로
② 보일러 → 터빈 → 급수펌프 → 과열기 → 복수기 → 다시 보일러로
③ 급수펌프 → 보일러 → 과열기 → 터빈 → 복수기 → 다시 급수펌프로
④ 급수펌프 → 보일러 → 터빈 → 과열기 → 복수기 → 다시 급수펌프로

해설
랭킨 사이클
급수펌프 → 보일러 → 과열기 → 터빈 → 복수기 → 다시 급수펌프로

**16** 화력발전소에서 열사이클의 효율 향상을 기하기 위하여 채용되는 방법으로 볼 수 없는 것은?

① 조속기를 설치한다.
② 재생재열 사이클을 채용한다.
③ 절탄기, 공기예열기를 설치한다.
④ 고압, 고온 증기의 채용과 과열기를 설치한다.

해설
조속기는 효율 향상과 직접적인 관련이 없다.

**17** "화력발전소의 ㉠은 발생 ㉡을 열량으로 환산한 값과 이것을 발생하기 위하여 소비된 ㉢의 보유열량 ㉣를 말한다". 빈칸 ㉠~㉣에 알맞은 말은?

① ㉠ 손실률 ㉡ 발열량 ㉢ 물 ㉣ 차
② ㉠ 발전량 ㉡ 증기량 ㉢ 연료 ㉣ 결과
③ ㉠ 열효율 ㉡ 전력량 ㉢ 연료 ㉣ 비
④ ㉠ 연료소비율 ㉡ 증기량 ㉢ 물 ㉣ 합

해설
화력발전소의 열효율은 발생전력량을 열량으로 환산한 값과 이것을 발생하기 위하여 소비된 연료의 보유열량의 비를 말한다.

**18** 터빈발전기의 과속도시 보호를 위해 비상 조속기를 설치한다. 정격속도의 몇 [%] 정도에서 동작하도록 조정되어 있는가?

① 5±1  ② 10±1
③ 20±1  ④ 25±1

해설
터빈의 비상 조속기는 정격회전수의 110±1[%]의 속도 상승에 동작하도록 세팅되어 있다.

정답    12 ②   13 ②   14 ③   15 ③   16 ①   17 ③   18 ②

**19** 중유 연소 기력발전소의 공기 과잉률은 대략 얼마인가?

① 0.05      ② 1.22

③ 2.38      ④ 3.45

해설

공기과잉률이란 실제 운전에서 흡입된 공기량을 이론상 완전연소에 필요한 공기량으로 나눈 값을 말한다. 중유의 공기 과잉률은 1에 가깝다.

**20** 기력발전소에서 과잉공기가 많아질 때의 현상으로 적당하지 않은 것은?

① 노 내의 온도가 낮아진다.

② 배기가스가 증가한다.

③ 연도손실이 커진다.

④ 불완전연소로 매연이 발생한다.

해설

과잉공기란 완전연소를 시키기 위한 이론공기보다 더 많은 공기량을 말한다.

**21** 가스터빈발전의 장점은?

① 효율이 가장 높은 발전방식이다.

② 기동시간이 짧아 첨두부하용으로 사용하기 용이하다.

③ 어떤 종류의 가스라도 연료로 사용이 가능하다.

④ 장기간 운전해도 고장이 적으며, 발전효율이 높다.

해설

가스터빈 발전소의 특징
• 구조가 간단하고, 건설비가 저렴하다.
• 기동시간이 짧고, 운전 조작이 간단하다.
• 냉각수가 적어도 되며, 열효율이 높고 보수가 용이
• 대출력형은 아니므로 첨두부하용 비상용 전원으로 적당

**22** 보일러 급수 중의 염류 등이 굳어서 내벽에 부착되어 보일러 열전도와 불의순환을 방해하며 내면의 수관벽을 과열시켜 파열을 일으키게 하는 원인이 되는 것은?

① 스케일      ② 부식

③ 포밍      ④ 캐리오버

해설

스케일
고형물질이 석출되어 보일러 내면에 부착되는 현상으로 보일러 열전도와 불의순환을 방해하며 내면의 수관벽을 과열시켜 파열을 일으키게 하는 원인이 된다.

**23** 기력발전소의 내의 보조기 중 예비기를 가장 필요로 하는 것은?

① 미분탄송입기

② 급수펌프

③ 강제통풍기

④ 급탄기

해설

설비고장으로 인한 정지를 대비해 급수펌프는 예비기를 필요로 한다.

# 원자력발전

## Chapter 12

# SECTION 12

# 원자력발전

## ① 원자력 발전의 원리

### 1. 원자력발전의 원리

원자력 발전은 우라늄의 핵분열을 이용해 열을 발생시켜 발생하는 열을 이용하여 고온 고압의 수증기를 만들며 이 수증기를 이용하여 터빈을 돌려 전기를 생산한다.

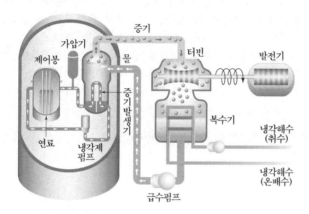

### 2. 원자력발전과 화력발전의 비교

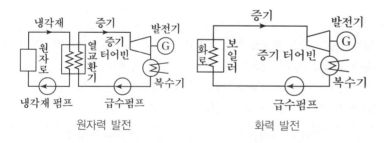

원자력 발전          화력 발전

(1) 화력발전과 비교해서 원자력발전은 출력밀도가 크므로 같은 출력이라면 소형화할 수 있다.

(2) 연료 등의 온도제한과 열전달 특성에 따라 발생하는 증기는 포화증기이므로 증기조건이 나빠서 열효율은 화력의 38~40[%]에 비해 33~35[%] 정도로 낮은 편이다.

(3) 원자력의 경우에는 연료인 우라늄 1[g]에서 석탄 3[t]에 해당하는 열에너지가 얻어지므로 원자력 발전에서는 연료의 수송, 저장, 장소에 관한 문제는 거의 없다.

### 핵심 NOTE

■ 기저부하용 발전소

기저부하용 발전소는 매일매일 일정한 부하에 전력을 공급하는 발전소로서 연부하율이 높은 발전소이다. 현재 우리나라에서는 원자력발전과 더불어 신예 석탄화력이 이를 담당하고 있다. 기저부하용 발전소의 요건은 아래와 같다.
• 건설비가 다소 증가하더라도 운전에 따른 통상경비가 적게 들 것
• 전부하 부근에서 열효율이 높을 것
• 연속운전에 의한 고장이 적을 것

■ 원자력발전소

(4) 핵연료에서는 천연우라늄과 농축우라늄을 쓰고 있는데 그 소모량이 적기 때문에 보통 1년 내지 수 년분을 한꺼번에 노장전해서 어느 일정한 기간마다 조금씩 새로운 연료와 교환하면서 사용할 수 있다.

(5) 화력발전에서는 사용이 끝난 연료는 석회가 되지만 원자력발전에서는 사용이 끝난 연료에서뿐 아니라 사용 중에도 핵반응을 통하여 새로운 연료가 계속 생산된다.

---

**예제문제** 원자력 발전의 특징

**1 원자력발전의 특징으로 적절하지 않은 것은?**

① 처음에는 과잉량의 핵연료를 넣고 그 후에는 조금씩 보급하면 되므로 연료의 수송기지와 저장 시설이 크게 필요하지 않다.

② 핵연료의 허용온도와 열전달특성 등에 의해서 증발 조건이 결정되므로 비교적 저온, 저압의 증기로 운전 된다.

③ 핵분열 생성물에 의한 방사선 장해와 방사선 폐기물이 발생하므로 방사선측정기, 폐기물처리장치 등이 필요하다.

④ 기력발전보다 발전소 건설비가 낮아 발전원가 면에서 유리하다.

**해설**
원자력 발전이 화력(기력)발전에 비해 건설비가 높다.

답 ④

---

## ② 원자력 발전의 구성

### 1. 핵연료

원자로에서 직접 핵분열을 일으키고 있는 부분을 노심이라고 하는데 이 속에 임계량 이상의 핵연료를 넣어서 연소, 즉 핵분열을 일으킨다.

(1) 핵연료의 종류 : 저농축우라늄, 고농축우라늄, 천연우라늄, 플루토늄

(2) 핵연료의 구비조건 및 우라늄 농축 방법

| 핵연료의 구비조건 | 우라늄 농축 방법 |
|---|---|
| • 중성자 흡수 단면적이 작을 것 | • 질량차를 이용하는 방법 |
| • 가볍고 밀도가 클 것 | • 열역학적 차를 이용하는 방법 |
| • 열전도율이 높을 것 | • 운동 속도의 차이를 이용하는 방법 |
| • 내부식성, 내방사성이 우수할 것 | • 원자 흡수 스펙트럼의 차이를 이용하는 방법 |

### 2. 감속재

원자로 내에서 핵분열로 발생한 고속중성자의 에너지를 떨어뜨려서 열중성자로 바꿔준다.

**■독작용**
원자로 운전 중에는 연료 내에 핵분열 생성물질이 축적된다. 이 핵분열 생성물 중에는 열중성의 흡수 단면적이 큰 것이 포함되어 있는데 이것이 원자로의 반응도를 저하시키는 작용을 독작용이라 한다.

(1) 감속재의 재료 : 경수($H_2O$), 중수($D_2O$), 흑연(C), (산화)베릴륨(Be)

(2) 감속재의 구비조건

- 원자량이 적은 원소일 것
- 중성자 흡수 단면적이 적을 것
- 감속비가 클 것(중수가 감속비가 가장 크다.)
- 내부식성, 가공성, 내열성, 내방사성이 우수할 것

## 3. 제어봉

원자로 내에서의 위치를 변화시켜서 원자로 내의 중성자를 적당히 흡수함으로써 열중성자가 연료에 흡수되는 비율을 제어(연쇄반응 제어)하기 위한 설비이다.

(1) 제어재의 재료 : 카드뮴(Cd), 하프늄(Hf), 붕소(B)

(2) 제어재의 구비조건

- 중성자 흡수 단면적이 클 것
- 열, 방사선, 냉각재에 안정할 것
- 적당한 열전도율을 가지고 가공이 용이할 것

## 4. 냉각재

원자로에서 발생한 에너지를 노 외부로 끄집어내기 위한 열매체로서 동시에 노 내의 온도를 적당한 값으로 유지해준다.

(1) 냉각재의 재료 : 경수($H_2O$), 중수($D_2O$), 헬륨(Be), 이산화탄소($CO_2$)

(2) 냉각재의 구비조건

- 비열 및 열전도도가 클 것
- 중성자 흡수 단면적이 적을 것
- 연료피복재, 감속재 등의 사이에서 화학반응이 적을 것
- 비등점이 높을 것, 고체를 사용할 경우에 저온에서 용융될 것

## 5. 반사체

핵분열로 발생한 고속 중성자 또는 열중성자가 원자로의 외부에 누출되는 것을 방지하기 위한 것이다.

- 반사체의 재료 : 경수($H_2O$), 중수($D_2O$), 흑연(C), (산화)베릴륨(Be)

## 6. 차폐재

원자로 내부의 방사선이 외부에 누출되는 것을 방지하기 위한 벽의 역할을 한다.

(1) 열차폐 : 중성자, $\gamma$선이 차폐재 내에 침입하는 것을 방지하여 차폐재 보호

(2) 생체차폐 : 고속중성자, $\gamma$선이 누출되는 것을 방지하여 인체 보호

■ 감속재 역할

감속재를 통과한 고속중성자는 속도가 느린 열중성자가 돼 핵분열이 일어나기 쉽다.

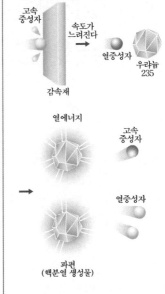

■ 제어봉

예제문제　감속재

**2** 원자로에서 핵분열로 발생한 고속 중성자를 열중성자로 바꾸는 작용을 하는 것은?

① 제어재　　　　　　　② 냉각재
③ 감속재　　　　　　　④ 반사재

해설
감속재는 핵분열에 의해 생긴 고속 중성자의 에너지를 열중성자로 감속시킨다.

답 ③

예제문제　제어봉

**3** 다음 중 원자로 내의 중성자 수를 적당하게 유지하기 위해 사용되는 제어봉의 재료로 알맞은 것은?

① 나트륨　　　　　　　② 베릴륨
③ 카드뮴　　　　　　　④ 경수

해설
원자로 내에서 핵분열시 연쇄반응을 제어하고 증배율을 변화시키기 위해 제어봉을 노심에 삽입하는 제어재로는 Hf, Cd, B, 은합금 등이 있다.

답 ③

## ③　원자로의 종류

### 1. 경수형 원자로(LWR)

경수형 원자로는 미국에서 개발된 것으로 가압수형 원자로 및 비등수형 원자로가 있다. 현재 실용화되어 각국에서 운전중에 있다. 연료는 자농 축우라늄을 사용하며, 감속재 및 냉각재는 경수($H_2O$)를 사용한다.

(1) 가압수형 원자로(PWR)

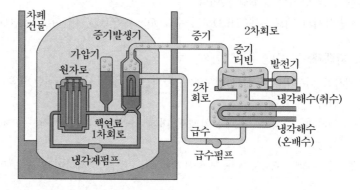

- 방사능을 띤 증기가 터빈측에 유입되지 않는다.
- 계통이 복잡하며, 용기 및 배관이 두꺼워진다.

(2) 비등수형 원자로(BWR)

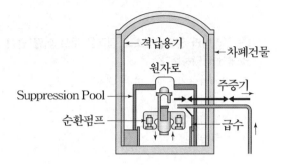

- 열교환기가 필요 없다.
- 소내용 동력은 적어도 된다.
- 노내의 물의 압력이 높지 않다.
- 노심 및 압력 용기가 커진다.
- 증기가 직접 터빈에 들어가기 때문에 누출을 적절히 방지해야 한다.

## 2. 고속 증식로(FBR)

현재 실용되는 원자로는 핵분열로 생긴 고속중성자를 감속재로 에너지를 없애고 열중성자로서 사용하는 열중성자원자로인데, 고속원자로는 핵연료에서 방출되는 고속중성자를 감속하지 않고 그대로 연쇄반응에 사용하는 형식이다. 고속증식로의 증식비는 1보다 크다.

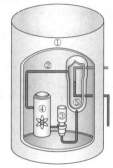

## SECTION 12

# 출제예상문제

**01 원자력발전의 특징으로 적절하지 않은 것은?**

① 처음에는 과잉량의 핵연료를 넣고 그 후에는 조금씩 보급하면 되므로 연료의 수송기지와 저장 시설이 크게 필요하지 않다.

② 핵연료의 허용온도와 열전달특성 등에 의해서 증발 조건이 결정되므로 비교적 저온, 저압의 증기로 운전 된다.

③ 핵분열 생성물에 의한 방사선 장해와 방사선 폐기물이 발생하므로 방사선측정기, 폐기물 처리장치 등이 필요하다.

④ 기력발전보다 발전소 건설비가 낮아 발전원가 면에서 유리하다.

해설
원자력 발전소는 기력발전소에 비해 건설비는 높지만 연료비가 적게 들기 때문에 발전원가에서 유리하다.

**02 원자력발전소와 화력발전소의 특성을 비교한 것 중 옳지 않은 것은?**

① 원자력발전소는 화력발전소의 보일러 대신 원자로와 열교환기를 사용한다.

② 원자력발전소의 건설비는 화력발전소에 비하여 낮다.

③ 동일 출력일 경우 원자력발전소의 터빈이나 복수기가 화력발전소에 비하여 대형이다.

④ 원자력발전소는 방사능에 대한 차폐 시설물의 투자가 필요하다.

해설
원자력발전소의 건설비는 화력발전소에 비해 많은 비용이 든다.

**03 우리나라 양수발전소의 입력은 주로 어떤 발전소에서 담당하는가?**

① 원자력발전소 및 화력 대용량 발전소

② 소수력발전소

③ 열병합발전소

④ MHD발전소

해설
심야, 경부하시에 원자력발전소 및 화력 대용량 발전소의 잉여전력을 양수발전소의 입력으로 사용하여 첨두부하시 사용하여 발전하는 발전소이다.

**04 원자력발전소에서 감속재로 사용되지 않는 것은?**

① 경수          ② 중수
③ 흑연          ④ 카드뮴

해설
감속재
• 빠른 고속중성자를 열중성자로 감속시키는 것
• 재료 : $D_2O$(중수), $H_2O$(경수), C(흑연), Be(베릴륨)

**05 원자로의 감속재가 구비하여야 할 사항으로 적합하지 않은 것은?**

① 중성자의 흡수 단면적이 적을 것

② 원자량이 큰 원소일 것

③ 중성자와의 충돌 확률이 높을 것

④ 감속비가 클 것

해설
감속재의 구비조건
• 중성자 흡수 단면적이 적을 것
• 감속비가 클 것
• 원자량이 작은 원소일 것

**06** 원자로의 감속재와 관련하여 거리가 먼 것은?

① 경수
② 감속 능력이 클 것
③ 원자 질량이 클 것
④ 고속 중성자를 열중성자로 바꾸는 작용

해설

감속재의 구비조건
• 중성자 흡수 단면적이 적을 것
• 감속비가 클 것
• 원자량이 작은 원소일 것

**07** 원자로의 제어재가 구비하여야 할 조건으로 틀린 것은?

① 중성자 흡수 단면적이 적을 것
② 높은 중성자속에서 장시간 그 효과를 간직할 것
③ 열과 방사선에 대하여 안정할 것
④ 내식성이 크고 기계적 가공이 용이할 것

해설

제어재
• 사용 목적 : 핵분열 반응을 조절하기 위하여 중성자 흡수
• 재료 : 카드뮴(Cd), 붕소(B), 하프늄(Hf)
• 구비조건
– 중성자 흡수 단면적이 클 것
– 냉각재에 대하여 내부식성이 있을 것
– 열과 방사능에 대하여 안정적일 것

**08** 원자로에서 카드뮴 봉(rod)에 대한 설명으로 옳은 것은?

① 생체차폐를 한다.
② 냉각재로 사용된다.
③ 감속재로 사용된다.
④ 핵분열 연쇄반응을 제어한다.

해설

원자로 내에서 핵분열시 연쇄반응을 제어하고 증배율을 변화시키기 위해 제어봉을 노심에 삽입하는 제어재로는 Hf, Cd, B, 은합금 등이 있다.

**09** 원자로 내에서 발생한 열에너지를 외부로 끄집어내기 위한 열매체를 무엇이라고 하는가?

① 반사체
② 감속재
③ 냉각재
④ 제어봉

해설

냉각재의 역할
원자로 내에서 발생한 열에너지를 외부로 끄집어내기 위한 열매체이다.

**10** 원자로의 냉각재가 갖추어야 할 조건이 아닌 것은?

① 열용량이 적을 것
② 중성자의 흡수가 적을 것
③ 열전도율 및 열전달 계수가 클 것
④ 방사능을 띠기 어려울 것

해설

냉각재의 종류와 구비조건
• 종류 : 경수($H_2O$), 중수($D_2O$), 나트륨(Na), 헬륨(He) 등
• 구비조건
– 중성자 흡수 면적이 적을 것
– 열용량이 클 것
– 열전달 특성이 좋을 것

**11** 다음 중 원자로 냉각재의 구비조건으로 적절하지 않은 것은?

① 비열이 클 것
② 중성자 흡수가 많을 것
③ 열전도도가 클 것
④ 유도방사능이 적을 것

해설

냉각재의 구비조건
• 중성자 흡수 단면적이 작을 것
• 열용량이 클 것(비열이 클 것)
• 유도방사능이 적을 것

정답   06 ③   07 ①   08 ④   09 ③   10 ①   11 ②

**12** 다음 중 핵연료의 특성으로 적합하지 않은 것은?

① 높은 융점을 가져야 한다.
② 낮은 열전도율을 가져야 한다.
③ 부식에 강해야 한다.
④ 방사선에 안정하여야 한다.

**해설**
핵연료가 갖추어야 할 특성
• 중성자 흡수 단면적이 작을 것
• 열전도율이 높을 것
• 방사선에 안정할 것
• 높은 융점을 가질 것

**13** 다음 중 원자로에서 독작용을 설명한 것으로 가장 알맞은 것은?

① 열중성자가 독성을 받는 것을 말한다.
② $_{54}Xe^{135}$ 와 $_{62}Sn^{149}$ 가 인체에 독성을 주는 작용이다.
③ 열중성자 이용률이 저하되고 반응도가 감소되는 작용을 말한다.
④ 방사성 물질이 생체에 유해작용을 하는 것을 말한다.

**해설**
원자로의 독작용
열중성자 이용률이 저하되고 반응도가 감소되는 작용을 말한다.

**14** 원자로의 주기란 무엇을 말하는 것인가?

① 원자로의 수명
② 원자로가 냉각 정지 상태에서 전 출력을 내는 데까지의 시간
③ 원자로가 임계에 도달하는 시간
④ 중성자의 밀도(flux)가 $\varepsilon = 2.718$ 배만큼 증가하는데 걸리는 시간

**해설**
원자로의 주기란 중성자 밀도($\varepsilon$)가 2.718배만큼 증가하는데 필요한 시간을 말한다.

**15** 비등수형 원자로의 특색에 대한 설명이 틀린 것은?

① 열교환기가 필요하다.
② 기포에 의한 자기 제어성이 있다.
③ 순환펌프로서는 급수펌프뿐이므로 펌프동력이 작다.
④ 방사능 때문에 증기는 완전히 기수분리를 해야 한다.

**해설**
비등수형 원자로
• 장 점
  – 건설비가 적게 든다.
  – 원자로는 노 내에서 물이 끓게 되어 있으므로 내부압력은 가압수형 원자로보다 낮다.
• 단점 : 직접 사이클의 노에서는 증기속에 방사성 물질이 섞이게 되므로 터빈 내부까지 방사능이 오염될 염려가 있다.(열교환기가 없기 때문에)

**16** PWR(Pressurized Water Reactor)형 발전용 원자로에서 감속재, 냉각재 및 반사체로서의 구실을 겸하여 주로 사용되고 있는 것은?

① 경수($H_2O$)
② 중수($D_2O$)
③ 흑연
④ 액체금속(Na)

**해설**
가압수형 원자로(PWR=Pressurized Water Reactor)
• 연료 : 저농축우라늄
• 감속재 및 냉각재 : 경수($H_2O$)
• 특징 : 냉각재의 물이 비등하지 않게끔 노 전체를 압력용기에 수용해서 노 내를 $160[kg/cm^2]$ 정도로 가압하고 있다.
• PWR 발전소는 증기발생기( = 열교환기)를 경유해서 1차와 2차로 나누어져 있다.

**정답**    12 ②    13 ③    14 ④    15 ①    16 ①

**17** 가압수형 동력용 원자로에 대한 설명으로 옳은 것은?

① 냉각재인 경수는 가압되지 않은 상태이므로 끓여서 높은 온도까지 올려야 한다.
② 노심에서 발생한 열은 가압된 경수에 의하여 열교환기에 운반된다.
③ 노심은 약 $100[kg/cm^2]$ 정도의 압력에 견딜 수 있는 압력 용기 안에 들어 있다.
④ 가압수형 원자로는 BWR이라고 한다.

해설
가압수형 원자로(PWR)
• 연료 : 저농축우라늄
• 감속재 및 냉각재 : 경수($H_2O$)
• 특징 : 냉각재의 물이 비등하지 않게끔 노 전체를 압력용기에 수용해서 노 내를 $160[kg/cm^2]$ 정도로 가압하고 있다.
• PWR 발전소는 증기발생기(＝열교환기)를 경유해서 1차와 2차로 나누어져 있다

**18** 다음 ( ① ), ( ② ), ( ③ )에 알맞은 것은?

원자력이란 일반적으로 무거운 원자핵이 핵분열하여 가벼운 핵으로 바뀌면서 발생하는 핵분열 에너지를 이용하는 것이고, ( ① ) 발전은 가벼운 원자핵을(과) ( ② ) 하여 무거운 핵으로 바뀌면서 ( ③ ) 전후의 질량결손에 해당하는 방출에너지를 이용하는 방식이다.

① ① 원자핵융합, ② 융합, ③ 결합
② ① 핵결합, ② 반응, ③ 융합
③ ① 핵융합, ② 융합, ③ 핵반응
④ ① 핵반응, ② 반응, ③ 결합

**19** 증식비가 1보다 큰 원자로는?

① 흑연로　　　　　② 중수로
③ 고속증식로　　　④ 경수로

해설
고속증식로의 증식비는 1보다 크다.

**20** 원자로에서 중성자가 원자로 외부로 유출되어 인체에 위험을 주는 것을 방지하고 방열의 효과를 주기 위한 것은?

① 제어재　　　　　② 차폐재
③ 반사체　　　　　④ 구조재

해설
차폐재
원자로에서 중성자가 원자로 외부로 유출되어 인체에 위험을 주는 것을 방지하고 방열의 효과를 주기 위한 것

**21** 우라늄 235($U^{235}$) 1g에서 얻을 수 있는 에너지는 일반적인 경우, 석탄 몇 톤 정도에서 얻을 수 있는 에너지에 상당하는가?

① 0.3　　　　　　② 0.5
③ 1　　　　　　　④ 3

해설
우라늄 235($U^{235}$) 1g에서 얻을 수 있는 에너지는 일반적인 경우, 석탄 3.3톤 정도 얻을 수 있는 에너지이다.

**22** 원자번호 92, 질량수 235인 우라늄 1[g]이 핵분열함으로써 발생하는 에너지는 $6000[kcal/kg]$의 발열량을 갖는 석탄 몇 [t]에 상당하는가? (단, 우라늄 1[g]이 발생하는 에너지는 약 $1965 \times 10^4$ [kcal]이다.)

① 3.3[t]　　　　　② 32.7[t]
③ 327.5[t]　　　　④ 3275[t]

해설
우라늄 1[g]이 핵분열함으로써 발생하는 에너지는 석탄 3.3[t]에 상당한다.

memo

Engineer Electricity
ustrial Engineer Electricity

# 과년도 기출문제

# Chapter 13

## 2019~2023

# 19

## 과년도기출문제(2019. 3. 3 시행)

**01** 송배전 선로에서 도체의 굵기는 같게 하고 도체간의 간격을 크게 하면 도체의 인덕턴스는?

① 커진다.
② 작아진다.
③ 변함이 없다.
④ 도체의 굵기 및 도체간의 간격과는 무관하다.

해설

$$L = 0.05 + 0.4605\log_{10}\frac{D}{r}[\text{mH/km}]$$

도체간 등가 선간거리 $D$가 커지면 인덕턴스 $L$또한 커진다.

**02** 동일전력을 동일 선간전압, 동일역률로 동일거리에 보낼 때 사용하는 전선의 총중량이 같으면 3상 3선식인 때와 단상 2선식일 때는 전력손실비는?

① 1
② $\dfrac{3}{4}$
③ $\dfrac{2}{3}$
④ $\dfrac{1}{\sqrt{3}}$

해설

전력이 동일하므로 $VI_1 = \sqrt{3}\,VI_3$ 전압은 양변이 약분된다.
$\therefore I_1 = \sqrt{3}\,I_3$
전선의 총중량이 같으므로 $2\sigma A_1 l = 3\sigma A_3 l$
$\therefore 2A_1 = 3A_3$
$R = \rho\dfrac{l}{A}$ 에서 전선의 단면적과 저항은 반비례관계에 있으므로 $\therefore 2R_3 = 3R_1$

$\dfrac{3상\ 전력손실}{단상\ 전력손실} = \dfrac{3I_3^2 R_3}{2I_1^2 R_1} = \dfrac{3I_3^2 R_3}{2\times(\sqrt{3}\,I_3)^2\times\frac{2}{3}R_3} = \dfrac{3}{4}$

**03** 배전반에 접속되어 운전 중인 계기용 변압기 (PT) 및 변류기(CT)의 2차측 회로를 점검할 때 조치사항으로 옳은 것은?

① CT만 단락시킨다.
② PT만 단락시킨다.
③ CT와 PT 모두를 단락시킨다.
④ CT와 PT 모두를 개방시킨다.

해설

PT와 CT 점검시 유의사항
• PT : 2차측 개방
• CT : 2차측 단락(2차측 절연 보호를 위해)

**04** 배전선로의 역률 개선에 따른 효과로 적합하지 않은 것은?

① 선로의 전력손실 경감
② 선로의 전압강하의 감소
③ 전원측 설비의 이용률 향상
④ 선로 절연의 비용 절감

해설

역률 개선효과
(1) 전력손실 경감
(2) 전력요금 감소
(3) 설비용량의 여유 증가
(4) 전압강하 경감

**05** 총 낙차 300[m], 사용수량 20[m³/s]인 수력 발전소의 발전기출력은 약 몇 [kW]인가? (단, 수차 및 발전기효율은 각각 90[%], 98[%]라 하고, 손실낙차는 총 낙차의 6[%]라고 한다.)

① 48750
② 51860
③ 54170
④ 54970

해설

유효낙차 : H = 총 낙차 - 총 손실낙차

$\therefore H = 300 - 300 \times 0.06 = 282 \text{[m]}$

수력발전의 출력 : $P = 9.8 Q H \eta$

$\qquad = 9.8 \times 20 \times 282 \times 0.9 \times 0.98$

$\qquad = 48750 \text{[kW]}$

---

**06** 수전단을 단락한 경우 송전단에서 본 임피던스가 $330[\Omega]$이고, 수전단을 개방한 경우 송전단에서 본 어드미턴스가 $1.875 \times 10^{-3}[\text{℧}]$일 때 송전단의 특성임피던스는 약 몇 $[\Omega]$인가?

① 120      ② 220

③ 320      ④ 420

해설

특성임피던스

$Z_0 = \sqrt{\dfrac{Z}{Y}} = \sqrt{\dfrac{330}{1.875 \times 10^{-3}}} = 420[\Omega]$

---

**07** 다중접지 계통에 사용되는 재폐로 기능을 갖는 일종의 차단기로서 과부하 또는 고장전류가 흐르면 순시동작하고, 일정시간 후에는 자동적으로 재폐로 하는 보호기기는?

① 라인퓨즈      ② 리클로저

③ 섹셔널라이저      ④ 고장구간 자동개폐기

해설

리클로저(recloser)

22.9[kV] 배전선로에 고장이 발생하였을 때 고장전류를 검출하여 지정된 시간 내에 고속차단하고 자동재폐로 동작을 수행하여 고장구간을 분리하거나 재송전하는 기능을 가진 차단기(변전소에 설치)

---

**08** 송전선 중간에 전원이 없을 경우에 송전단의 전압 $E_S = A E_R + B I_R$이 된다. 수전단의 전압 $E_R$의 식으로 옳은 것은? (단, $I_S$, $I_R$는 송전단 및 수전단의 전류이다.)

① $E_R = A E_S + C I_S$      ② $E_R = B E_S + A I_S$

③ $E_R = D E_S - B I_S$      ④ $E_R = C E_S - D I_S$

---

해설

$E_S = A E_R + B I_R$

양변에 $D$를 곱하면 $D E_S = D A E_R + B D I_R \cdots$ ㉠

$I_S = C E_R + D I_R$

양변에 $B$를 곱하면 $B I_S = B C E_R + B D I_R \cdots$ ㉡

㉠ - ㉡ $= D A E_R + D B I_R - (B C E_R + B D I_R)$

$\qquad \rightarrow D E_S - B I_S = D A E_R - B C E_R$

$\qquad \rightarrow (AD - BC) E_R = E_R$

$\therefore E_R = D E_S - B I_S$

---

**09** 비접지식 3상 송배전계통에서 1선 지락고장 시 고장전류를 계산하는데 사용되는 정전용량은?

① 작용정전용량      ② 대지정전용량

③ 합성정전용량      ④ 선간정전용량

해설

비접지방식의 지락전류

$I_g = j3\omega C_s E = j\sqrt{3}\,\omega C_s V \text{[A]}$

여기서, $C_s$는 대지정전용량, $E$는 대지전압, $V$는 선간전압을 나타낸다.

---

**10** 비접지 계통의 지락사고 시 계전기에 영상전류를 공급하기 위하여 설치하는 기기는?

① PT      ② CT

③ ZCT      ④ GPT

해설

지락 사고시 고장분을 검출하기 위해 동작하는 계전기

• 영상전류 검출 : ZCT(영상 변류기)

• 영상전압 검출 : GPT(접지형 계기용변압기)

---

**11** 이상전압의 파고값을 저감시켜 전력사용설비를 보호하기 위하여 설치하는 것은?

① 초호환      ② 피뢰기

③ 계전기      ④ 접지봉

---

**해설**
피뢰기의 역할
방전전류를 흘려 뇌전압의 파고값을 저감시키고 속류를 억제시킨다.

**12** 임피던스 $Z_1$, $Z_2$ 및 $Z_3$을 그림과 같이 접속한 선로의 A 쪽에서 전압파 $E$가 진행해 왔을 때 접속점 B에서 무반사로 되기 위한 조건은?

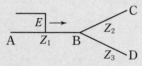

① $Z_1 = Z_2 + Z_3$
② $\dfrac{1}{Z_3} = \dfrac{1}{Z_1} + \dfrac{1}{Z_2}$
③ $\dfrac{1}{Z_1} = \dfrac{1}{Z_2} + \dfrac{1}{Z_3}$
④ $\dfrac{1}{Z_2} = \dfrac{1}{Z_1} + \dfrac{1}{Z_3}$

**해설**
무반사 조건은 진행파와 투과파를 같게 해주어야 하며 진행파와 투과파의 파동임피던스를 갖게 해주어야 한다.
$$\frac{1}{Z_1} = \frac{1}{Z_2} + \frac{1}{Z_3} \ , \ Z_1 = \frac{1}{\dfrac{1}{Z_2} + \dfrac{1}{Z_3}}$$

**13** 저압뱅킹방식에서 저전압의 고장에 의하여 건전한 변압기의 일부 또는 전부가 차단되는 현상은?

① 아킹(Arcing)
② 플리커(Flicker)
③ 밸런스(Balance)
④ 캐스케이딩(Cascading)

**해설**
저압뱅킹 배전방식에서 가장 큰 특징은 캐스케이딩(Cascading) 현상으로, 저압선의 고장에 의하여 건전한 변압기 일부 또는 전부가 차단되는 현상이다.

**14** 변전소의 가스차단기에 대한 설명으로 틀린 것은?

① 근거리 차단에 유리하지 못하다.
② 불연성이므로 화재의 위험성이 적다.
③ 특고압 계통의 차단기로 많이 사용된다.
④ 이상전압의 발생이 적고, 절연회복이 우수하다.

**해설**
가스차단기는 변압기의 여자전류차단과 같은 소전류 차단에도 안정된 차단이 가능하다. 또한, 가스차단기는 과전압의 발생이 적고, 아크 소멸 후 절연회복이 매우 우수하여 근거리선로 고장, 탈조차단, 이상지락 등의 가혹한 조건에서도 강하다.

**15** 켈빈(Kelvin)의 법칙이 적용되는 경우는?

① 전압 강하를 감소시키고자 하는 경우
② 부하 배분의 균형을 얻고자 하는 경우
③ 전력 손실량을 축소시키고자 하는 경우
④ 경제적인 전선의 굵기를 선정하고자 하는 경우

**해설**
경제적인 전선의 굵기를 선정할 경우 켈빈의 법칙(Kelvin's law)을 이용하여 선정한다.

**16** 보호계전기의 반한시·정한시 특성은?

① 동작전류가 커질수록 동작시간이 짧게 되는 특성
② 최소 동작전류 이상의 전류가 흐르면 즉시 동작하는 특성
③ 동작전류의 크기에 관계없이 일정한 시간에 동작하는 특성
④ 동작전류가 커질수록 동작시간이 짧아지며, 어떤 전류 이상이 되면 동작전류의 크기에 관계없이 일정한 시간에서 동작하는 특성

**해설**
반한시·정한시 계전기
어느 전류값까지는 반한시성지만 그 이상이 되면 정한시성으로 동작하는 계전기이다.

**17** 단도체 방식과 비교할 때 복도체 방식의 특징이 아닌 것은?

① 안정도가 증가된다.
② 인덕턴스가 감소된다.
③ 송전용량이 증가된다.
④ 코로나 임계전압이 감소된다.

해설

복도체 방식의 특징
• 안정도 향상
• 인덕턴스 감소
• 송전용량 증가
• 유도장해 억제
• 코로나 임계전압 상승

**18** 1선 지락 시에 지락전류가 가장 작은 송전계통은?

① 비접지식
② 직접접지식
③ 저항접지식
④ 소호리액터접지식

해설

| 항목 \ 종류 | 직접접지 | 소호리액터 |
|---|---|---|
| 건전상의 전위 상승 | 최저 | 최대 |
| 절연레벨 | 최저 | 최대 |
| 지락전류 | 최대 | 최소 |

**19** 수차의 캐비테이션 방지책으로 틀린 것은?

① 흡출수두를 증대시킨다.
② 과부하 운전을 가능한 한 피한다.
③ 수차의 비속도를 너무 크게 잡지 않는다.
④ 침식에 강한 금속재료로 러너를 제작한다.

해설

흡출수두를 증대시키면 수차의 캐비테이션 현상은 더 심해진다.

**20** 선간전압이 154[kV]이고, 1상당의 임피던스가 $j8[\Omega]$인 기기가 있을 때, 기준용량을 100[MVA]로 하면 % 임피던스는 약 몇 [%]인가?

① 2.75
② 3.15
③ 3.37
④ 4.25

해설

$$\%Z = \frac{PZ}{10\,V^2} = \frac{100 \times 10^3 \times 8}{10 \times 154^2} = 3.37[\%]$$

정답    17 ④    18 ④    19 ①    20 ③

# 19 과년도기출문제(2019. 4. 27 시행)

## 01 직류 송전방식에 관한 설명으로 틀린 것은?

① 교류 송전방식보다 안정도가 낮다.
② 직류계통과 연계 운전 시 교류계통의 차단용량은 작아진다.
③ 교류 송전방식에 비해 절연계급을 낮출 수 있다.
④ 비동기 연계가 가능하다.

해설

직류송전방식의 장·단점

| 장점 | 단점 |
|---|---|
| • 절연계급을 낮출 수 있다. | • 변압이 어렵다. |
| • 효율, 안정도가 높다. | • 전류차단이 어렵다. |
| • 비동기 연계가 가능하다. | • 회전자계를 얻기 어렵다. |
| • 역률이 항상 1이다. | |

## 02 유효낙차 $100[\mathrm{m}]$, 최대사용수량 $20[\mathrm{m^3/s}]$, 수차효율 $70[\%]$인 수력발전소의 연간 발전전력량은 약 몇 $[\mathrm{kWh}]$인가? (단, 발전기의 효율은 $85[\%]$라고 한다.)

① $2.5 \times 10^7$
② $5 \times 10^7$
③ $10 \times 10^7$
④ $20 \times 10^7$

해설

수력발전의 출력 : $P = 9.8QH\eta\,[\mathrm{kW}]$
$P = 9.8 \times 100 \times 20 \times 0.7 \times 0.85 = 11662\,[\mathrm{kW}]$
연간 발전전력량 $W = P \times T = 11662 \times 8760 \fallingdotseq 10 \times 10^7$

## 03 일반 회로정수가 $A$, $B$, $C$, $D$이고 송전단 전압이 $E_S$인 경우 무부하시 수전단 전압은?

① $\dfrac{E_S}{A}$
② $\dfrac{E_S}{B}$
③ $\dfrac{A}{C}E_S$
④ $\dfrac{C}{A}E_S$

해설

$E_S = AE_r + BI_r$에서 무부하시 $I_r = 0$,

$E_s = AE_r$, $E_r = \dfrac{E_s}{A}$

## 04 한 대의 주상변압기에 역률(뒤짐) $\cos\theta_1$, 유효전력 $P_1[\mathrm{kW}]$의 부하와 역률(뒤짐) $\cos\theta_2$, 유효전력 $P_2[\mathrm{kW}]$의 부하가 병렬로 접속되어 있을 때 주상변압기 2차 측에서 본 부하의 종합역률은 어떻게 되는가?

① $\dfrac{P_1 + P_2}{\dfrac{P_1}{\cos\theta_1} + \dfrac{P_2}{\cos\theta_2}}$

② $\dfrac{P_1 + P_2}{\dfrac{P_1}{\sin\theta_1} + \dfrac{P_2}{\sin\theta_2}}$

③ $\dfrac{P_1 + P_2}{\sqrt{(P_1 + P_2)^2 + (P_1\tan\theta_1 + P_2\tan\theta_2)^2}}$

④ $\dfrac{P_1 + P_2}{\sqrt{(P_1 + P_2)^2 + (P_1\sin\theta_1 + P_2\sin\theta_2)^2}}$

해설

$P_1$과 $P_2$의 무효전력은 각각 $P_1\tan\theta_1$, $P_2\tan\theta_2$ 이므로

종합역률 $= \dfrac{\text{유효전력의 총 합}}{\sqrt{(\text{유효전력의 총 합})^2 + (\text{무효전력의 총 합})^2}}$

$= \dfrac{P_1 + P_2}{\sqrt{(P_1 + P_2)^2 + (P_1\tan\theta_1 + P_2\tan\theta_2)^2}}$

## 05 옥내배선의 전선 굵기를 결정할 때 고려해야 할 사항으로 틀린 것은?

① 허용전류
② 전압강하
③ 배선방식
④ 기계적강도

정답
01 ① 02 ③ 03 ① 04 ③ 05 ③

**해설**

경제적인 전선의 굵기를 선정할 경우 켈빈의 법칙(Kelvin's law)을 이용하여 계산한다. 한편, 전선의 굵기를 선정할 경우 고려해야 할 사항은 허용전류, 전압강하, 기계적 강도이며, 가장 중요한 것은 허용전류이다.

**06** 선택 지락 계전기의 용도를 옳게 설명한 것은?

① 단일 회선에서 지락고장 회선의 선택 차단
② 단일 회선에서 지락전류의 방향 선택 차단
③ 병행 2회선에서 지락고장 회선의 선택 차단
④ 병행 2회선에서 지락고장의 지속시간 선택 차단

**해설**

선택지락계전기란 다회선 사용시 지락고장회선만을 선택하여 신속히 차단할 수 있도록 하는 계전기이다.

**07** 33[kV] 이하의 단거리 송배전선로에 적용되는 비접지 방식에서 지락전류는 다음 중 어느 것을 말하는가?

① 누설전류
② 충전전류
③ 뒤진전류
④ 단락전류

**해설**

비접지방식의 지락전류
$I_g = j3\omega C_s E = j\sqrt{3}\omega C_s V[A]$
여기서, $C_s$는 대지정전용량, $E$는 대지전압, $V$는 선간전압을 나타내며, 지락전류는 진상전류(=충전전류)로서 $90°$ 위상이 앞선전류가 흐른다.

**08** 터빈(turbine)의 임계속도란?

① 비상조속기를 동작시키는 회전수
② 회전자의 고유 진동수와 일치하는 위험 회전수
③ 부하를 급히 차단하였을 때의 순간 최대 회전수
④ 부하 차단 후 자동적으로 정정된 회전수

**해설**

터빈의 임계속도
회전자의 고유 진동수와 일치하는 위험 회전수로, 터빈의 속도조정시 임계속도에 도달하지 않아야 한다.

**09** 공통 중성선 다중 접지방식의 배전선로에서 Recloser(R), Sectionalizer(S), Line fuse(F)의 보호협조가 가장 적합한 배열은? (단, 보호협조는 변전소를 기준으로 한다.)

① S - F - R
② S - R - F
③ F - S - R
④ R - S - F

**해설**

보호협조
변전소 차단기 → 리클로저 → 섹셔너라이저 → 라인퓨즈

**10** 송전선의 특성임피던스와 전파정수는 어떤 시험으로 구할 수 있는가?

① 뇌파시험
② 정격부하시험
③ 절연강도 측정시험
④ 무부하시험과 단락시험

**해설**

특성임피던스 $Z_0 = \sqrt{\dfrac{Z}{Y}}$

전파정수 $\gamma = \sqrt{ZY}$ 이며

특성임피던스는 단락시험, 어드미턴스는 무부하시험으로 구할 수 있다.

**11** 단도체 방식과 비교하여 복도체 방식의 송전선로를 설병한 것으로 틀린 것은?

① 선로의 송전용량이 증가된다.
② 계통의 안정도를 증진시킨다.
③ 전선의 인덕턴스가 감소하고, 정전용량이 증가된다.
④ 전선 표면의 전위경도가 저감되어 코로나 임계전압을 낮출 수 있다.

**해설**

복도체 방식의 장·단점

| 장점 | 단점 |
|---|---|
| $L$감소, $C$증가 | 패란티 현상 |
| 송전용량 증가 | 진동현상 우려 |
| 안정도 향상 | 도체간 충돌 |
| 코로나 손실감소 | |
| 유도장해 억제 | |

**정답**    06 ③    07 ②    08 ②    09 ④    10 ④    11 ④

**12** 10000[kVA] 기준으로 등가 임피던스가 0.4[%]인 발전소에 설치될 차단기의 차단용량은 몇 [MVA]인가?

① 1000　　② 1500
③ 2000　　④ 2500

해설
차단기의 차단용량
$$P_s = \frac{100}{\%Z} \times P_n = \frac{100}{0.4} \times 10 = 2500[\text{MVA}]$$

**13** 고압 배전선로 구성방식 중, 고장 시 자동적으로 고장개소의 분리 및 건전선로에 폐로하여 전력을 공급하는 개폐기를 가지며, 수요 분포에 따라 임의의 분기선으로부터 전력을 공급하는 방식은?

① 환상식　　② 망상식
③ 뱅킹식　　④ 가지식(수지식)

해설
환상식(loop)
간선을 환상으로 구성하여 양방향에서 전력을 공급하는 방식으로 고장시 자동적으로 고장개소를 분리하여 정전범위를 축소시킨다. 부하밀집지역에 사용된다.

**14** 중거리 송전선로의 T 형 회로에서 송전단 전류 $I_s$는? (단, $Z$, $Y$는 선로의 직렬 임피던스와 병렬 어드미턴스이고, $E_r$은 수전단 전압, $I_r$은 수전단 전류이다.)

① $E_r(1+\frac{ZY}{2}) + ZI_r$
② $I_r(1+\frac{ZY}{2}) + E_r Y$
③ $E_r(1+\frac{ZY}{2}) + ZI_r(1+\frac{ZY}{4})$
④ $I_r(1+\frac{ZY}{2}) + E_r Y(1+\frac{ZY}{4})$

해설
T형 선로의 4단자 정수
$$\begin{bmatrix} A & B \\ C & D \end{bmatrix} = \begin{bmatrix} 1+\frac{ZY}{2} & Z(1+\frac{ZY}{4}) \\ Y & 1+\frac{ZY}{2} \end{bmatrix}$$
$$\begin{bmatrix} E_s \\ I_s \end{bmatrix} = \begin{bmatrix} A & B \\ C & D \end{bmatrix} \begin{bmatrix} E_r \\ I_r \end{bmatrix} \qquad I_s = CE_r + DI_r[\text{A}]$$
$$I_s = I_r(1+\frac{ZY}{2}) + E_r Y[\text{A}]$$

**15** 전력계통 연계 시의 특징으로 틀린 것은?

① 단락전류가 감소한다.
② 경제 급전이 용이하다.
③ 공급신뢰도가 향상된다.
④ 사고 시 다른 계통으로의 영향이 파급될 수 있다.

해설
계통연계시 장점
• 배후전력이 커지고 사고범위가 넓다.
• 유도장해 발생률이 높다.
• 단락전류가 증가한다. (단락용량 증대)
• 첨두부하가 저감되며 공급예비력이 절감된다.
• 안정도가 높고 공급신뢰도가 향상된다.

**16** 아킹혼(Arcing Horn)의 설치 목적은?

① 이상전압 소멸
② 전선의 진동방지
③ 코로나 손실방지
④ 섬락사고에 대한 애자보호

해설
아킹혼은 애자련을 보호하거나 전선을 보호할 목적으로 사용된다.

**17** 변전소에서 접지를 하는 목적으로 적절하지 않은 것은?

① 기기의 보호
② 근무자의 안전
③ 차단 시 아크의 소호
④ 송전시스템의 중성점 접지

해설

변전소의 접지 목적
• 고장전류로부터 기기 보호
• 단근무자의 감전사고 및 설비의 화재사고 방지
• 보호 계전기의 확실한 동작 확보 및 전위상승 억제

**18** 그림과 같은 2기 계통에 있어서 발전기에서 전동기로 전달되는 전력 $P$는?
(단, $X = X_G + X_L + X_M$ 이고 $E_G$, $E_M$은 각각 발전기 및 전동기의 유기기전력, $\delta$는 $E_G$와 $E_M$ 간의 상차각이다.)

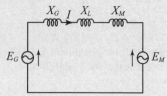

① $P = \dfrac{E_G}{XE_M} \sin\delta$   ② $P = \dfrac{E_G E_M}{X} \sin\delta$

③ $P = \dfrac{E_G E_M}{X} \cos\delta$   ④ $P = XE_G E_M \cos\delta$

해설

송전용량 일반식 : $P = \dfrac{V_s V_r}{X} \sin\delta$

**19** 변전소, 발전소 등에 설치하는 피뢰기에 대한 설명 중 틀린 것은?

① 방전전류는 뇌충격전류의 파고값으로 표시한다.
② 피뢰기의 직렬갭은 속류를 차단 및 소호하는 역할을 한다.
③ 정격전압은 상용주파수 정현파 전압의 최고 한도를 규정한 순시값이다.
④ 속류란 방전현상이 실질적으로 끝난 후에도 전력계통에서 피뢰기에 공급되어 흐르는 전류를 말한다.

해설

피뢰기 정격전압
속류를 차단할 수 있는 최고의 교류 전압

**20** 부하역률이 $\cos\theta$인 경우 배전선로의 전력손실은 같은 크기의 부하전력으로 역률이 1인 경우의 전력손실에 비하여 어떻게 되는가?

① $\dfrac{1}{\cos\theta}$   ② $\dfrac{1}{\cos^2\theta}$

③ $\cos\theta$   ④ $\cos^2\theta$

해설

전력손실 $P_l = \dfrac{P^2 R}{V^2 \cos^2\theta}$, $P_l \propto \dfrac{1}{\cos^2\theta}$

정답  17 ③  18 ②  19 ③  20 ②

# 19 과년도기출문제(2019. 8. 4 시행)

**01** 플리커 경감을 위한 전력 공급측의 방안이 아닌 것은?

① 공급전압을 낮춘다.
② 전용 변압기로 공급한다.
③ 단독 공급계통을 구성한다.
④ 단락용량이 큰 계통에서 공급한다.

해설

**플리커 방지대책**
• 공급전압을 격상한다.
• 플리커를 발생하는 동유 부하는 독립된 주상 변압기로부터 직접 공급하도록 설계한다.
• 내부 임피던스가 작은 대용량의 변압기를 선정한다.
• 저압 배전선을 굵은 전선으로 바꾸어 준다.
• 저압 뱅킹 또는 저압 네트워크방식을 채용한다.

**02** 수력발전설비에서 흡출관을 사용하는 목적으로 옳은 것은?

① 압력을 줄이기 위하여
② 유효낙차를 늘리기 위하여
③ 속도변동률을 적게 하기 위하여
④ 물의 유선을 일정하게 하기 위하여

해설

**흡출관**
반동수차방식에서 흡출관이 사용되며 유효낙차를 늘린다.

**03** 원자로에서 중성자가 원자로 외부로 유출되어 인체에 위험을 주는 것을 방지하고 방열의 효과를 주기 위한 것은?

① 제어재          ② 차폐재
③ 반사체          ④ 구조재

해설

**차폐재**
원자로 내부의 방사선이 외부에 누출되는 것을 방지하기 위한 벽의 역할을 한다.

**04** 역률 80[%], 500[kVA]의 부하설비에 100[kVA]의 진상용 콘덴서를 설치하여 역률을 개선하면 수전점에서의 부하는 약 몇 [kVA]가 되는가?

① 400          ② 425
③ 450          ④ 475

해설

• 역률 개선 전 무효전력
$500 \times \sqrt{1-0.8^2} = 500 \times 0.6 = 300[\text{kVar}]$
역률 개선 후 무효전력 : $300-100 = 200[\text{kVar}]$
유효전력은 $500 \times 0.8 = 400[\text{kW}]$ 이므로
• 역률 개선 후 수전점에서의 부하
$\sqrt{(\text{유효전력})^2 + (\text{역률개선 후 무효전력})^2}$
$= \sqrt{400^2 + 200^2} = 447.21 ≒ 450[\text{kVA}]$

**05** 변성기의 정격부담을 표시하는 단위는?

① W          ② S
③ dyne          ④ VA

해설

변성기의 정격부담은 변성기 2차측 단자에 연결 가능한 부하용량의 한도이며, 단위는 [VA]이다.

**06** 같은 선호와 같은 부하에서 교류 단상 3선식은 단상 2선식에 비하여 전압강하와 배전효율이 어떻게 되는가?

① 전압강하는 적고, 배전효율은 높다.
② 전압강하는 크고, 배전효율은 낮다.
③ 전압강하는 적고, 배전효율은 낮다.
④ 전압강하는 크고, 배전효율은 높다.

해설

| 구분 | 단상2선식 | 단상3선식 |
|------|-----------|-----------|
| 공급전력 | 100[%] | 133[%] |
| 선로전류 | 100[%] | 50[%] |
| 전력손실 | 100[%] | 25[%] |
| 전선량 | 100[%] | 37.5[%] |

## 07 부하전류의 차단에 사용되지 않는 것은?

① DS
② ACB
③ OCB
④ VCB

해설

단로기(DS)
단로기는 부하전류의 개폐를 하지 않는 것이 원칙이다.
또한, 단로기는 차단기와는 다르게 아크소호 능력이 없다.

## 08 인터록(interlock)의 기능에 대한 설명으로 옳은 것은?

① 조작자의 의중에 따라 개폐되어야 한다.
② 차단기가 열려 있어야 단로기를 닫을 수 있다.
③ 차단기가 닫혀 있어야 단로기를 닫을 수 있다.
④ 차단기와 단로기를 별도로 닫고, 열 수 있어야 한다.

해설

인터록
고장전류나 부하전류가 흐르고 있는 경우에는 단로기로 선로를 개폐하거나 차단이 불가능하다. 무부하상태의 조건을 만족하게 되면 단로기는 조작이 가능하게 되며 그 이외에는 단로기를 조작할 수 없도록 시설하는 것을 인터록이라 한다.

## 09 각 전력계통을 연계선으로 상호 연결하였을 때 장점으로 틀린 것은?

① 건설비 및 운전경비를 절감하므로 경제급전이 용이하다.
② 주파수의 변화가 작아진다.
③ 각 전력계통의 신뢰도가 증가된다.
④ 선로 임피던스가 증가되어 단락전류가 감소된다.

해설

전력계통 연계시 장·단점
- 장점
  • 계통 전체에 대한 신뢰도가 증가한다.
  • 전력운용의 융통성이 커져서 설비용량이 감소한다.
  • 부하 변동에 의한 주파수 변동이 작아지므로 안정된 주파수 유지가 가능하다.
  • 건설비, 운전비용 절감에 의한 경제급전이 가능하다.

- 단점
  • 선로의 임피던스가 감소하여 단락전류가 증가한다.
  • 사고시 타 계통으로의 고장이 파급될 우려가 크다.
  • 사고시 단락전류가 증대되어 통신선에 유도장해 초래할 수 있다.

## 10 연가에 의한 효과가 아닌 것은?

① 직렬공진의 방지
② 대지정전용량의 감소
③ 통신선의 유도장해 감소
④ 선로정수의 평형

해설

선로 도중에 개폐소나 연가용 철탑을 이용하여 각 상의 위치를 서로 바꿔주는 것을 연가라고 한다.
• 연가의 목적 : 선로정수 평형
• 연가의 효과 : 직렬공진 방지, 통신선의 유도장해 감소

## 11 가공지선에 대한 설명 중 틀린 것은?

① 유도뢰 서지에 대하여도 그 가설구간 전체에 사고방지의 효과가 있다.
② 직격뢰에 대하여 특히 유효하며 탑 상부에 시설하므로 뇌는 주로 가공지선에 내습한다.
③ 송전선의 1선 지락 시 지락전류의 일부가 가공지선에 흘러 차폐작용을 하므로 전자유도장해를 적게 할 수 있다.
④ 가공지선 때문에 송전선로의 대지정전용량이 감소하므로 대지사이에 방전할 때 유도전압이 특히 커서 차폐 효과가 좋다.

해설

• 가공지선의 설치목적 : 직격뢰로부터 송전선로를 보호하기 위하여 지지물의 최상단에 설치
• 효과 : 직격뢰 차폐, 유도뢰 차폐, 통신선의 유도장해 차폐

## 12 케이블의 전력 손실과 관계가 없는 것은?

① 철손                ② 유전체손
③ 시스손              ④ 도체의 저항손

**해설**

케이블의 전력 손실에는 저항손, 유전체손, 시스손이 있다.

## 13 전압요소가 필요한 계전기가 아닌 것은?

① 주파수 계전기
② 동기탈조 계전기
③ 지락 과전류 계전기
④ 방향성 지락 과전류 계진기

**해설**

지락 과전류 계전기는 지락 사고시 일정 기준 이상의 전류
가 흐를 때 동작하는 계전기로, 전압요소가 필요하지 않다.
단, 방향성 지락 과전류 계전기는 영상전압을 기준으로 영
상 전류의 방향에 따라 동작하기 때문에 전압 요소가 포함
되어 있다.

## 14 다음 중 송전선로의 코로나 임계전압이 높아지는 경우가 아닌 것은?

① 날씨가 맑다.
② 기압이 높다
③ 상대공기밀도가 낮다.
④ 전선의 반지름과 선간거리가 크다.

**해설**

코로나 임계전압 상승 요인(코로나 손실감소)으로는 날씨가
맑은 날, 상대공기밀도가 높은 경우(기압이 높고 온도가 낮
은 경우), 전선의 직경이 큰 경우이다. 코로나 발생 방지에
가장 우수한 해결책으로는 복도체를 사용하는 것이다.

## 15 가공선 계통은 지중선 계통보다 인덕턴스 및 정전용량이 어떠한가?

① 인덕턴스, 정전용량이 모두 작다.
② 인덕턴스, 정전용량이 모두 크다.
③ 인덕턴스는 크고, 정전용량은 작다.
④ 인덕턴스는 작고, 정전용량은 크다.

**해설**

가공선과 지중선의 인덕턴스 및 정전용량

| 구 분 | 인덕턴스(L) | 정전용량(C) |
|-------|------------|------------|
| 가공선 | 크다 | 작다 |
| 지중선 | 작다 | 크다 |

## 16 3상 무부하 발전기의 1선 지락 고장 시에 흐르는 지락 전류는? (단, $E$는 접지된 상의 무부하 기전력이고, $Z_0$, $Z_1$, $Z_2$는 발전기의 영상, 정상, 역상 임피던스이다.)

① $\dfrac{E}{Z_0 + Z_1 + Z_2}$   ② $\dfrac{\sqrt{3}\,E}{Z_0 + Z_1 + Z_2}$

③ $\dfrac{3E}{Z_0 + Z_1 + Z_2}$   ④ $\dfrac{E^2}{Z_0 + Z_1 + Z_2}$

**해설**

1선지락사고 및 지락전류($I_g$)

$a$상이 지락시 $I_b = I_c = 0$, $V_a = 0$

$I_0 = I_1 = I_2 = \dfrac{1}{3}I_a = \dfrac{1}{3}I_g = \dfrac{E_a}{Z_0 + Z_1 + Z_2}$ [A]

$I_0 = I_1 = I_2 \neq 0$

$I_g = 3I_0 = \dfrac{3E_a}{Z_0 + Z_1 + Z_2}$ [A]

**17** 송전선의 특성임피던스는 저항과 누설 컨덕턴스를 무시하면 어떻게 표현되는가? (단, $L$은 선로의 인덕턴스, $C$는 선로의 정전용량이다.)

① $\sqrt{\dfrac{L}{C}}$

② $\sqrt{\dfrac{C}{L}}$

③ $\dfrac{L}{C}$

④ $\dfrac{C}{L}$

해설
특성임피던스($Z_0$)

$$Z_0 = \sqrt{\frac{Z}{Y}} = \sqrt{\frac{R+j\omega L}{G+j\omega C}} = \sqrt{\frac{L}{C}}\,[\Omega]$$

**18** 전력 원선도에서는 알 수 없는 것은?

① 송수전할 수 있는 최대전력
② 선로 손실
③ 수전단 역률
④ 코로나손

해설

| 전력 원선도에서<br>알 수 있는 사항 | 전력 원선도에서<br>알 수 없는 사항 |
|---|---|
| • 송·수전단 전압간의 상차각 | • 과도안정 극한전력 |
| • 송·수전할 수 있는 최대전력 | • 코로나 손실 |
| • 선로손실, 송전효율 | • 도전율 |
| • 수전단의 역률, 조상용량 | • 충전전류 |

**19** 수력발전소의 분류 중 낙차를 얻는 방법에 의한 분류 방법이 아닌 것은?

① 댐식 발전소
② 수로식 발전소
③ 양수식 발전소
④ 유역 변경식 발전소

해설
• 낙차를 얻는 방법에 따른 분류 : 수로식, 댐식, 댐수로식, 유역변경식
• 유량의 사용방법에 따른 분류 : 역조정지식, 저수지식, 양수식

**20** 어느 수용가의 부하설비는 전등설비가 500[W], 전열설비가 600[W], 전동기 설비가 400[W], 기타설비가 100[W]이다. 이 수용가의 최대수용전력이 1200[W]이면 수용률은 몇 [%]인가?

① 55
② 65
③ 75
④ 85

해설

$$\text{수용률} = \frac{\text{최대수용전력[kW]}}{\text{부하설비용량[kW]}} \times 100$$

$$= \frac{1200}{500+600+400+100} \times 100 = 75[\%]$$

정답    17 ①    18 ④    19 ③    20 ③

# 20 과년도기출문제(2020. 6. 6 시행)

**01** 중성점 직접접지방식의 발전기가 있다. 1선 지락 사고 시 지락전류는? (단, $Z_1$, $Z_1$, $Z_0$는 각각 정상, 역상, 영상 임피던스이며, $E_a$는 지락된 상의 무부하 기전력이다.)

① $\dfrac{E_a}{Z_0 + Z_1 + Z_2}$  ② $\dfrac{Z_1 E_a}{Z_0 + Z_1 + Z_2}$

③ $\dfrac{3E_a}{Z_0 + Z_1 + Z_2}$  ④ $\dfrac{Z_0 E_a}{Z_0 + Z_1 + Z_2}$

해설

1선지락사고 및 지락전류($I_g$)

$a$상이 지락시 $I_b = I_c = 0$, $V_a = 0$

$I_0 = I_1 = I_2 = \dfrac{1}{3}I_a = \dfrac{1}{3}I_g = \dfrac{E_a}{Z_0 + Z_1 + Z_2}$ [A]

$I_0 = I_1 = I_2 \neq 0$

$I_g = 3I_0 = \dfrac{3E_a}{Z_0 + Z_1 + Z_2}$ [A]

**02** 다음 중 송전계통의 절연협조에 있어서 절연레벨이 가장 낮은 기기는?

① 피뢰기　　② 단로기
③ 변압기　　④ 차단기

해설

절연협조의 기준충격절연강도(BIL)
선로애자 〉 차단기 〉 변압기 〉 피뢰기

**03** 화력발전소에서 절탄기의 용도는?

① 보일러에 공급되는 급수를 예열한다.
② 포화증기를 과열한다.
③ 연소용 공기를 예열한다.
④ 석탄을 건조한다.

해설

절탄기
배기가스의 여열을 이용해서 보일러에 공급되는 급수를 예열시킨다.

**04** 3상 배전선로의 말단에 역률 60%(늦음), 60 [kW]의 평형 3상 부하가 있다. 부하점에 부하와 병렬로 전력용 콘덴서를 접속하여 선로손실을 최소로 하고자 할 때 콘덴서 용량[kVA]은? (단, 부하단의 전압은 일정하다)

① 40　　② 60
③ 80　　④ 100

해설

전력용 콘덴서 용량
역률 개선 전 $\cos\theta_1 = 0.8$, $P = 60$[kW], 콘덴서 접속 후 전력손실 최소 역률 $\cos\theta_2 = 1$, $\tan\theta_2 = 0$

$Q_C = P(\tan\theta_1 - \tan\theta_2) = P \times \left(\dfrac{\sin\theta_1}{\cos\theta_1} - 0\right)$

　　$= 60 \times \dfrac{0.8}{0.6} = 80$[kVA]

**05** 송배전 선로에서 선택지락계전기(SGR)의 용도는?

① 다회선에서 접지 고장 회선의 선택
② 단일 회선에서 접지 전류의 대소 선택
③ 단일 회선에서 접지 전류의 방향 선택
④ 단일 회선에서 접지 사고의 지속 시간 선택

해설

선택지락계전기란 다회선 사용 시 지락고장회선만을 선택하여 신속히 차단할 수 있도록 하는 계전기이다.

**06** 정격전압 7.2[kV], 정격차단용량 100[MVA]인 3상 차단기의 정격 차단전류는 약 몇 [kA]인가?

① 4　　② 6
③ 7　　④ 8

정답　01 ③　02 ①　03 ①　04 ③　05 ①　06 ④

해설

차단기의 차단용량

$P_s[\text{MVA}] = \sqrt{3} \times 정격전압[\text{kV}] \times 정격차단전류[\text{kA}]$

$정격차단전류[\text{kA}] = \dfrac{차단용량[\text{MVA}]}{\sqrt{3} \times 정격전압[\text{kV}]}$

$= \dfrac{100}{\sqrt{3} \times 7.2} = 8.02[\text{kA}]$

**07 고장 즉시 동작하는 특성을 갖는 계전기는?**

① 순시 계전기
② 정한시 계전기
③ 반한시 계전기
④ 반한시성 정한시 계전기

해설

보호계전기의 동작특성
- 순한시 계전기 : 계전기에 최소 동작전류 이상의 전류가 흐르면 즉시 동작하는 계전기
- 정한시 계전기 : 동작전류의 크기와는 관계없이 항상 일정한 시간에 동작하는 계전기
- 반한시 계전기 : 동작시간이 전류값에 반비례해서 전류값이 클수록 빨리 동작하고 반대로 전류값이 작아질수록 느리게 동작하는 계전기
- 반한시−정한시 계전기 : 어느 전류값 까지는 반한시성지만 그 이상이 되면 정한시성으로 동작하는 계전기

**08 30000[kW]의 전력을 51[km] 떨어진 지점에 송전하는데 필요한 전압은 약 몇 [kV]인가? (단, Still의 식에 의하여 산정한다.)**

① 22
② 33
③ 66
④ 100

해설

Still의 식 : 경제적인 송전전압 $V$

$P = 30000[\text{kW}]$, $\ell = 51[\text{km}]$

$V = 5.5\sqrt{0.6\ell[\text{km}] + \dfrac{P[\text{kW}]}{100}}\ [\text{kV}]$

$V = 5.5\sqrt{0.6 \times 51 + \dfrac{30000}{100}} = 100[\text{kV}]$

**09 댐의 부속설비가 아닌 것은?**

① 수로
② 수조
③ 취수구
④ 흡출관

해설

흡출관은 반동수차에서 유효낙차를 늘리기 위한 설비이다.

**10 3상3선식에서 전선 한 가닥에 흐르는 전류는 단상2선식의 경우의 몇 배가 되는가? (단, 송전전력, 부하역률, 송전거리, 전력손실 및 선간전압이 같다.)**

① $\dfrac{1}{\sqrt{3}}$
② $\dfrac{2}{3}$
③ $\dfrac{3}{4}$
④ $\dfrac{4}{9}$

해설

3상 3선식 : $P_3 = \sqrt{3}\,VI_3\cos\theta$

단상 2선식 : $P_1 = VI_1\cos\theta$

$P_3 = P_1$에 의하여

$\sqrt{3}\,VI_3\cos\theta = VI_1\cos\theta$

$I_3 = \dfrac{VI_1\cos\theta}{\sqrt{3}\,V\cos\theta} = \dfrac{I_1}{\sqrt{3}} = \dfrac{1}{\sqrt{3}}I_1$

**11 사고, 정전 등의 중대한 영향을 받는 지역에서 정전과 동시에 자동적으로 예비전원용 배전선로로 전환하는 장치는?**

① 차단기
② 리클로저(Recloser)
③ 섹셔널라이저(Sectionalizer)
④ 자동 부하 전환개폐기
　(Auto Load Transfer Switch)

해설

자동 부하 전환 개폐기(Auto Load Transfer Switch)
중요시설 정전시 큰 피해가 예상되는 수용가에 이중전원을 확보하여 주전원이 정전될 경우 예비전원으로 자동 전환하여 무정전 전원공급을 수행하는 3회로 2스위치의 개폐기이다.

정답　　07 ①　　08 ④　　09 ④　　10 ①　　11 ④

**12** 전선의 표피 효과에 대한 설명으로 알맞은 것은?

① 전선이 굵을수록, 주파수가 높을수록 커진다.
② 전선이 굵을수록, 주파수가 낮을수록 커진다.
③ 전선이 가늘수록, 주파수가 높을수록 커진다.
④ 전선이 가늘수록, 주파수가 높을수록 커진다.

해설

**표피효과**
표피효과는 주파수가 높을수록, 단면적이 클수록, 도전율이 클수록, 비투자율이 클수록 커진다. 표피효과는 복도체, ACSR, 중공전선 등을 사용하여 줄일 수 있다.

**13** 일반회로정수가 같은 평행 2회선에서 A, B, C, D는 각각 1회선의 경우의 몇 배로 되는가?

① A: 2배,  B: 2배,  C: $\frac{1}{2}$배,  D: 1배

② A: 1배,  B: 2배,  C: $\frac{1}{2}$배,  D: 1배

③ A: 2배,  B: $\frac{1}{2}$배,  C: 2배,  D: 1배

④ A: 1배,  B: $\frac{1}{2}$배,  C: 2배,  D: 2배

해설

**14** 변전소에서 비접지 선로의 접지보호용으로 사용되는 계전기에 영상전류를 공급하는 것은?

① CT          ② GPT
③ ZCT         ④ PT

해설

지락 사고시 고장분을 검출하기 위해 동작하는 계전기
(1) 영상전류 검출 : ZCT (영상 변류기)
(2) 영상전압 검출 : GPT (접지형 계기용 변압기)

**15** 단로기에 대한 설명으로 틀린 것은?

① 소호장치가 있어 아크를 소멸시킨다.
② 무부하 및 여자전류의 개폐에 사용된다.
③ 사용회로수에 의해 분류하면 단투형과 쌍투형이 있다.
④ 회로의 분리 또는 계통의 접속 변경 시 사용한다.

해설

**단로기(DS)**
단로기는 부하전류의 개폐를 하지 않는 것이 원칙이다.
또한, 단로기는 차단기와는 다르게 아크소호 능력이 없다.

**16** 4단자 정수 $A = 0.9918 + j0.0042$, $B = 34.17 + j50.38$, $C = (-0.006 + j3247) \times 10^{-4}$인 송전선로의 송전단에 66[kV]를 인가하고 수전단을 개방하였을 때 수전단 선간전압은 약 몇 [kV]인가?

① $\frac{66.55}{\sqrt{3}}$          ② 62.5

③ $\frac{62.5}{\sqrt{3}}$          ④ 66.55

해설

**4단자 정수의 무부하 특성**
송전단전압 $V_s$, 수전단전압 $V_R$, 송전단전류 $I_s$, 수전단 전류 $I_R$이라 하면
$V_s = AV_R + BI_R$, $I_s = CV_R + DI_R$
무부하인 경우 $I_R = 0$[A]이므로 $V_s = AV_R$임을 알 수 있다.
$V_s = 66$[kV], $A = 0.9918 + j0.0042$일 때
$$\therefore \ V_R = \frac{V_s}{A} = \frac{66}{0.9918 + j0.0042} = 66.5445 - j0.2818 \,[\text{kV}]$$
$$= \sqrt{66.5445^2 + 0.2818^2} = 66.55\,[\text{kV}]$$

정답    12 ①    13 ③    14 ③    15 ①    16 ④

**17** 증기터빈 출력을 $P[kW]$, 증기량을 $W[t/h]$, 초압 및 배기의 증기 엔탈피를 각각 $i_0$, $i_1$ [kcal/kg]이라 하면 터빈의 효율 $\eta_T[\%]$는?

① $\dfrac{860P \times 10^3}{W(i_0 - i_1)} \times 100$

② $\dfrac{860P \times 10^3}{W(i_1 - i_0)} \times 100$

③ $\dfrac{860P}{W(i_0 - i_1) \times 10^3} \times 100$

④ $\dfrac{860P}{W(i_1 - i_0) \times 10^3} \times 100$

해설

터빈의 효율 $\eta_T = \dfrac{860P}{mH} \times 100$에서

$m = W \times 10^3$, $H = (i_0 - i_1)$이므로

$\eta_T = \dfrac{860P}{mH} \times 100 = \dfrac{860P}{W(i_0 - i_1) \times 10^3} \times 100$

**18** 송전선로에서 가공지선을 설치하는 목적이 아닌 것은?

① 뇌(雷)의 직격을 받을 경우 송전선 보호
② 유도뢰에 의한 송전선의 고전위 방지
③ 통신선에 대한 전자유도장해 경감
④ 철탑의 접지저항 경감

해설

가공지선의 역할
• 직격뢰 차폐
• 유도뢰 차폐
• 통신선의 유도장해 차폐

**19** 수전단의 전력원 방정식이 $P_r{}^2 + (Q_r + 400)^2$ $= 250000$으로 표현되는 전력계통에서 조상설비 없이 전압을 일정하게 유지하면서 공급할 수 있는 부하전력은? (단, 부하는 무유도성이다.)

① 200
② 250
③ 300
④ 350

해설

$P_r{}^2 + (Q_r + 400)^2 = 250000$ 에서

$P_r =$부하전력, $Q_r =$조정 무효전력

조상설비 없이 전압을 유지하므로 $Q_r = 0$

$P_r{}^2 + 400^2 = 250000$, $P_r = \sqrt{250000 - 400^2} = 300$

**20** 전력설비의 수용률을 나타낸 것은?

① 수용률 $= \dfrac{\text{평균전력}[kW]}{\text{부하설비용량}[kW]} \times 100\%$

② 수용률 $= \dfrac{\text{부하설비용량}[kW]}{\text{평균전력}[kW]} \times 100\%$

③ 수용률 $= \dfrac{\text{최대수용전력}[kW]}{\text{부하설비용량}[kW]} \times 100\%$

④ 수용률 $= \dfrac{\text{부하설비용량}[kW]}{\text{최대수용전력}[kW]} \times 100\%$

해설

수용률 $= \dfrac{\text{최대수용전력}[kW]}{\text{부하설비용량}[kW]} \times 100$

# 20 과년도기출문제(2020. 8. 22 시행)

**01** 계통의 안정도 증진대책이 아닌 것은?

① 발전기나 변압기의 리액턴스를 작게 한다.
② 선로의 회선수를 감소시킨다.
③ 중간 조상 방식을 채용한다.
④ 고속도 재폐로 방식을 채용한다.

해설

안정도 향상 대책
(1) 직렬 리액턴스 감소대책
　최대 송전전력과 리액턴스는 반비례하므로 직렬 리액턴스를 감소시킨다.
　• 발전기나 변압기의 리액턴스를 감소시킨다.
　• 선로의 병행 회선을 증가하거나 복도체를 사용한다.
　• 직렬콘덴서를 사용하고 단락비가 큰 기기를 설치한다.
(2) 전압변동 억제대책
　고장시 발전기는 역률이 낮은 지상전류를 흘리기 때문에 전기자 반작용에 의해 단자전압이 현저히 저하한다.
　• 속응 여자방식을 채용한다.
　• 계통을 연계한다.
　• 중간 조상방식을 채용한다.
(3) 충격 경감대책
　고장 전류를 작게 하고 고장 부분을 신속하게 제거해야 한다.
　• 적당한 중성점 접지방식을 채용한다.
　• 고속 차단방식을 채용한다.
　• 재폐로방식을 채용한다.

**02** 3상 3선식 송전선에서 $L$을 작용 인덕턴스라 하고, $L_e$ 및 $L_m$은 대지를 귀로로 하는 1선의 자기 인덕턴스 및 상호 인덕턴스라고 할 때 이들 사이의 관계식은?

① $L = L_m - L_e$
② $L = L_e - L_m$
③ $L = L_m + L_e$
④ $L = \dfrac{L_m}{L_e}$

해설

대지귀로 자기 인덕턴스($L_e$) 근사값 : 2.4[mH/km]
대지귀로 상호 인덕턴스($L_m$) 근사값 : 1.1[mH/km]
3상 작용 인덕턴스 근사값 : $L_e - L_m$ = 1.3[mH/km]

**03** 1상의 대지 정전용량이 0.5[$\mu$F], 주파수가 60[Hz]인 3상 송전선이 있다. 이 선로에 소호리액터를 설치한다면, 소호리액터의 공진리액턴스는 약 몇 [$\Omega$]이면 되는가?

① 970
② 1370
③ 1770
④ 3570

해설

소호 리액터 접지방식의 원리 (병렬공진)
$$\omega L = \frac{1}{3\omega C} = \frac{1}{3 \times 2\pi \times 60 \times 0.5 \times 10^{-6}} \simeq 1770[\Omega]$$

**04** 배전선로의 고장 또는 보수 점검 시 정전구간을 축소하기 위하여 사용되는 것은?

① 단로기
② 컷아웃스위치
③ 계자저항기
④ 구분개폐기

해설

구분개폐기
선로의 고장 또는 보수 점검시 사용되는 개폐기로 고장 발생시 고장구간을 개방하여 사고를 국부적으로 분리시키는 장치이다.

**05** 수전단 전력 원선도의 전력 방식이 $P_r^2 + (Q_r + 400)^2 = 250000$으로 표현되는 전력계통에서 가능한 최대로 공급할 수 있는 부하전력($P_r$)과 이때 전압을 일정하게 유지하는데 필요한 무효전력($Q_r$)은 각각 얼마인가?

① $P_r = 500$, $Q_r = -400$
② $P_r = 400$, $Q_r = 500$
③ $P_r = 300$, $Q_r = 100$
④ $P_r = 200$, $Q_r = -300$

정답　01 ②　02 ②　03 ③　04 ④　05 ①

해설

전력원선도

$P_r^2 + (Q_r + 400)^2 = 250000$에서 $Q_r + 400 = 0$일 때 부하전력($P_r$)이 최대이므로

$P_r^2 = 250000$, $P_r = 500$, $Q_r + 400 = 0$, $Q_r = -400$

---

**06** 송전선에서 뇌격에 대한 차폐 등을 위해 가선하는 가공지선에 대한 설명으로 옳은 것은?

① 차폐각은 보통 $15 \sim 30°$ 정도로 하고 있다.
② 차폐각이 클수록 벼락에 대한 차폐효과가 크다.
③ 가공지선을 2선으로 하면 차폐각이 적어진다.
④ 가공지선으로는 연동선을 주로 사용한다.

해설

차폐각은 적을수록 보호효율이 크지만 이것을 작게 하려면 그만큼 가공지선을 높이 가선해야 하기 때문에 철탑의 높이가 높아지므로 시설비가 비싸진다. 이때 차폐각 $\theta$(보호각)은 $30 \sim 45°$ 정도로 시공한다. 보호효율을 높이는 방법으로 가공지선을 2가닥으로 설치하면 차폐각을 줄일 수 있게 된다.

---

**07** 3상 전원에 접속된 $\Delta$결선의 커패시터를 Y결선으로 바꾸면 진상 용량 $Q_Y$[kVA]는? (단, $Q_\Delta$는 $\Delta$결선된 커패시터의 진상 용량이고, $Q_Y$는 Y결선된 커패시터의 진상 용량이다.)

① $Q_Y = \sqrt{3}\, Q_\Delta$　　② $Q_Y = \dfrac{1}{3} Q_\Delta$

③ $Q_Y = 3 Q_\Delta$　　④ $Q_Y = \dfrac{1}{\sqrt{3}} Q_\Delta$

해설

콘덴서(커패시터) 용량

(1) $Y$결선 콘덴서 용량

$Q_Y = 3 \times 2\pi f C \left(\dfrac{V}{\sqrt{3}}\right)^2 \times 10^{-9}$

　　$= 2\pi f C V^2 \times 10^{-9} \,[\text{kVA}]$

(2) $\Delta$결선 콘덴서 용량

$Q_\Delta = 6\pi f C V^2 \times 10^{-9} \,[\text{kVA}]$

∴ $Q_Y = \dfrac{1}{3} Q_\Delta$

---

**08** 송전 철탑에서 역섬락을 방지하기 위한 대책은?

① 가공지선의 설치
② 탑각 접지저항의 감소
③ 전력선의 연가
④ 아크혼의 설치

해설

매설지선

탑각에 방사형 매설지선을 포설하여 탑각의 접지저항을 낮춰주면 역섬락을 방지할 수 있게 된다.

---

**09** 배전선로의 전압을 3[kV]에서 6[kV]로 승압하면 전압강하율($\delta$)은 어떻게 되는가? (단, $\delta_{3kV}$는 전압이 3[kV]일 때 전압강하율이고, $\delta_{6kV}$는 전압이 6[kV]일 때 전압강하율이고, 부하는 일정하다고 한다.)

① $\delta_{6kV} = \dfrac{1}{2}\delta_{3kV}$　　② $\delta_{6kV} = \dfrac{1}{4}\delta_{3kV}$

③ $\delta_{6kV} = 2\delta_{3kV}$　　④ $\delta_{6kV} = 4\delta_{3kV}$

해설

전압강하율

전압강하율 $\delta = \dfrac{P}{V^2}(R + X\tan\theta)$, $\delta \propto \dfrac{1}{V^2}$ 이므로

$\dfrac{\delta_{6kV}}{\delta_{3kV}} = \dfrac{\dfrac{1}{6^2}}{\dfrac{1}{3^2}} = \dfrac{3^2}{6^2} = \dfrac{1}{4}$, $\delta_{6kV} = \dfrac{1}{4}\delta_{3kV}$

---

**10** 정격전압 6600[V], Y결선, 3상 발전기의 중성점을 1선 지락 시 지락전류를 100[A]로 제한하는 저항기로 접지하려고 한다. 저항기의 저항 값은 약 몇 [$\Omega$]인가?

① 44　　② 41
③ 38　　④ 35

해설

대지전압을 $E$라 할 때, 저항 $R = \dfrac{E}{I_g}$ 이므로

$R = \dfrac{E}{I_g} = \dfrac{\dfrac{6600}{\sqrt{3}}}{100} = 38.11[\Omega]$

---

## 11 배전선의 전력손실 경감 대책이 아닌 것은?

① 다중접지 방식을 채용한다.
② 역률을 개선한다.
③ 배전 전압을 높인다.
④ 부하의 불평형을 방지한다.

**해설**

전력손실 경감 대책
• 역률 개선
• 전압 승압
• 부하의 불평형 방지
• 네트워크 방식 사용
• 피더 수 감소

## 12 조속기의 폐쇄시간이 짧을수록 나타나는 현상으로 옳은 것은?

① 수격작용은 작아진다.
② 발전기의 전압 상승률은 커진다.
③ 수차의 속도 변동률은 작아진다.
④ 수압관 내의 수압 상승률은 작아진다.

**해설**

조속기의 폐쇄시간이 길면 부하를 차단 후 여분의 에너지가 수차로 유입되어 회전수를 상승시키고 수축작용을 감소시킨다. 폐쇄시간이 짧을수록 수차의 속도변동률이 작아진다.

## 13 교류 배전선로에서 전압강하 계산식은 $V_d = k(R\cos\theta + X\sin\theta)I$ 로 표현된다. 3상 3선식 배전선로인 경우에 $k$는?

① $\sqrt{3}$　　　　② $\sqrt{2}$
③ 3　　　　④ 2

**해설**

3상 3선식 전압강하
$e = V_s - V_r = \sqrt{3}\,I(R\cos\theta + X\sin\theta)$ [V]

## 14 수전용 변전설비의 1차측 차단기의 차단용량은 주로 어느 것에 의하여 정해지는가?

① 수전 계약용량
② 부하설비의 단락용량
③ 공급측 전원의 단락용량
④ 수전전력의 역률과 부하율

**해설**

차단용량은 차단기에 적용되는 계통의 3상 단락용량($P_s$), 즉 공급측 단락용량이 가장 중요하다.
(3상 단락용량
$P_s = \sqrt{3} \times$ 정격전압[kV] $\times$ 정격차단전류[kA])

## 15 표피효과에 대한 설명으로 옳은 것은?

① 표피효과는 주파수에 비례한다.
② 표피효과는 전선의 단면적에 반비례한다.
③ 표피효과는 전선의 비투자율에 반비례한다.
④ 표피효과는 전선의 도전율에 반비례한다.

**해설**

표피효과
표피효과는 주파수가 높을수록, 단면적이 클수록, 도전율이 클수록, 비투자율이 클수록 커진다. 표피효과는 복도체, ACSR, 중공전선 등을 사용하여 줄일 수 있다.

## 16 그림과 같은 이상 변압기에서 2차 측에 5[Ω]의 저항부하를 연결하였을 때 1차 측에 흐르는 전류($I$)는 약 몇 [A]인가?

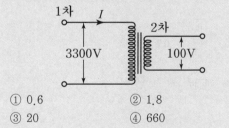

① 0.6　　　　② 1.8
③ 20　　　　④ 660

2차측 전류 $I_2 = \dfrac{V_2}{R_L} = \dfrac{100}{5} = 20[\text{A}]$,

권수비 $n = \dfrac{V_1}{V_2} = \dfrac{I_2}{I_1}$ 이므로

1차측 전류 $I_1 = I_2 \times \dfrac{V_2}{V_1} = 20 \times \dfrac{100}{3300} = 0.606[\text{A}]$

$\therefore$ 1차에 흐르는 전류 $I = 0.6[\text{A}]$

---

**17** 복도체에서 2본의 전선이 서로 충돌하는 것을 방지하기 위하여 2본의 전선 사이에 적당한 간격을 두어 설치하는 것은?

① 아모로드　　　　② 댐퍼
③ 아킹혼　　　　　④ 스페이서

해설

- 아머로드 : 전선의 진동 방지
- 댐퍼 : 전선의 진동 방지
- 아킹혼 : 섬락으로 인한 애자 손상 방지
- 스페이서 : 복도체에서 도체간 충돌 방지

---

**18** 전압과 유효전력이 일정할 경우 부하 역률이 70[%]인 선로에서의 저항 손실($P_{70\%}$)은 역률이 90[%]인 선로에서의 저항 손실($P_{90\%}$)과 비교하면 약 얼마인가?

① $P_{70\%} = 0.6 P_{90\%}$　　② $P_{70\%} = 1.7 P_{90\%}$
③ $P_{70\%} = 0.3 P_{90\%}$　　④ $P_{70\%} = 2.7 P_{90\%}$

해설

전력손실

전력손실 $P_l = \dfrac{P^2 R}{V^2 \cos^2\theta}$, $P_l \propto \dfrac{1}{\cos^2\theta}$ 이므로

$\dfrac{P_{70\%}}{P_{90\%}} = \dfrac{\dfrac{1}{0.7^2}}{\dfrac{1}{0.9^2}} = \dfrac{0.9^2}{0.7^2} = \dfrac{0.81}{0.49}$,

$P_{70\%} = \dfrac{0.81}{0.49} P_{90\%} \simeq 1.7 P_{90\%}$

---

**19** 주변압기 등에서 발생하는 제5고조파를 줄이는 방법으로 옳은 것은?

① 전력용 콘덴서에 직렬리액터를 연결한다.
② 변압기 2차측에 분로리액터를 연결한나.
③ 모선에 방전코일을 연결한다.
④ 모선에 공심 리액터를 연결한다.

해설

직렬리액터

제3고조파 전압은 변압기의 $\Delta$결선에 의해 제거되나 제5고조파의 제거를 위해서 콘덴서와 직렬공진하는 직렬 리액터를 삽입한다. 이론적으로 콘덴서 용량의 4[%]이다. 실무에서는 5~6[%] 정도의 리액턴스를 직렬로 설치하여 제5고조파를 제거한다.

---

**20** 프란시스 수차의 특유속도[m · kW]의 한계를 나타내는 식은? (단, $H[\text{m}]$는 유효낙차이다.)

① $\dfrac{13000}{H+50} + 10$　　② $\dfrac{13000}{H+50} + 30$
③ $\dfrac{20000}{H+20} + 10$　　④ $\dfrac{20000}{H+20} + 30$

해설

수차 특유속도 한계

| 종류 | 한계값 |
|---|---|
| 프란시스 수차 | $\dfrac{20000}{H+20} + 30$ |
| 사류수차 | $\dfrac{20000}{H+20} + 40$ |
| 카플란수차<br>프로펠러수차 | $\dfrac{20000}{H+20} + 50$ |

# 20 과년도기출문제 (2020. 9. 26 시행)

## 01 전력원선도에서 구할 수 없는 것은?

① 송·수전할 수 있는 최대 전력
② 필요한 전력을 보내기 위한 송·수전단 전압 간의 상차각
③ 선로 손실과 송전 효율
④ 과도극한전력

**해설**

전력원선도
전력 원선도에서 알 수 없는 사항
• 과도안정 극한전력
• 코로나 손실
• 도전율
• 충전전류

## 02 다음 중 그 값이 항상 1 이상인 것은?

① 부등률         ② 부하율
③ 수용률         ④ 전압강하율

**해설**

부등률
다수의 수용가에서 어떤 임의의 시점에서 동시에 사용되고 있는 합성최대전력에 대한 각 수용가의 최대 수용전력의 비율을 말하며, 일반적으로 1보다 크다.

## 03 송전전력, 송전거리, 전선로의 전력손실이 일정하고, 같은 재료의 전선을 사용한 경우 단상 2선식에 대한 3상 4선식의 1선당 전력비는 약 얼마인가?

① 0.7         ② 0.87
③ 0.94        ④ 1.15

**해설**

송전전력, 송전거리, 전선로의 전력손실이 일정하고, 같은 재료의 전선을 사용한 경우 단상 2선식에 대한 3상 4선식의 1선당 전력비는 0.87이다.

## 04 3상용 차단기의 정격 차단용량은?

① $\sqrt{3}$ ×정격전압×정격차단전류
② $\sqrt{3}$ ×정격전압×정격전류
③ 3×정격전압×정격차단전류
④ 3×정격전압×정격전류

**해설**

3상 차단기의 정격 차단용량
$P_s\,[\mathrm{MVA}] = \sqrt{3} \times$ 정격전압$[\mathrm{kV}] \times$ 정격차단전류$[\mathrm{kA}]$

## 05 개폐서지의 이상전압을 감쇄할 목적으로 설치하는 것은?

① 단로기         ② 차단기
③ 리액터         ④ 개폐저항기

**해설**

개폐 저항기
차단기 개폐시에 재점호로 인하여 이상전압이 발생할 경우 이것을 낮추고 절연내력을 높여주는 역할을 한다.

## 06 부하의 역률을 개선할 경우 배전선로에 대한 설명으로 틀린 것은? (단, 다른 조건은 동일하다.)

① 설비용량의 여유 증가
② 전압강하의 감소
③ 선로전류의 증가
④ 전력손실의 감소

**해설**

역률 개선시 효과
• 전력손실 감소
• 전력요금 감소
• 설비용량 여유증가
• 전압강하 경감

**정답**     01 ④     02 ①     03 ②     04 ①     05 ④     06 ③

**07** 수력발전소의 형식을 취수방법, 운용방법에 따라 분류할 수 있다. 다음 중 취수방법에 따른 분류가 아닌 것은?

① 댐식
② 수로식
③ 조정지식
④ 유역 변경식

해설

• 취수방법에 따른 분류
유역 변경식, 댐식, 수로식, 댐수로식,
• 유량의 사용 방법에 따른 분류
양수식, 저수지식, 조정지식, 자연유입식

**08** 한류리액터를 사용하는 가장 큰 목적은?

① 충전전류의 제한
② 접지전류의 제한
③ 누설전류의 제한
④ 단락전류의 제한

해설

리액터의 종류
• 분로리액터 : 페란티 현상 방지
• 직렬 리액터 : 5고조파 개선
• 한류 리액터 : 단락전류 제한
• 소호리액터 : 1선지락시 아크소멸

**09** 66/22[kV], 2000[kVA] 단상변압기 3대를 1뱅크로 운전하는 변전소로부터 전력을 공급받는 어떤 수전점에서의 3상단락전류는 약 몇 [A]인가?(단, 변압기의 %리액턴스는 7이고 선로의 임피던스는 0이다.)

① 750
② 1570
③ 1900
④ 2250

해설

3상 단락전류
$$I_s = \frac{100}{\%Z} \times I_n = \frac{100}{7} \times \frac{2000 \times 3 \times 10^3}{\sqrt{3} \times 22 \times 10^3} = 2250 [\text{A}]$$

**10** 반지름 0.6[cm]인 경동선을 사용하는 3상 1회선 송전선에서 선간거리를 2[m]로 정삼각형 배치할 경우, 각 선의 인덕턴스[mH/km]는 약 얼마인가?

① 0.81
② 1.21
③ 1.51
④ 1.81

해설

작용 인덕턴스
$$L = 0.05 + 0.4605 \log \frac{D}{r}$$
$$= 0.05 + 0.4605 \log_{10} \frac{2}{0.6 \times 10^{-2}} = 1.21 [\text{mH/km}]$$

**11** 파동임피던스 $Z_1 = 500[\Omega]$인 선로에 파동임피던스 $Z_2 = 1500[\Omega]$인 변압기가 접속되어 있다. 선로로부터 600[kV]의 전압파가 들어왔을 때, 접속점에서의 투과파 전압[kV]은?

① 300
② 600
③ 900
④ 1200

해설

투과파 전압
$$e_2 = \left( \frac{2Z_2}{Z_1 + Z_2} \right) \times e_1 = \frac{2 \times 1500}{1500 + 500} \times 600 = 900 [\text{kV}]$$

**12** 원자력발전소에서 비등수형 원자로에 대한 설명으로 틀린 것은?

① 연료로 농축 우라늄을 사용한다.
② 냉각제로 경수를 사용한다.
③ 물을 원자로 내에서 직접 비등시킨다.
④ 가압수형 원자로에 비해 노심의 출력밀도가 높다.

해설

비등수형 원자로[BWR]
• 연료로 농축우라늄을 사용한다.
• 감속재와 냉각수로 물을 사용한다.
• 물을 원자로 내에 직접 비등시키므로 열 교환기가 필요 없다.
• 노 내의 물의 압력이 가압수형 원자로보다 높지 않다.

**13** 송배전선로의 고장전류 계산에서 영상 임피던스가 필요한 경우는?

① 3상 단락 계산    ② 선간 단락 계산
③ 1선 지락 계산    ④ 3선 단선 계산

해설

고장해석

| 특성<br>사고종류 | 정상분 | 역상분 | 영상분 |
|---|---|---|---|
| 1선 지락 | ○ | ○ | ○ |
| 선간 단락 | ○ | ○ | × |
| 3상 단락 | ○ | × | × |

**14** 증기 사이클에 대한 설명 중 틀린 것은?

① 랭킨사이클의 열효율은 초기 온도 및 초기 압력이 높을수록 효율이 크다.
② 재열사이클은 저압터빈에서 증기가 포화상태에 가까워졌을 때 증기를 다시 가열하여 고압터빈으로 보낸다.
③ 재생사이클은 증기 원동기 내에서 증기의 팽창 도중에서 증기를 추출하여 급수를 예열한다.
④ 재열재생사이클은 재생사이클과 재열사이클을 조합하여 병용하는 방식이다.

해설

증기 사이클
• 랭킨 사이클 : 키르노 사이클을 토대로 한 가장 기본적인 사이클, 초기온도 및 초기압력이 높을수록 효율이 크다.
• 재생 사이클 : 터빈 내에서 팽창한 증기를 일부만 추기하여 급수가열기에 보내어 급수가열에 이용하는 방식
• 재열 사이클 : 고압터빈에서 나온 증기를 모두 추기하여 보일러의 재열기로 보내어 다시 열을 가해 저압터빈으로 보내는 방식
• 재열재생 사이클 : 재생과 재열 사이클의 특징을 모두 살린 방식, 가장 열효율이 좋다.

**15** 다음 중 송전선로의 역섬락을 방지하기 위한 대책으로 가장 알맞은 방법은?

① 가공지선 설치    ② 피뢰기 설치
③ 매설지선 설치    ④ 소호각 설치

해설

매설지선
철탑에서 송전선로 쪽으로 역섬락을 방지하기 위하여 지하로는 약 $50\sim100[\text{cm}]$, 길이는 $30\sim50[\text{cm}]$ 정도를 매설하는 지선이다.

**16** 전원이 양단에 있는 환상선로의 단락보호에 사용되는 계전기는?

① 방향거리 계전기    ② 부족전압 계전기
③ 선택접지 계전기    ④ 부족전류 계전기

해설

단락보호방식
• 방사선로
  – 전원이 1단에만 있을 경우 : 과전류 계전기(OCR)
  – 전원이 양단에 있을 경우 : 과전류 계전기+방향단락 계전기(D.S)
• 환상선로
  – 전원이 1단에만 있을 경우 : 방향단락 계전기(D.S)
  – 전원이 두 군데 이상 있는 경우 : 방향거리 계전기(D.Z)

**17** 전력계통을 연계시켜서 얻는 이득이 아닌 것은?

① 배후 전력이 커져서 단락용량이 작아진다.
② 부하 증가 시 종합첨두부하가 저감된다.
③ 공급 예비력이 절감된다.
④ 공급 신뢰도가 향상된다.

해설

전력계통 연계시 장·단점
(1) 장점
  ㉠ 계통 전체에 대한 신뢰도가 증가한다.
  ㉡ 전력운용의 융통성이 커져서 설비 용량이 감소한다.
  ㉢ 부하 변동에 의한 주파수 변동이 작아지므로 안정된 주파수 유지가 가능하다.
  ㉣ 건설비, 운전비용 절감에 의한 경제급전이 가능하다.
(2) 단점
  ㉠ 사고시 타 계통으로 파급확대될 우려가 크다.
  ㉡ 사고시 단락전류가 증대되어 통신선에 유도장해를 초래한다.

정답    13 ③    14 ②    15 ③    16 ①    17 ①

**18** 배전선로에 3상 3선식 비접지 방식을 채용할 경우 나타나는 현상은?

① 1선 지락 고장 시 고장 전류가 크다.

② 1선 지락 고장 시 인접 통신선의 유도장해가 크다.

③ 고저압 혼촉고장 시 저압선의 전위상승이 크다.

④ 1선 지락 고장 시 건전상의 대지 전위상승이 크다.

해설

비접지 방식

| 장점 | 단점 |
| --- | --- |
| • 변압기 1대 고장시에도 V 결선에 의한 3상 전력공급이 가능하다. <br> • 선로에 제3고조파가 발생하지 않는다. | • 1선지락사고시 건전상 전압이 $\sqrt{3}$ 배까지 상승한다. <br> • 건전상 전압 상승에 의한 2중 고장 발생 확률이 높다. <br> • 기기의 절연수준을 높여야 한다. |

**19** 선간전압이 $V[\text{kV}]$이고 3상 정격용량이 $P[\text{kVA}]$인 전력계통에서 리액턴스가 $X[\Omega]$라고 할 때, 이 리액턴스를 % 리액턴스로 나타내면?

① $\dfrac{XP}{10\,V}$

② $\dfrac{XP}{10\,V^2}$

③ $\dfrac{XP}{V^2}$

④ $\dfrac{10\,V^2}{XP}$

해설

퍼센트 임피던스

(1) $P[\text{kVA}]$ 값이 주어지지 않은 경우

$$\%Z = \frac{I_n Z}{E} \times 100$$

(2) $P[\text{kVA}]$ 값이 주어진 경우

$$\%Z = \frac{P_a Z}{10\,V^2}$$

**20** 전력용콘덴서를 변전소에 설치할 때 직렬리액터를 설치하고자 한다. 직렬리액터의 용량을 결정하는 계산식은? (단, $f_0$는 전원의 기본주파수, $C$는 역률 개선용 콘덴서의 용량, $L$은 직렬리액터의 용량이다.)

① $L = \dfrac{1}{(2\pi f_0)^2 C}$

② $L = \dfrac{1}{(5\pi f_0)^2 C}$

③ $L = \dfrac{1}{(6\pi f_0)^2 C}$

④ $L = \dfrac{1}{(10\pi f_0)^2 C}$

해설

직렬리액터 용량 결정식

콘덴서 용량의 4(이론값)~6(실무값)[%] 직렬 리액터를 삽입하여 제5고조파를 제거시킨다.

직렬 리액터의 직렬공진에 의한 억제작용이므로 제5고조파에 대해서는

$$5\omega L = \frac{1}{5\omega C}[\Omega]$$

$$\therefore\ L = \frac{1}{(5\omega)^2 C} = \frac{1}{(10\pi f_0)^2 C}[\text{H}]$$

정답   18 ④   19 ②   20 ④

# 21 과년도기출문제(2021. 3. 7 시행)

**01** 그림과 같은 유황곡선을 가진 수력지점에서 최대사용수량 OC로 1년간 계속 발전하는데 필요한 저수지의 용량은?

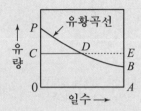

① 면적 OCPBA
② 면적 OCDBA
③ 면적 DEB
④ 면적 PCD

**해설**

저수지 용량

최대사용수량 OC를 기준으로 1년간 발전하는데 필요한 저수지의 수량은 OCEA이다.
단, D 시점 이후 DEB 면적 크기의 수량이 부족하므로 DEB 면적 이상의 저수지를 건설해야 한다.

**02** 고장전류의 크기가 커질수록 동작시간이 짧게 되는 특성을 가진 계전기는?

① 순한시 계전기
② 정한시 계전기
③ 반한시 계전기
④ 반한시 정한시 계전기

**해설**

계전기의 한시 특성
• 순한시 계전기 : 계전기에 최소 동작전류 이상의 전류가 흐르면 즉시 동작하는 계전기
• 정한시 계전기 : 동작전류의 크기와는 관계없이 항상 일정한 시간에 동작하는 계전기
• 반한시 계전기 : 동작시간이 전류값에 반비례해서 전류값이 클수록 빨리 동작하고 반대로 전류값이 작아질수록 느리게 동작하는 계전기
• 반한시-정한시 계전기 : 어느 전류값 까지는 반한시성지만 그 이상이 되면 정한시성으로 동작하는 계전기

**03** 접지봉으로 탑각의 접지저항값을 희망하는 접지저항 값까지 줄일 수 없을 때 사용하는 것은?

① 가공지선
② 매설지선
③ 크로스본드선
④ 차폐선

**해설**

매설지선

탑각의 접지저항값이 크면 뇌해시 철탑의 전위가 상승하여 철탑으로부터 송전선으로 뇌 전류가 흘러 역섬락이 발생한다. 역섬락이 일어나면 뇌전류가 애자련을 통하여 전선로로 유입될 우려가 있으므로 이때 탑각에 방사형 매설지선을 포설하여 탑각의 접지저항을 낮춰주면 역섬락을 방지할 수 있게 된다.

**04** 3상 3선식 송전선에서 한 선의 저항이 10Ω, 리액턴스가 20Ω이며, 수전단의 선간전압이 60kV, 부하역률이 0.8인 경우에 전압강하율이 10%라 하면 이송전선로는 약 몇 kW까지 수전할 수 있는가?

① 10,000
② 12,000
③ 14,400
④ 18,000

**해설**

전압강하율

$$\delta = \frac{P}{V^2}(R + x\tan\theta)$$

$$P = \frac{\delta \times V^2}{(R + X\tan\theta)} = \frac{0.1 \times 60000^2}{10 + 20 \times \frac{0.6}{0.8}} \times 10^{-3} = 14400[\text{kW}]$$

**05** 배전선로의 주상변압기에서 고압측-저압측에 주로 사용되는 보호장치의 조합으로 적합한 것은?

① 고압측 : 컷아웃 스위치, 저압측 : 캐치홀더
② 고압측 : 캐치홀더, 저압측 : 컷아웃 스위치
③ 고압측 : 리클로저, 저압측 : 라인퓨즈
④ 고압측 : 라인퓨즈, 저압측 : 리클로저

**해설**

컷아웃스위치[COS]
배전용 변압기의 1차측은 고압 또는 특별고압이며 2차측은 저압이다. 이때 1차측 보호장치는 주로 컷아웃 스위치를 설치하며 2차측은 비접지측 전선에 캐치홀더를 설치한다.

## 06 % 임피던스에 대한 설명으로 틀린 것은?

① 단위를 갖지 않는다.
② 절대량이 아닌 기준량에 대한 비를 나타낸 것이다.
③ 기기 용량의 크기와 관계없이 일정한 범위의 값을 갖는다.
④ 변압기나 동기기의 내부 임피던스에만 사용할 수 있다.

**해설**

% 임피던스
• 값이 단위를 가지지 않는 무명수로 표시되므로 계산하는 도중에서 단위를 환산할 필요가 없다.
• 식 중의 정수 등이 생략되어 식이 간단해진다.
• 기기 용량의 대소에 관계없이 그 값이 일정한 범위 내에 들어간다.

## 07 연료의 발열량이 430[kcal/kg]일 때, 화력발전소의 열효율 %은? (단, 발전기 출력은 $P_G$[KW], 시간당 연료의 소비량은 B[kg/h]이다.)

① $\dfrac{P_G}{B} \times 100$      ② $\sqrt{2} \times \dfrac{P_G}{B} \times 100$

③ $\sqrt{3} \times \dfrac{P_G}{B} \times 100$      ④ $2 \times \dfrac{P_G}{B} \times 100$

**해설**

화력발전소의 열효율

$$\eta = \frac{860\,W}{BH} \times 100 = \frac{860 \times W}{B \times 430} \times 100 = \frac{2 \times P_G}{B} \times 100\,[\%]$$

## 08 수용가의 수용률을 나타낸 식은?

① $\dfrac{합성최대수용전력[KW]}{평균전력[KW]} \times 100\%$

② $\dfrac{평균전력[KW]}{합성최대수용전력[KW]} \times 100\%$

③ $\dfrac{부하설비합계[KW]}{최대수용전력[KW]} \times 100\%$

④ $\dfrac{최대수용전력[KW]}{부하설비합계[KW]} \times 100\%$

**해설**

수용률

$$수용률 = \frac{최대수요전력의\ 합[kW]}{부하설비용량[kW]} \times 100\,[\%]$$

## 09 화력발전소에서 증기 및 급수가 흐르는 순서는?

① 절탄기 → 보일러 → 과열기 → 터빈 → 복수기
② 보일러 → 절탄기 → 과열기 → 터빈 → 복수기
③ 보일러 → 과열기 → 절탄기 → 터빈 → 복수기
④ 절탄기 → 과열기 → 보일러 → 터빈 → 복수기

**해설**

랭킨 사이클
급수펌프 → 보일러 → 과열기 → 터빈 → 복수기 → 다시 급수펌프로

## 10 역률 0.8, 출력 320KW인 부하에 전력을 공급하는 변전소에 역률 개선을 위해 전력용 콘덴서 140KVA를 설치했을 때 합성역률은?

① 0.93          ② 0.95
③ 0.97          ④ 0.99

**해설**

전력용콘덴서
• 콘덴서 설치 전 부하의 지상무효전력

$$P_{r1} = P \times \tan\theta_1 = 320 \times \frac{0.6}{0.8} = 240\,[kVar]$$

• 콘덴서 설치 후 부하의 지상무효전력

$$P_{r2} = P_{r1} - Q_c = 240 - 140 = 100\,[kVar]$$

• 콘덴서 설치 후 합성 역률

$$\therefore\ \cos\theta_2 = \frac{320}{\sqrt{320^2 + 100^2}} = 0.95$$

**정답**    06 ④    07 ④    08 ④    09 ①    10 ②

**11** 용량 20KVA인 단상 주상 변압기에 걸리는 하루 동안의 부하가 처음 14시간 동안은 20kW, 다음 10시간 동안은 10kW일 때, 이 변압기에 의한 하루 동안의 손실량 [Wh]은? (단, 부하의 역률은 1로 가정하고, 변압기의 전 부하동손은 300W, 철손은 100W이다.)

① 6,850
② 7,200
③ 7,350
④ 7,800

해설

변압기 손실
- 철손량 : $P_{iT} = P_i \times T = 100 \times 24 = 2400$[Wh]
- 동손량 : $P_{cT} = m^2 P_c \times T$
  $= 1^2 \times 300 \times 14 + 0.5^2 \times 300 \times 10 = 4950$[Wh]
- 하루전체손실량 = $2400 + 4950 = 7350$[Wh]

**12** 통신선과 평행인 주파수 60Hz의 3상 1회선 송전선이 있다. 1선 지락 때문에 영상전류가 100[A] 흐르고 있다면 통신선에 유도되는 전자유도전압 [V]은 약 얼마인가? (단, 영상전류는 전 전선에 걸쳐서 같으며, 송전선과 통신선과의 상호 인덕턴스는 0.06[mH/km], 그 평행 길이는 40[km]이다.)

① 156.6
② 162.8
③ 230.2
④ 271.4

해설

전자유도전압
$E_m = j\omega M\ell(I_a + I_b + I_c) = \omega M\ell \times 3I_0$
$= 2\pi \times 60 \times 0.06 \times 10^{-3} \times 40 \times 3 \times 100 = 271.4$[V]

**13** 이블 단선사고에 의한 고장점까지의 거리를 정전용량 측정법으로 구하는 경우, 건전상의 정전용량이 C, 고장점까지의 정전용량이 Cx, 케이블의 길이가 $l$일 때 고장점까지의 거리를 나타내는 식으로 알맞은 것은?

① $\dfrac{C}{C_x}l$
② $\dfrac{2C_x}{C}l$
③ $\dfrac{C_x}{C}l$
④ $\dfrac{C_x}{2C}l$

해설

정전용량 측정법
정전용량 측정법은 케이블 단선사고시 고장점 탐지법이다.
고장점까지의 거리 $L = \dfrac{C_x}{C} \times l$

**14** 전력 퓨즈(Power Fuse)는 고압, 특고압기기의 주로 어떤 전류의 차단을 목적으로 설치하는가?

① 충전전류
② 부하전류
③ 단락전류
④ 영상전류

해설

전력퓨즈[PF]
전력퓨즈는 단락사고시 단락전류를 차단하며, 부하전류를 안전하게 통전시킨다.

**15** 송전선로에서 1선 지락 시에 건전상의 전압 상승이 가장 적은 접지방식은?

① 비접지방식
② 직접접지방식
③ 저항접지방식
④ 소호리액터접지방식

해설

중성점접지방식

| 항목 ＼ 종류 | 직접접지 | 소호리액터 |
|---|---|---|
| 건전상의 전위상승 | 최저 | 최대 |
| 절연레벨 | 최저 | 크다 |
| 지락전류의 크기 | 최대 | 최소 |
| 보호계전기 동작 | 확실 | 불가능 |
| 통신선 유도장해 | 최대 | 최소 |
| 과도안정도 | 최소 | 최대 |

**16** 기준 선간전압 23KV, 기준 3상 용량 5,000 KVA, 1선의 유도 리액턴스가 15Ω일 때 %리액턴스는?

① 28.36%        ② 14.18%

③ 7.09%         ④ 3.55%

해설

%리액턴스

$$\%X = \frac{P_n X}{10\,V^2} = \frac{5000 \times 15}{10 \times 23^2} = 14.18[\%]$$

**17** 전력원선도의 가로축과 세로축을 나타내는 것은?

① 전압과 전류        ② 전압과 전력

③ 전류와 전력        ④ 유효전력과 무효전력

해설

전력원선도

전력원선도의 가로축은 유효전력을, 세로축은 무효전력을 나타낸다.

**18** 송전선로에서의 고장 또는 발전기 탈락과 같은 큰 외란에 대하여 계통에 연결된 각 동기기가 동기를 유지하면서 계속 안정적으로 운전할 수 있는지를 판별하는 안정도는?

① 동태안정도(Dynamic Stability)

② 정태안정도(Steady-state Stability)

③ 전압안정도(Voltage Stability)

④ 과도안정도(Transient Stability)

해설

과도안정도

부하가 갑자기 크게 변동하는 경우, 계통에 사고가 발생해서 계통에 충격을 주었을 경우, 계통에 연결된 각 동기기가 동기를 유지해서 계속 운전할 수 있는 능력을 말한다.

**19** 정전용량이 $C_1$이고, $V_1$의 전압에서 $Q_r$의 무효전력을 발생하는 콘덴서가 있다. 정전용량을 변화시켜 2배로 승압된 전압($2V_1$)에서도 동일한 무효전력 $Q_r$을 발생시키고자 할 때, 필요한 콘덴서의 정전용량 $C_2$는?

① $C_2 = 4\,C_1$        ② $C_2 = 2\,C_1$

③ $C_2 = \frac{1}{2}\,C_1$        ④ $C_2 = \frac{1}{4}\,C_1$

해설

콘덴서의 정전용량

$$Q_Y = \omega C E^2, \quad C = \frac{Q_Y}{\omega E^2}$$

$Q_Y$가 동일하면 $C \propto \dfrac{1}{E^2}$ 이므로

$V_1$이 2배로 승압되면 필요한 콘덴서 정전용량 $C_2$는 $C_1$의 $\dfrac{1}{4}$ 배이다.

**20** 송전선로의 고장전류 계산에 영상 임피던스가 필요한 경우는?

① 1선 지락        ② 3상 단락

③ 3선 단선        ④ 선간 단락

해설

대칭좌표법

| 특성<br>사고종류 | 정상분 | 역상분 | 영상분 |
|---|---|---|---|
| 1선 지락 | ○ | ○ | ○ |
| 선간 단락 | ○ | ○ | × |
| 3상 단락 | ○ | × | × |

# 21 과년도기출문제(2021. 5. 15 시행)

**01** 비등수형 원자로의 특징에 대한 설명으로 틀린 것은?

① 증기 발생기가 필요하다.
② 저농축 우라늄을 연료로 사용한다.
③ 노심에서 비등을 일으킨 증기가 직접 터빈에 공급되는 방식이다.
④ 가압수형 원자로에 비해 출력밀도가 낮다.

해설

**비등수형 원자로**
• 경제적이고 열효율이 높다.
• 연료로 농축우라늄을 사용한다.
• 감속재와 냉각수로 물을 사용한다.
• 열교환기(증기 발생기)가 없으므로 노심의 증기를 직접 터빈에 공급해준다.

**02** 전력계통에서 내부 이상전압의 크기가 가장 큰 경우는?

① 유도성 소전류 차단 시
② 수차발전기의 부하 차단 시
③ 무부하 선로 충전전류 차단 시
④ 송전선로의 부하 차단기 투입 시

해설

**개폐서지**
송전선로의 개폐 조작에 따른 과도현상 때문에 발생하는 이상전압을 뜻한다. 개폐서지의 종류는 투입 서지와 개방 서지로 나뉜다. 회로를 투입할 때보다 개방하는 경우, 부하가 있는 회로를 개방하는 것보다 무부하의 회로를 개방할 때가 더 높은 이상 전압이 발생한다.

**03** 송전단 전압을 $V_s$, 수전단 전압을 $V_r$, 선로의 리액턴스 X라 할 때 정상 시의 최대 송전전력의 개략적인 값은?

① $\dfrac{V_s - V_r}{X}$

② $\dfrac{V_s^2 - V_r^2}{X}$

③ $\dfrac{V_s(V_s - V_r)}{X}$

④ $\dfrac{V_s V_r}{X}$

해설

**정태안정극한전력**
정태안정극한전력에 의한 송전전력은
$P = \dfrac{V_s V_r}{X} \sin\delta \text{[MW]}$이므로 최대전력이 되기 위해서는
$\sin\delta = 1$이 되어야 한다.
$\therefore P_m = \dfrac{V_s V_r}{X} \text{[MW]}$

**04** 망상(network)배전방식의 장점이 아닌 것은?

① 전압변동이 적다.
② 인축의 접지사고가 적어진다.
③ 부하의 증가에 대한 융통성이 크다.
④ 무정전 공급이 가능하다.

해설

**망상배전방식**
① 장점
• 배전의 신뢰도가 가장 높다.
• 전압변동이 적다.
• 전력손실이 감소된다.
• 기기의 이용률이 향상된다.
• 부하 증가에 대한 적응성이 좋다.
• 변전소의 수를 줄일 수 있다.
② 단점
• 인축의 접촉사고가 많아진다.
• 건설비가 비싸다.
• 특별한 보호장치를 필요로 한다.

정답   01 ①   02 ③   03 ④   04 ②

**05** 500kVA의 단상 변압기 상용 3대(결선 Δ-Δ), 예비 1대를 갖는 변전소가 있다. 부하의 증가로 인하여 예비 변압기 까지 동원해서 사용한다면 응할 수 있는 최대부하 [kVA]는약 얼마인가?

① 2000
② 1730
③ 1500
④ 830

해설
변압기 V결선시 출력
단상 변압기 상용 3대와 예비 1대를 동시에 사용한다면, V결선 2뱅크 병렬운전시 최대부하를 운전할 수 있다.
$2 \times \sqrt{3} P_1 = 2 \times \sqrt{3} \times 500 = 1730\,[\text{kVA}]$

**06** 배전용 변전소의 주변압기로 주로 사용되는 것은?

① 강압 변압기
② 체승 변압기
③ 단권 변압기
④ 3권선 변압기

해설
변전소의 변압기
배전용변전소는 송전계통의 말단에 있는 변전소로서 송전 전압을 배전전압으로 낮춰서 수용가에 전력을 공급해주는 변전소를 의미한다. 이때 전압을 낮추는 목적으로 사용하는 변압기를 강압용변압기 또는 체강용변압기라 한다.

**07** 3상용 차단기의 정격 차단 용량은?

① $\sqrt{3}$ ×정격전압×정격차단전류
② $3\sqrt{3}$ ×정격전압×정격전류
③ $3$ ×정격전압×정격차단전류
④ $\sqrt{3}$ ×정격전압×정격전류

해설
정격차단용량
차단기의 차단용량
$P_s\,[\text{MVA}] = \sqrt{3}$ ×정격전압[kV] ×정격차단전류[kA]

**08** 3상 3선식 송전선로에서 각 선의 대지정전용량이 $0.5096\mu F$ 이고, 선간정전용량이 $0.1295\mu F$ 일 때, 1선의 작용정전용량은 약 몇 $\mu F$인가?

① 0.6
② 0.9
③ 1.2
④ 1.8

해설
작용 정전용량
3상 3선식인 경우
$C_n = C_s + 3C_m = 0.5096 + 3 \times 0.1295 = 0.9\,[\mu F]$

**09** 그림과 같은 송전계통에서 S점에 3상 단락사고가 발생했을 때 단락전류[A]는 약 얼마인가? (단, 선로의 길이와 리액턴스는 각각 50km, 0.6Ω/km 이다.)

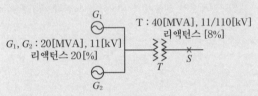

① 224
② 324
③ 454
④ 554

해설
3상 단락전류
• 선로의 리액턴스 : $X_l = 50 \times 0.6 = 30\,[\Omega]$
• 기준용량 : 20 MVA 선정
• 선로의 %리액턴스 :
$$\%X_l = \frac{P_n X_l}{10\,V^2} = \frac{20 \times 10^3 \times 30}{10 \times 110^2} = 4.96\,[\%]$$
• $\%X_{G1} = 20\,[\%]$, $\%X_{G2} = 20\,[\%]$,
$$\%X_T = \frac{20}{40} \times 8 = 4\,[\%]$$
• 고장점까지의 총 $\%X = 4.96 + 4 + \dfrac{20}{2} = 18.96\,[\%]$
$$\therefore I_s = \frac{100}{\%X} \times I_n = \frac{100}{18.96} \times \frac{20 \times 10^3}{\sqrt{3} \times 110} = 553.65\,[\text{A}]$$

정답  05 ②  06 ①  07 ①  08 ②  09 ④

**10** 전력계통의 전압을 조정하는 가장 보편적인 방법은?

① 발전기의 유효전력 조정
② 부하의 유효전력 조정
③ 계통의 주파수 조정
④ 계통의 무효전력 조정

해설
계통의 전압조정
전력용 콘덴서나 리액터 등으로 진상 및 지상 무효전력을 조정하여 전력계통의 전압을 조정한다.

**11** 역률 0.8(지상)의 2800kW 부하에 전력용 콘덴서를 병렬로 접속하여 합성역률을 0.9로 개선하고자 할 경우, 필요한 전력용 콘덴서의 용량 [kVA]은 약 얼마인가?

① 372          ② 558
③ 744          ④ 1116

해설
전력용 콘덴서 용량

$$Q_c = P \cdot (\tan\theta_1 - \tan\theta_2) = P \cdot \left( \frac{\sin\theta_1}{\cos\theta_1} - \frac{\sin\theta_2}{\cos\theta_2} \right)$$

$$= P \cdot \left( \frac{\sqrt{1 - \cos^2\theta_1}}{\cos\theta_1} - \frac{\sqrt{1 - \cos^2\theta_2}}{\cos\theta_2} \right)$$

$$= 2800 \cdot \left( \frac{\sqrt{1 - 0.8^2}}{0.8} - \frac{\sqrt{1 - 0.9^2}}{0.9} \right) \fallingdotseq 744 \, [\text{kVA}]$$

**12** 컴퓨터에 의한 전력조류 계산에서 슬랙(slack) 모선의 초기치로 지정하는 값은? (단, 슬랙 모선을 기준 모선으로 한다.)

① 유효 전력과 무효전력
② 전압 크기와 유효전력
③ 전압 크기와 위상각
④ 전압 크기와 무효전력

해설
슬랙모선
전력조류 계산시 초기값으로 슬랙모선의 전압과 위상각을 지정한다.

**13** 직격뢰에 대한 방호설비로 가장 적당한 것은?

① 복도체          ② 가공지선
③ 서지흡수기       ④ 정전방전기

해설
가공지선의 역할
• 직격뢰 차폐
• 유도뢰 차폐
• 통신선의 유도장해 차폐

**14** 저압배전선로에 대한 설명으로 틀린 것은?

① 저압 뱅킹 방식은 전압변동을 경감할 수 있다.
② 밸런서(balancer)는 단상 2선식에 필요하다.
③ 부하율(F)과 손실계수(H) 사이에는 $1 \geq F \geq H \geq F^2 \geq 0$의 관계가 있다.
④ 수용률이란 최대수용전력을 설비용량으로 나눈 값을 퍼센트로 나타낸 것이다.

해설
단상 3선식의 특징
단상3선식은 중성선이 용단되면 전압불평형이 발생하므로 중선선에 퓨즈를 삽입하면 안되며 부하 말단에 저압밸런서를 설치하여 전압밸런스를 유지한다.

**15** 증기터빈 내에서 팽창 도중에 있는 증기를 일부 추기하여 그것이 갖는 열을 급수가열에 이용하는 열사이클은?

① 랭킨사이클       ② 카르노사이클
③ 재생사이클       ④ 재열사이클

해설
재생사이클
터빈 내에서 팽창한 증기를 일부만 추기하여 급수가열기에 보내어 급수가열에 이용하는 방식이다.

정답    10 ④    11 ③    12 ③    13 ②    14 ②    15 ③

**16** 단상 2선식 배전선로의 말단에 지상역률 $\cos\theta$ 인 부하 P[kW]가 접속되어 있고 선로 말단의 전압은 V[V]이다. 선로 한 가닥의 저항을 R[Ω]이라 할 때 송전단의 공급전력 [kW]은?

① $P + \dfrac{P^2 R}{V\cos\theta} \times 10^3$

② $P + \dfrac{2P^2 R}{V\cos\theta} \times 10^3$

③ $P + \dfrac{P^2 R}{V^2\cos^2\theta} \times 10^3$

④ $P + \dfrac{2P^2 R}{V^2\cos^2\theta} \times 10^3$

해설

단상 2선식 전력손실

$P_s = P + P_\ell = P + 2I^2 R$

$= P + 2 \times \left(\dfrac{P}{V\cos\theta}\right)^2 \times R$

$= P + \dfrac{2P^2 R}{V^2\cos^2\theta} \times 10^3 \,[\text{kW}]$

**17** 선로, 기기 등의 절연 수준 저감 및 전력용 변압기의 단절연을 모두 행할 수 있는 중성점접지방식은?

① 직접접지방식
② 소호리액터접지방식
③ 고저항접지방식
④ 비접지방식

해설

직접접지의 장점
• 1선지락 고장시 건전상 전압상승이 작다.
• 계통에 대한 절연 레벨을 낮출 수 있다.
• 고장 전류가 크므로 보호계전기의 동작이 확실하다.

**18** 최대수용전력이 3kW인 수용가가 3세대, 5kW인 수용가가 6세대라고 할 때, 이 수용가군에 전력을 공급할 수 있는 주상변압기의 최소 용량 [kVA]은? (단, 역률은 1, 수용가간의 부등률은 1.3이다.)

① 25　　　　　② 30
③ 35　　　　　④ 40

해설

변압기용량

변압기 용량 = $\dfrac{\text{개별수용 최대전력의 합}}{\text{부등률} \times \text{역률}}$

$= \dfrac{3 \times 3 + 5 \times 6}{1.3 \times 1} = 30 [\text{kVA}]$

**19** 부하전류 차단이 불가능한 전력 개폐 장치는?

① 진공차단기　　　② 유입차단기
③ 단로기　　　　④ 가스차단기

해설

단로기[DS]
단로기는 차단기와는 다르게 아크소호 능력이 없기 때문에 부하전류의 개폐를 하지 않는 것이 원칙이다.

**20** 가공송전선로에서 총 단면적이 같은 경우 단도체와 비교하여 복도체의 장점이 아닌 것은?

① 안정도를 증대시킬 수 있다.
② 공사비가 저렴하고 시공이 간편하다.
③ 전선표면의 전위경도를 감소시켜 코로나 임계전압이 높아진다.
④ 선로의 인덕턴스가 감소되고, 정전용량이 증가해서 송전용량이 증대된다.

해설

복도체의 장점
• $L$감소, $C$증가
• 송전용량 증가
• 안정도 향상
• 코로나 손실감소
• 유도장해 억제

# 21 과년도기출문제(2021. 8. 14 시행)

**01** 동작 시간에 따른 보호계전기의 분류와 이에 대한 설명으로 틀린 것은?

① 순한시 계전기는 설정된 최소동작전류이상의 전류가 흐르면 즉시 동작한다.

② 반한시 계전기는 동작시간이 전류값의 크기에 따라 변하는 것으로 전류값이 클수록 느리게 동작하고 반대로 전류값이 작아질수록 빠르게 동작하는 계전기이다.

③ 정한시 계전기는 설정된 값 이상의 전류가 흘렀을 때 동작전류의 크기와는 관계없이 항상 일정한 시간 후에 동작하는 계전기이다.

④ 반한시·정한시 계전기는 어느 전류값까지는 반한시성이지만 그 이상이 되면 정한시로 동작하는 계전기이다.

해설

**한시계전기 특성**
• 순한시 계전기 : 고장 검출 즉시 동작하는 계전기
• 정한시 계전기 : 고장검출 일정 시간 후에 동작하는 계전기
• 반한시 계전기 : 고장전류가 크면 동작시합이 짧고, 고장전류가 작으면 동작시한이 길어져 동작하는 계전기
• 반한시 정한시성 계전기 : 고장전류가 적은 동안에는 고장 전류가 클수록 동작시한이 짧게 되지만 고장전류가 일정 값 이상 되면 정한시 특성을 갖는 계전기

**02** 환상선로의 단락보호에 주로 사용하는 계전방식은?

① 비율차동계전방식
② 방향거리계전방식
③ 과전류계전방식
④ 선택접지계전방식

해설

**환상선로의 단락보호**
• 전원이 1단에만 있을 경우 : 방향단락 계전기(D.S)
• 전원이 두 군데 이상 있는 경우 : 방향거리 계전기(D.Z)

**03** 옥내배선을 단상 2선식에서 단상 3선식으로 변경하였을 때, 전선 1선당 공급전력은 약 몇 배 증가하는가? [단, 선간전압(단상 3선식의 경우는 중성선과 타선간의 전압), 선로전류(중성선의 전류 제외) 및 역률은 같다.]

① 0.71
② 1.33
③ 1.41
④ 1.73

해설

**배전방식**

|  | 단상 2선식 | 단상 3선식 | 3상 3선식 |
|---|---|---|---|
| 공급전력 | 100[%] | 133[%] | 115[%] |
| 선로전류 | 100[%] | 50[%] | 58[%] |
| 전력손실 | 100[%] | 25[%] | 75[%] |
| 전선량 | 100[%] | 37.5[%] | 75[%] |

**04** 3상용 차단기의 정격차단용량은 그 차단기의 정격전압과 정격차단전류와의 곱을 몇 배한 것인가?

① $\dfrac{1}{\sqrt{2}}$
② $\dfrac{1}{\sqrt{3}}$
③ $\sqrt{2}$
④ $\sqrt{3}$

해설

**정격차단용량**
$P_s[\text{MVA}] = \sqrt{3} \times$ 정격전압[kV] $\times$ 정격차단전류[kA]

**05** 유효낙차 100m, 최대 유량 20m³/s 의 수차가 있다. 낙차가 81m로 감소하면 유량(m³/s)은? (단, 수차에서 발생 되는 손실 등은 무시하며 수차 효율은 일정하다.)

① 15
② 18
③ 24
④ 30

정답    01 ②    02 ②    03 ②    04 ④    05 ②

유량

$$\cdot \ \frac{Q_2}{Q_1} = \left(\frac{H_2}{H_1}\right)^{\frac{1}{2}}$$

$$\cdot \ Q_2 = \left(\frac{H_2}{H_1}\right)^{\frac{1}{2}} \times Q_1 = \left(\frac{81}{100}\right)^{\frac{1}{2}} \times 20 = 18[\text{m}^3/\text{s}]$$

**06** 단락용량 3000MVA인 모선의 전압이 154kV 라면 등가 모선 임피던스(*ohm*)는 약 얼마인가?

① 5.81      ② 6.21

③ 7.91      ④ 8.71

등가 모선 임피던스

$$P_s = \frac{V^2}{Z}, \ Z = \frac{V^2}{P_s} = \frac{154^2}{3000} = 7.905[\Omega]$$

**07** 중성점 접지 방식 중 직접접지 송전방식에 대한 설명으로 틀린 것은?

① 1선 지락 사고 시 지락전류는 타접지방식에 비하여 최대로 된다.

② 1선 지락 사고 시 지락계전기의 동작이 확실하고 선택차단이 가능하다.

③ 통신선에서의 유도장해는 비접지방식에 비해 크다.

④ 기기의 절연레벨을 상승시킬 수 있다.

중성점 직접접지방식

| 종류<br>항목 | 직접접지 | 소호리액터 접지 |
|---|---|---|
| 건전상의 전위 상승 | 최저 | 최대 |
| 절연레벨 | 최저 | 크다 |
| 지락전류 | 최대 | 최소 |
| 보호계전기 동작 | 확실 | 불가능 |
| 통신선 유도장해 | 최대 | 최소 |
| 안정도 | 최소 | 최대 |

**08** 송전선에 직렬콘덴서를 설치하였을 때의 특징으로 틀린 것은?

① 선로 중에서 일어나는 전압강하는 감소시킨다.

② 송선선력의 승가를 꾀할 수 있다.

③ 부하역률이 좋을수록 설치효과가 크다.

④ 단락사고가 발생하는 경우 사고전류에 의하여 과전압이 발생한다.

직렬콘덴서

선로의 유도리액턴스를 보상하기 위해 직렬콘덴서를 설치하면 직렬공진에 의해 선로의 전압강하가 감소한다. 또한 직렬콘덴서는 역률을 개선할 수 있는 기능은 없으며 부하의 역률이 나쁠수록 설치 효과가 크다.

**09** 수압철관의 안지름이 4m인 곳에서의 유속이 4m/s이다. 안지름이 3.5m인 곳에서의 유속(m/s)은 약 얼마인가?

① 4.2      ② 5.2

③ 6.2      ④ 7.2

연속의 정리

$$Q = A_1 v_1 = A_2 v_2$$

$$v_2 = \frac{A_1 v_1}{A_2} = \frac{\frac{\pi d_1^2}{4} \times v_1}{\frac{\pi d_2^2}{4}} = \frac{\frac{\pi \times 4^2}{4} \times 4}{\frac{\pi \times 3.5^2}{4}} = 5.22[\text{m/s}]$$

**10** 경간이 200m인 가공전선로가 있다. 사용 전선의 길이는 경간보다 약 몇 m 더 길어야 하는가? (단, 전선의 1m당 하중은 2kg, 인장하중은 4000kg이고, 풍압하중은 무시하며, 전선의 안전율은 2이다.)

① 0.33      ② 0.61

③ 1.41      ④ 1.73

전선의 길이

$$D = \frac{WS^2}{8T} = \frac{2 \times 200^2}{8 \times \frac{4000}{2}} = 5[\text{m}]$$

$$L - S = \left(S + \frac{8D^2}{3S}\right) - S = \frac{8D^2}{3S} = \frac{8 \times 5^2}{3 \times 200} = 0.33[\text{m}]$$

**11** 송전선로에서 현수 애자련의 연면 섬락과 가장 관계가 먼 것은?

① 댐퍼
② 철탑 접지 저항
③ 현수 애자련의 개수
④ 현수 애자련의 소손

해설

**애자련의 연면섬락**

뇌전류 내습시 철탑의 탑각접지저항값이 너무 크면 역섬락이 일어날 수 있다. 이 때 애자의 절연상태가 불량하면 애자 표면에서 엷은 빛을 띠며 섬락이 발생하는데 이를 연면섬락이라고 한다. 한편 연면섬락의 원인으로는 철탑의 접지저항, 현수애자련의 개수, 현수 애자련의 소손, 소호각의 성능저하 등이 있다.

**12** 전력계통의 중성점 다중 접지방식의 특징으로 옳은 것은?

① 통신선의 유도장해가 적다.
② 합성 접지 저항이 매우 높다.
③ 건전상의 전위 상승이 매우 높다.
④ 지락보호 계전기의 동작이 확실하다.

해설

**중성점 다중접지방식**
· 보호계전기 동작이 확실하다.
· 통신선의 유도장해가 가장 크다.
· 건전상의 전위상승을 억제한다.
· 다중접지로 합성 접지 저항이 낮아진다.

**13** 전력계통의 전압조정설비에 대한 특징으로 틀린 것은?

① 병렬콘덴서는 진상능력만을 가지며 병렬리액터는 진상능력이 없다.
② 동기조상기는 조정의 단계가 불연속적이나 직렬콘덴서 및 병렬리액터는 연속적이다.
③ 동기조상기는 무효전력의 공급과 흡수가 모두 가능하여 진상 및 지상용량을 갖는다.
④ 병렬리액터는 경부하시에 계통 전압이 상승하는 것을 억제하기 위하여 초고압송전선 등에 설치된다.

해설

**조상설비의 비교**

| 구 분 | 동기조상기 | 전력용 콘덴서 |
|---|---|---|
| 무효전력 흡수능력 | 진상, 지상 | 진상 |
| 조정의 형태 | 연속적 | 불연속=단계적 |
| 전압 유지 능력 | 크다 | 작다 |
| 보수의 난이도 | 어렵다 | 쉽다 |
| 손실 | 크다 | 작다 |
| 시충전 | 가능 | 불가능 |

**14** 변압기 보호용 비율차동계전기를 사용하여 $\Delta-Y$ 결선의 변압기를 보호하려고 한다. 이때 변압기 1, 2차측에 설치하는 변류기의 결선방식은? (단, 위상 보정 기능이 없는 경우이다.)

① $\Delta-\Delta$
② $\Delta-Y$
③ $Y-\Delta$
④ $Y-Y$

해설

**비율차동계전기**

변압기 1, 2차 전류상차에 의한 불평형을 검출하여 동작하기 위해서는 변압기 결선과 반대로 결선하여야 한다. 따라서 $\Delta-Y$ 결선된 변압기를 보호하려면 비율차동계전기의 결선은 $Y-\Delta$ 결선으로 하여야 한다.

**15** 송전선로에 단도체 대신 복도체를 사용하는 경우에 나타나는 현상으로 틀린 것은?

① 전선의 작용인덕턴스를 감소시킨다.
② 선로의 작용정전용량을 증가시킨다.
③ 전선 표면의 전위경도를 저감시킨다.
④ 전선의 코로나 임계전압을 저감시킨다.

해설

**복도체**

| 장점 | 단점 |
|---|---|
| $L$감소, $C$증가<br>송전용량 증가<br>안정도 향상<br>코로나 손실감소<br>유도장해 억제 | 패란티 현상<br>진동현상 우려<br>도체간 충돌 |

**16** 어느 화력발전소에서 40000kWh를 발전하는데 발열량 860kcal/kg의 석탄이 60톤 사용된다. 이 발전소의 열효율(%)은 약 얼마인가?

① 56.7
② 66.7
③ 76.7
④ 86.7

해설

발전소의 열효율

$$\eta = \frac{860\,W}{mH} \times 100\,[\%]$$

$$= \frac{860 \times 40000}{60 \times 10^3 \times 860} \times 100 = 66.66\,[\%]$$

**17** 가공 송전선의 코로나 임계전압에 영향을 미치는 여러 가지 인자에 대한 설명 중 틀린 것은?

① 전선표면이 매끈할수록 임계전압이 낮아진다.
② 날씨가 흐릴수록 임계전압은 낮아진다.
③ 기압이 낮을수록, 온도가 높을수록 임계전압은 낮아진다.
④ 전선의 반지름이 클수록 임계전압은 높아진다.

해설

코로나 임계전압

$$E_0 = 24.3\,m_0\,m_1\,\delta d \log_{10} \frac{D}{r}\,[\text{kV}]$$

$m_0$ : 표면계수, $m_1$ : 날씨계수, $\delta$ : 공기 상대밀도,
$d$ : 전선직경[cm], $D$ : 선간거리[cm]

즉, 코로나 임계전압 상승 요인(코로나 손실감소)으로는 날씨가 맑은 날, 상대공기밀도가 높은 경우(기압이 높고 온도가 낮은 경우), 전선의 직경이 큰 경우, 전선 표면이 매끄러울 경우이다. 코로나 발생 방지에 가장 우수한 해결책으로는 복도체를 사용하는 것이다.

**18** 송전선의 특성 임피던스의 특징으로 옳은 것은?

① 선로의 길이가 길어질수록 값이 커진다.
② 선로의 길이가 길어질수록 값이 작아진다.
③ 선로의 길이에 따라 값이 변하지 않는다.
④ 부하용량에 따라 값이 변한다.

해설

특성 임피던스

특성임피던스 $Z_0 = \sqrt{\dfrac{Z}{Y}}$ 로 선로의 길이와 무관한다.

**19** 송전 선로의 보호 계전 방식이 아닌 것은?

① 전류 위상 비교 방식
② 전류 차동 보호 계전 방식
③ 방향 비교 방식
④ 전압 균형 방식

해설

모선 보호용 계전방식
• 전류차동 계전방식
• 전압차동 계전방식
• 방향비교 계전방식
• 위상비교 계전방식

**20** 로고장 발생 시 고장전류를 차단할 수 없어 리클로저와 같이 차단 기능이 있는 후비보호장치와 함께 설치되어야 하는 장치는?

① 배선용차단기
② 유입개폐기
③ 컷아웃스위치
④ 섹셔널라이저

해설

섹셔널라이저
자동선로구분개폐기로 고장 발생시 리클로저와 협조하여 고장구간을 신속히 개방하여 사고를 국부적으로 분리시키는 장치이다.

정답    16 ②    17 ①    18 ③    19 ④    20 ④

# 22 과년도기출문제 (2022. 3. 5 시행)

**01** 소호리액터를 송전계통에 사용하면 리액터의 인덕턴스와 선로의 정전용량이 어떤상태로 되어 지락전류를 소멸시키는가?

① 병렬공진      ② 직렬공진
③ 고임피던스      ④ 저임피던스

해설

송전선에 접속되는 변압기의 중성점에 리액터를 설치하는 방식이다. 리액터의 인덕턴스와 선로의 정전용량이 병렬공진이 되면 지락전류의 소멸 및 아크가 소호된다.

**02** 어느 발전소에서 40000[kWh]를 발전하는데 발열량 5000[kcal/kg]의 석탄을 20톤 사용하였다. 이 화력발전소의 열효율은 약 [%]인가?

① 27.5      ② 30.4
③ 34.4      ④ 38.5

해설

화력발전소의 열효율

$$\eta = \frac{860\,W}{mH} \times 100 = \frac{860 \times 40000}{20 \times 10^3 \times 5000} \times 100 = 34.4[\%]$$

**03** 송전전력, 선간전압, 부하역률, 전력손실 및 송전거리를 동일하게 하였을 경우 단상 2선식에 대한 3상 3선식의 총 전선량(중량)비는 얼마인가?

① 0.75      ② 0.94
③ 1.15      ④ 1.33

해설

전기방식의 비교

| 전기방식 | 전선량 비 |
|---------|---------|
| 단상 2선식 | $1$ |
| 단상 3선식 | $\dfrac{3}{8}$ |
| 3상 3선식 | $\dfrac{3}{4}$ |
| 3상 4선식 | $\dfrac{1}{3}$ |

**04** 3상 송전선로가 선간단락(2선 단락)이 되었을 때 나타나는 현상으로 옳은 것은?

① 역상전류만 흐른다.
② 정상전류와 역상전류가 흐른다.
③ 역상전류와 영상전류가 흐른다.
④ 정상전류와 영상전류가 흐른다.

해설

선간 단락 고장 발생시 영상분은 나타나지 않고, 정상분 및 역상분 전류가 흐른다.

**05** 중거리 송전선로의 4단자 정수가 $A = 1.0$, $B = j190$, $D = 1.0$ 일 때 $C$의 값은 얼마인가?

① 0      ② −j120
③ j      ④ j190

해설

$$AD - BC = 1$$
$$C = \frac{AD - 1}{B} = \frac{1 \times 1 - 1}{j190} = 0$$

**06** 배선전압을 $\sqrt{2}$ 배로 하였을 때 같은 손실률로 보낼 수 있는 전력은 몇 배가 되는가?

① $\sqrt{2}$      ② $\sqrt{3}$
③ 2      ④ 3

해설

같은 손실률로 송전하는 경우 전력은 전압에 제곱에 비례한다.

정답    01 ①    02 ③    03 ①    04 ②    05 ①    06 ②

**07** 다음 중 재점호가 가장 일어나기 쉬운 차단전류는?

① 동상전류          ② 지상전류
③ 진상전류          ④ 단락전류

해설

재점호가 일어나기 쉬운 전류는 진상전류를 차단할 때이다.

**08** 현수애자에 대한 설명이 아닌 것은?

① 애자를 연결하는 방법에 따라 클레비스(Clevis)형과 볼 소켓형이 있다.
② 애자를 표시하는 기호는 P이며 구조는 2~5층의 갓 모양의 자기편을 시멘트로 접착하고 그 자기를 주철재 base로 지지한다.
③ 애자의 연결개수를 가감함으로써 임의의 송전전압에 사용할 수 있다.
④ 큰 하중에 대하여는 2련 또는 3련으로 하여 사용할 수 있다.

해설

보기 ②는 핀애자에 대한 설명이다.

**09** 교류발전기의 전압조정 장치로 속응 여자방식을 채택하는 이유로 틀린 것은?

① 전력계통에 고장이 발생할 때 발전기의 동기화력을 증가시킨다.
② 송전계통의 안정도를 높인다.
③ 여자기의 전압 상승률을 크게 한다.
④ 전압조정용 탭의 수동변환을 원활히 하기 위함이다.

해설

교류발전기의 전압조정 장치로 속응여자방식과 전압조정용 탭의 수동변환과는 무관한다.

**10** 차단기의 정격차단시간에 대한 설명으로 옳은 것은?

① 고장 발생부터 소호까지의 시간
② 트립코일 여자로부터 소호까지의 시간
③ 가동 접촉자의 개극부터 소호까지의 시간
④ 1.73가동 접촉자의 동작 시간부터 소호까지의 시간

해설

차단기의 정격차단시간이란 차단기가 트립 지령을 받고 트립장치가 동작하여 전류 차단을 완료할 때까지(트립코일 여자로부터 소호까지의 시간)의 시간을 말하며 $3 \sim 8[\text{Cycle/sec}]$ 이다.

**11** 3상 1회선 송전선을 정삼각형으로 배치한 3상 선로의 작용 인덕턴스를 구하는 식은? (단, $D$는 전선의 선간 거리[m], $r$은 전선의 반지름[m]이다.)

① $L = 0.5 + 0.4605\log_{10}\dfrac{D}{r}$

② $L = 0.5 + 0.4605\log_{10}\dfrac{D}{r^2}$

③ $L = 0.05 + 0.4605\log_{10}\dfrac{D}{r}$

④ $L = 0.05 + 0.4605\log_{10}\dfrac{D}{r^2}$

해설

작용 인덕턴스

$L = 0.05 + 0.4605\log_{10}\dfrac{D}{r}$ $[\text{mH/km}]$

정답   07 ③   08 ②   09 ④   10 ②   11 ③

**12** 불평형 부하에서 역률[%]은?

① $\dfrac{\text{유효전력}}{\text{각 상의 피상전력의 산술합}} \times 100$

② $\dfrac{\text{무효전력}}{\text{각 상의 피상전력의 산술합}} \times 100$

③ $\dfrac{\text{무효전력}}{\text{각 상의 피상전력의 벡터합}} \times 100$

④ $\dfrac{\text{유효전력}}{\text{각 상의 피상전력의 벡터합}} \times 100$

해설

불평형 부하에서 역률은 각 상의 피상전력의 벡터합에 대한 유효전력이다.

**13** 다음 중 동작속도가 가장 느린 계전 방식은?

① 전류 차동 보호 계전 방식
② 거리 보호 계전 방식
③ 전류 위상 비교 보호 계전 방식
④ 방향 비교 보호 계전 방식

해설

거리 보호 계전 방식 동작속도가 가장 느린 계전 방식이다.

**14** 부하 회로에서 공진 현상으로 발생하는 고조파 장해가 있을 경우 공진현상을 회피하기 위하여 설치하는 것은?

① 진상용 콘덴서     ② 직렬 리액터
③ 방전코일          ④ 진공 차단기

해설

고조파를 제거하기 위해 직렬 리액터를 설치한다.

**15** 경간이 $200[\text{m}]$인 가공전선로가 있다. 사용 전선의 길이는 경간보다 몇 [m] 더 길게 하면 되는가? (단, 사용전선의 $1[\text{m}]$ 당 무게는 $2[\text{kg}]$, 인장하중은 $4000[\text{kg}]$, 전선의 안전율은 2로 하고 풍압하중은 무시한다.)

① $\dfrac{1}{2}$     ② $\sqrt{2}$

③ $\dfrac{1}{3}$     ④ $\sqrt{3}$

해설

이도 $D = \dfrac{WS^2}{8T} = \dfrac{2 \times 200^2}{8 \times \dfrac{4000}{2}} = 5[\text{m}]$

전선의 길이는 경간보다 $\dfrac{8D^2}{3S}$ 만큼 길다.

$\therefore \dfrac{8D^2}{3S} = \dfrac{8 \times 5^2}{3 \times 200} = \dfrac{1}{3}[\text{m}]$

**16** 송전단 전압이 $100[\text{V}]$, 수전단 전압이 $90[\text{V}]$ 인 단거리 배전선로의 전압강하율[%]은 약 얼마인가?

① 5      ② 11
③ 15     ④ 20

해설

$\delta = \dfrac{V_s - V_r}{V_r} \times 100 = \dfrac{100 - 90}{90} \times 100 = 11.11[\%]$

**17** 다음 중 환상(루프) 방식과 비교할 때 방사상 배전선로 구성방식에 해당되는 사항은?

① 전력 수요가 증가 시 간선이나 분기선을 연장 하여 쉽게 공급이 가능하다.
② 전압 변동 및 전력손실이 작다.
③ 사고 발생 시 다른 간선으로의 전환이 쉽다.
④ 환상방식 보다 신뢰도가 높은 방식이다.

해설

방사상 배전선로는 변압기 단위로 저압 배전선이 분할되고 있으며 부하의 증설에 따라 수지상 모양으로 간선이나 분기선이 접속되어 있는 배전방식이다. 이는 전력 수요가 증가시 연장하여 쉽게 공급이 가능하다.

**18 초호각(Arcinghorn)의 역할은?**

① 풍압을 조절한다.
② 송전 효율을 높인다.
③ 선로의 섬락 시 애자의 파손을 방지한다.
④ 고주파수의 섬락전압을 높인다.

해설

선로의 섬락 시 애자의 파손을 방지하기 위해 소호환 또는 소호각을 설치한다.

**19 유효낙차 90[m], 출력 104500[kW], 비속도 (특유속도) 210[m·kW]인 수차의 회전속도는 약 몇 [rpm]인가?**

① 150　　　　　　② 180
③ 210　　　　　　④ 240

해설

$$N = N_s \times \frac{H^{\frac{5}{4}}}{\sqrt{P}} = 210 \times \frac{90^{\frac{5}{4}}}{\sqrt{104500}} = 180[\mathrm{rpm}]$$

**20 발전기 또는 주변압기의 내부고장 보호용으로 가장 널리 쓰이는 것은?**

① 거리 계전기　　　② 과전류 계전기
③ 비율차동 계전기　④ 방향단락 계전기

해설

비율차동 계전기는 발전기 또는 변압기의 내부고장, 모선 보호용으로 사용된다.

정답　　18 ③　19 ②　20 ③

# 22 과년도기출문제(2022. 4. 24 시행)

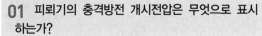

**01** 피뢰기의 충격방전 개시전압은 무엇으로 표시하는가?

① 직류전압의 크기　② 충격파의 평균치
③ 충격파의 최대치　④ 충격파의 실효치

해설

피뢰기의 제한전압과 충격방전 개시전압은 충격파의 최대치로 표시한다.

**02** 전력용 콘덴서에 비해 동기조상기의 이점으로 옳은 것은?

① 소음이 적다
② 진상전류 이외에 지상전류를 취할수 있다.
③ 전력손실이 적다.
④ 유지보수가 쉽다.

해설

| 구 분 | 동기조상기 | 콘덴서 | 리액터 |
|---|---|---|---|
| 무효전력 | 진상 및 지상 | 진상 | 지상 |
| 조정의 형태 | 연속 | 불연속 | 불연속 |
| 보수 | 곤란 | 용이 | 용이 |
| 손실 | 대 | 소 | 소 |
| 시충전 | 가능 | 불가능 | 불가능 |

**03** 단락보호방식에 관한 설명으로 틀린 것은?

① 방사상 선로의 단락 보호방식에서 전원이 양단에 있을 경우 방향 단락계전기와 과전류 과전기를 조합시켜 사용한다.
② 전원이 1단에만 있는 방사상 송전선로에서의 고장 전류는 모두 발전소로부터 방사상으로 흘러나간다.
③ 환상 선로의 단락 보호방식에서 전원이 두군데 이상 있는 경우에는 방향 거리 계전기를 사용한다.
④ 환상 선로의 단락 보호방식에서 전원이 1단에만 있는 경우 선택 단락계전기를 사용한다.

해설

선택 단락계전기는 병행 2회선 송전 선로의 1회선에 고장이 발생했을 때, 양방향으로 작동하여 고장 회선을 선택하고 차단하는 계전기이다.

**04** 밸런서의 설치가 가장 필요한 배전방식은?

① 단상 2선식　② 단상 3선식
③ 3상 3선식　④ 3상 4선식

해설

단상 3선식에서 중성선 단선시 전압의 불평형이 발생하므로 밸런서가 필요하다.

**05** 부하전류가 흐르는 전로는 개폐할 수 없으나 기기의 점검이나 수리를 위하여 회로를 분리하거나, 계통의 접속을 바꾸는데 사용하는 것은?

① 차단기　② 단로기
③ 전력용 퓨즈　④ 부하 개폐기

해설

단로기는 아크소호능력이 없기 때문에 부하전류가 흐르는 전로는 개폐할 수 없고 기기의 점검이나 수리를 위하여 회로를 분리하거나, 계통의 접속을 바꾸는데 사용하는 개폐기이다.

**06** 정전용량 $0.01\,[\mu\mathrm{F/km}]$, 길이 $173.2[\mathrm{km}]$, 선간전압 $60[\mathrm{kV}]$, 주파수 $60[\mathrm{Hz}]$인 3상 송전선로의 충전전류는 약 몇 $[\mathrm{A}]$ 인가?

① 6.3        ② 12.5

③ 22.6       ④ 37.2

해설

충전전류 $I_c = \omega C_s E[\mathrm{A}]$, $C_s$ : 대지정전용량, $E$ : 대지전압

$$I_c = 2 \times 3.14 \times 60 \times 0.01 \times 10^{-6} \times 173.2 \times \frac{60 \times 10^3}{\sqrt{3}}$$

$$= 22.6[\mathrm{A}]$$

**07** 보호계전기의 반한시 · 정한시 특성은?

① 동작전류가 커질수록 동작시간이 짧게 되는 특성

② 최소 동작전류 이상의 전류가 흐르면 즉시 동작하는 특성

③ 동작전류의 크기에 관계없이 일정한 시간에 동작하는 특성

④ 동작전류가 커질수록 동작시간이 짧아지며, 어떤 전류 이상이 되면 동작전류의 크기에 관계없이 일정한 시간에서 동작하는 특성

해설

반한시 · 정한시 특성은 동작전류가 커질수록 동작시간이 짧아지며, 어떤 전류 이상이 되면 동작전류의 크기에 관계없이 일정한 시간에서 동작한다.

**08** 전력계통의 안정도에서 안정도의 종류에 해당하지 않는 것은?

① 정태 안정도      ② 상태 안정도

③ 과도 안정도      ④ 동태 안정도

해설

전력계통의 안정도에는 정태안정도, 동태안정도, 과도안정도가 있다.

**09** 배전선로의 역률 개선에 따른 효과로 적합하지 않은 것은?

① 선로의 전력손실 경감

② 선로의 전압강하의 감소

③ 전원측 설비의 이용률 향상

④ 선로 절연의 비용 절감

해설

**역률 개선시 효과**

• 선로의 전력손실 경감

• 선로의 전압강하의 감소

• 전기요금 절감

• 전원측 설비의 이용률 향상

**10** 저압뱅킹 배전방식에서 캐스케이딩현상을 방지하기 위하여 인접 변압기를 연락하는 저압선의 중간에 설치하는 것으로 알맞은 것은?

① 구분퓨즈       ② 리클로저

③ 섹셔널라이저     ④ 구분개폐기

해설

저압뱅킹 배전방식에서 캐스케이딩현상을 방지하기 위하여 인접 변압기를 연락하는 저압선의 중간에 구분퓨즈를 설치한다.

**11** 승압기에 의하여 전압 $V_e$에서 $V_h$로 승압할 때, 2차 정격전압 $e$, 자기용량 $W$인 단상 승압기가 공급할 수 있는 부하용량은?

① $\dfrac{V_h}{e} \times W$  ② $\dfrac{V_e}{e} \times W$

③ $\dfrac{V_e}{V_h - V_e} \times W$  ④ $\dfrac{V_h - V_e}{V_e} \times W$

해설

승압기 부하용량 $= \dfrac{V_h}{e} \times W$

**12** 배기가스의 여열을 이용해서 보일러에 공급되는 급수를 예열함으로써 연료 소비량을 줄이거나 증발량을 증가시키기 위해서 설치하는 여열회수 장치는?

① 과열기  ② 공기 예열기
③ 절탄기  ④ 재열기

해설

절탄기는 배기가스의 여열을 이용해서 보일러에 공급되는 급수를 예열함으로써 연료 소비량을 줄이거나 증발량을 증가시키기 위해서 설치한다.

**13** 직렬콘덴서를 선로에 삽입할 때의 이점이 아닌 것은?

① 선로의 인덕턴스를 보상한다
② 수전단의 전압강하를 줄인다.
③ 정태안정도를 증가한다.
④ 송전단의 역률을 개선한다.

해설

송전단의 역률을 개선하기 위해서는 병렬콘덴서를 설치한다.

**14** 전선의 굵기가 균일하고 부하가 균등하게 분산되어있는 배전선로의 전력손실은 전체 부하가 선로 말단에 집중되어있는 경우에 비하여 어느 정도가 되는가?

① $\dfrac{1}{2}$  ② $\dfrac{1}{3}$

③ $\dfrac{2}{3}$  ④ $\dfrac{3}{4}$

해설

균등부하와 말단부하의 비교

| 구분 | 전압강하 | 전력손실 |
|---|---|---|
| 말단부하 | 1 | 1 |
| 균등부하 | $\dfrac{1}{2}$ | $\dfrac{1}{3}$ |

**15** 송전단 전압 $161[kV]$, 수전단 전압 $154[kV]$, 상차각 $35°$, 리액턴스 $60[\Omega]$일 때 선로 손실을 무시하면 전송전력[MW]은 약 얼마인가?

① 356  ② 307
③ 237  ④ 161

해설

$$P = \frac{V_s V_r}{X} \times \sin\delta[\text{MW}] \quad 단, \ V_s V_r : 송수전단 전압[kV]$$

여기서, : 리액턴스 $X$, $\delta$ : 송·수전단 전압의 상차각

$$P = \frac{161 \times 154}{60} \times \sin 35 = 237 \,[\text{MW}]$$

**16** 직접접지방식에 대한 설명으로 틀린 것은?

① 1선 지락 사고시 건전상의 대지 전압이 거의 상승하지 않는다.
② 계통의 절연수준이 낮아지므로 경제적이다.
③ 변압기의 단절연이 가능하다.
④ 보호계전기가 신속히 동작하므로 과도안정도가 좋다.

해설

| 종류<br>구분 | 직접접지 | 소호리액터 |
|---|---|---|
| 전위상승 | 최소 | 최대 |
| 절연레벨 | 최소 | 최대 |
| 변압기 단절연 | 가능 | 불가능 |
| 지락전류의 크기 | 최대 | 최소 |
| 보호계전기 동작 | 확실 | 불확실 |
| 통신선 유도장해 | 최대 | 최소 |
| 과도 안정도 | 나쁨 | 좋음 |

**17** 그림과 같이 지지점 A, B, C에는 고저차가 없으며, 경간 AB와 BC 사이에 전선이 가설되어 그 이도가 각각 12[cm] 이다. 지지점 B에서 전선이 떨어져 전선의 이도가 D로 되었다면 D의 길이 [cm]는? (단, 지지점 B는 A와 C의 중점이며 지지점 B에서 전선이 떨어지기 전, 후의 길이는 같다.)

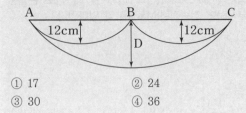

① 17
② 24
③ 30
④ 36

해설

지지점 고저차가 없고, 양쪽 지지물의 이도가 같을 때, B에서 전선이 떨어지면 한쪽 이도의 2배가 된다.

**18** 수차의 캐비테이션 방지책으로 틀린 것은?

① 흡출수두를 증대시킨다.
② 과부하 운전을 가능한 한 피한다.
③ 수차의 비속도를 너무 크게 잡지 않는다.
④ 침식에 강한 금속재료로 러너를 제작한다.

해설

캐비테이션 방지대책
• 흡출수두를 증대시키지 않는다.
• 과부하 운전을 가능한 한 피한다
• 수차의 비속도를 너무 크게 잡지 않는다.
• 침식에 강한 금속재료로 러너를 제작한다.

**19** 송전선로에 매설지선을 설치하는 목적은?

① 철탑 기초의 강도를 보강하기 위하여
② 직격뇌로부터 송전선을 차폐보호하기 위하여
③ 현수애자 1연의 전압 분담을 균일화하기 위하여
④ 철탑으로부터 송전선로로의 역섬락을 방지하기 위하여

해설

철탑의 탑각 접지저항이 크면 낙뢰시 철탑의 전위가 상승하여 철탑으로부터 송전선으로 뇌 전류가 흘러 역섬락이 발생한다. 이를 방지하기 위해 매설지선을 설치한다.

**20** 1회선 송전선과 변압기의 조합에서 변압기의 여자 어드미턴스를 무시하였을 경우 송수전단의 관계를 나타내는 4단자 정수 $C_0$는? (단, $A_0 = A + CZ_{ts}$, $B_0 = B + AZ_{tr} + DZ_{ts} + CZ_{tr}Z_{ts}$, $D_0 = D + CZ_{tr}$ 여기서 $Z_{ts}$는 송전단변압기의 임피던스이며, $Z_{tr}$은 수전단변압기 임피던스이다.)

① $C$
② $C + DZ_{ts}$
③ $C + AZ_{ts}$
④ $CD + CA$

해설

$$\begin{bmatrix} A_0 & B_0 \\ C_0 & D_0 \end{bmatrix} = \begin{bmatrix} 1 & Z_{ts} \\ 0 & 1 \end{bmatrix}\begin{bmatrix} A & B \\ C & D \end{bmatrix}\begin{bmatrix} 1 & Z_{tr} \\ 0 & 1 \end{bmatrix}$$
$$= \begin{bmatrix} A + CZ_{ts} & B + AZ_{tr} + DZ_{ts} + CZ_{tr}Z_{ts} \\ C & D + CZ_{tr} \end{bmatrix}$$

**22**

CBT시험 복원문제

전기기사과년도

# 과년도기출문제(2022. 7. 2 시행)

※ 본 기출문제는 수험자의 기억을 바탕으로 하여 복원한 문제이므로 실제 문제와 다를 수 있음을 미리 알려드립니다.

**01** 가공지선을 설치하는 목적이 아닌 것은?

① 뇌해 방지
② 정전 차폐효과
③ 전자 차폐 효과
④ 코로나의 발생방지

해설

가공지선은 직격뢰 차폐, 유도뢰 차폐, 통신선의 유도장해를 경감을 목적으로 설치한다.

**02** 다음 중 전력 원선도에서 알 수 없는 것은?

① 전력
② 조상기 용량
③ 손실
④ 코로나 손실

해설

전력 원선도에서, 과도 안정 극한전력, 코로나 손실은 알수가 없다.

**03** 파동임피던스가 $500[\Omega]$인 가공 송전선 1Km당의 인덕턴스는 약 몇 $[mH/Km]$인가?

① 1.67
② 2.67
③ 3.67
④ 4.67

해설

파동임피던스 $Z_0 = \sqrt{\dfrac{L}{C}} = 138\log\dfrac{D}{r}[\Omega]$ 에서,

$138\log\dfrac{D}{r} = 500[\Omega]$ 이므로, $\log\dfrac{D}{r} = \dfrac{500}{138}$ 이다.

$L = 0.4605 \times \dfrac{500}{138} = 1.67[mH/Km]$

**04** 유효낙차 $100[m]$, 최대사용수량 $20[m^3/s]$, 수차효율 $70[\%]$인 수력발전소의 연간 발전전력량은 약 몇 $[kWh]$인가?
(단, 발전기의 효율은 $85[\%]$라고 한다.)

① $2.5 \times 10^7$
② $5 \times 10^7$
③ $10 \times 10^7$
④ $20 \times 10^7$

해설

연간 발전전력량 $W = P \times t$

$W = 9.8\,QH\eta \times 8760\,[kWh]$

$\quad = 9.8 \times 20 \times 100 \times 0.7 \times 0.85 \times 8760$

$\quad = 10 \times 10^7\,[kWh]$

**05** 수력발전소에서 사용되고, 횡축에 1년 365일을 종축에 유량을 표시하는 유황곡선이란?

① 유량이 적은 것부터 순차적으로 배열하여 이들 점을 연결한 것이다.
② 유량이 큰 것부터 순차적으로 배열하여 이들 점을 연결한 것이다.
③ 유량의 월별 평균값을 구하여 선으로 연결한 것이다.
④ 각 월에 가장 큰 유량만을 선으로 연결한 것이다.

해설

유황곡선은 유량도를 토대로 가로축에 1년의 일수를, 세로축에 매일의 유량을 큰 순서대로 나타낸 곡선이다.

## 06 특유속도가 가장 낮은 수차는?

① 펠톤수차
② 사류수차
③ 프로펠라수차
④ 프란시스수차

해설
낙차와 특유속도는 반비례하기 때문에, 고낙차 영역에서 사용하는 펠톤수차가 특유속도가 가장 낮다.

## 07 길이 20[km], 전압 20[kV], 주파수 60[Hz]인 1회선의 3상 지중송전선 정전용량이 0.5[μF/km]일 때, 이 송전선의 무부하 충전용량은 약 몇 [kVA]인가?

① 1412
② 1508
③ 1725
④ 1904

해설
송전선의 무부하 충전용량
$$Q = 3 \times 2\pi f\, CE^2 \times 10^{-3}[\text{kVA}]$$
$$Q = 3 \times 2\pi \times 60 \times 0.5 \times 10^{-6} \times 20 \times \left(\frac{20000}{\sqrt{3}}\right)^2 \times 10^{-3}$$
$$= 1508[\text{kVA}]$$

## 08 154[kV] 송전계통의 뇌에 대한 보호에서 절연강도의 순서가 가장 경제적이고 합리적인 것은?

① 피뢰기 → 변압기코일 → 기기부싱 → 결합콘덴서 → 선로애자
② 변압기코일 → 결합콘덴서 → 피뢰기 → 선로애자 → 기기부싱
③ 결합콘덴서 → 기기부싱 → 선로애자 → 변압기코일 → 피뢰기
④ 기기부싱 → 결합콘덴서 → 변압기코일 → 피뢰기 → 선로애자

해설
송전계통의 뇌에 대한 보호에서 절연강도에 가장 낮은 기기는 피뢰기이고, 가장 높은 기기는 선로애자이다. 한편, 변압기의 절연강도는 피뢰기의 제한전압보다 높게 한다.

## 09 송전단 전압을 VS, 수전단 전압을 Vr, 선로의 리액턴스를 X라 할 때, 정상 시의 최대 송전전력의 개략적인 값은?

① $\dfrac{V_S - V_r}{X}$
② $\dfrac{V_S^2 - V_r^2}{X}$
③ $\dfrac{V_S(V_S - V_r)}{X}$
④ $\dfrac{V_S V_r}{X}$

해설
송전전력 $P = \dfrac{V_s V_r}{X} \times \sin\delta[\text{MW}]$ 의 최댓값은 송·수전단 전압의 상차각 90°일 때이다.
$$P_{\max} = \frac{V_S V_r}{X}$$

## 10 동기조상기에 대한 설명으로 틀린 것은?

① 시충전이 불가능하다.
② 전압 조정이 연속적이다.
③ 중부하시에는 과여자로 운전하여 앞선 전류를 취한다.
④ 경부하시에는 부족여자로 운전하여 뒤진 전류를 취한다.

해설
조상설비의 특성

| 구 분 | 동기조상기 | 콘덴서 |
|---|---|---|
| 무효전력 | 진상 및 지상 | 진상 |
| 조정의 형태 | 연속 | 불연속 |
| 보수 | 곤란 | 용이 |
| 손실 | 대 | 소 |
| 시충전 | 가능 | 불가능 |

**11** 전력계통의 전압조정설비에 대한 특징으로 틀린 것은?

① 병렬콘덴서는 진상능력만을 가지며 병렬리액터는 진상능력이 없다.
② 동기조상기는 조정의 단계가 불연속적이나 직렬콘덴서 및 병렬리액터는 연속적이다.
③ 동기조상기는 무효전력의 공급과 흡수가 모두 가능하여 진상 및 지상용량을 갖는다.
④ 병렬리액터는 경부하 시에 계통 전압이 상승하는 것을 억제하기 위하여 초고압송전선 등에 설치된다.

해설

| 구 분 | 동기조상기 | 콘덴서 | 리액터 |
|---|---|---|---|
| 무효전력 | 진상 및 지상 | 진상 | 지상 |
| 조정의 형태 | 연속 | 불연속 | 불연속 |
| 보수 | 곤란 | 용이 | 용이 |
| 손실 | 대 | 소 | 소 |
| 시충전 | 가능 | 불가능 | 불가능 |

**12** 송전계통의 안정도 향상 대책이 아닌 것은?

① 계통의 직렬 리액턴스를 증가시킨다.
② 전압 변동을 적게 한다.
③ 고장시간, 고장전류를 적게 한다.
④ 계통분리방식을 적용한다.

해설

안정도 향상대책
① 직렬 리액턴스 감소
 • 직렬콘덴서를 설치
 • 선로의 병행 회선을 증가, 복도체 사용
 • 발전기나 변압기의 리액턴스 감소, 발전기의 단락비 증가
② 전압 변동 억제
 • 계통의 연계
 • 속응 여자방식 채용
 • 중간 조상방식 채용
③ 계통 충격 경감
 • 고속도 재폐로방식 채용
 • 고속 차단방식 채용
 • 소호리액터 접지방식 채용

**13** 다음 중 송전선로의 역섬락을 방지하기 위한 대책으로 가장 알맞은 방법은?

① 가공지선을 설치함 ② 피뢰기를 설치함
③ 탑각저항을 낮게 함 ④ 소호각을 설치함

해설

철탑의 탑각 접지저항이 크면 역섬락이 발생한다. 이를 방지하기 위해 매설지선을 설치한다. 매설지선을 설치할 경우 탑각의 접지저항이 감소되어 역섬락을 방지할 수 있다.

**14** 3상용 차단기의 정격전압은 170[kV]이고 정격차단전류가 50[kA]일 때 차단기의 정격차단용량은 약 몇 [MVA]인가?

① 5000 ② 10000
③ 15000 ④ 20000

해설

정격차단용량
$P_s = \sqrt{3}\, V_n I_{kA} = \sqrt{3} \times 170 \times 50 = 15000 [\text{MVA}]$

**15** 3상 동기발전기 단자에서의 고장 전류 계산 시 영상전류 $I_0$, 정상전류 $I_1$과 역상전류 $I_2$가 같은 경우는?

① 1선 지락고장 ② 2선 지락고장
③ 선간 단락고장 ④ 3상 단락고장

해설

1선 지락사고시 : $I_0 = I_1 = I_2$ , $I_b = I_c = 0$ ,
$I_g = 3I_0$

**16** 변전소에서 비접지 선로의 접지보호용으로 사용되는 계전기에 영상전류를 공급하는 것은?

① CT ② GPT
③ ZCT ④ PT

해설

영상변류기[ZCT]는 비접지 선로의 접지보호용으로 사용되는 계전기에 영상전류를 공급한다.

**17** 비접지방식을 직접접지방식과 비교한 것 중 옳지 않은 것은?

① 전자유도장해가 경감된다.
② 지락전류가 작다.
③ 보호계전기의 동작이 확실하다.
④ △결선을 하여 영상전류를 흘릴 수 있다.

해설

| 종류 구분 | 직접접지 | 비접지 |
|---|---|---|
| 전위상승 | 최소 | $\sqrt{3}$ 배 |
| 절연레벨 | 최소 | 대 |
| 변압기 단절연 | 가능 | 불가능 |
| 지락전류 크기 | 최대 | 소 |
| 보호계전기 동작 | 확실 | 불확실 |
| 통신선 유도장해 | 최대 | 소 |

**18** 1선 지락 시에 지락전류가 가장 작은 송전계통은?

① 비접지식
② 직접접지식
③ 저항접지식
④ 소호리액터접지식

해설

지락전류 크기 순서
직접접지 〉 저항접지 〉 비접지 〉 소호리액터 접지

**19** 일반적으로 화력발전소에서 적용하고 있는 열 사이클 중 가장 열효율이 좋은 것은?

① 재생 사이클
② 랭킨 사이클
③ 재열 사이클
④ 재생·재열 사이클

해설

재생·재열 사이클은 재생 사이클과 재열 사이클의 방식을 조합하여 효율을 향상시킨 사이클로서 가장 효율이 좋다.

**20** $SF_6$ 가스차단기에 대한 설명으로 틀린 것은?

① $SF_6$ 가스 자체는 불활성 기체이다.
② $SF_6$ 가스는 공기에 비하여 소호능력이 약 100배 정도이다.
③ 절연거리를 적게 할 수 있어 차단기 전체를 소형, 경량화 할 수 있다.
④ $SF_6$ 가스를 이용한 것으로서 독성이 있으므로 취급에 유의하여야 한다.

해설

가스차단기[GCB]는 $SF_6$ 가스를 이용한 것으로서 무색, 무취, 무해하다.

# 23

# 과년도기출문제(2023. 3. 1 시행)

※ 본 기출문제는 수험자의 기억을 바탕으로 하여 복원한 문제이므로 실제 문제와 다를 수 있음을 미리 알려드립니다.

**01** 가공 왕복선 배치에서 지름이 $d$[m] 이고 선간 거리가 $D$[m]인 선로 한 가닥의 작용 인덕턴스는 몇 [mH/km]인가? (단, 선로의 투자율은 1 이라 한다.)

① $0.05 + 0.04605 \log_{10} \dfrac{D}{d}$

② $0.05 + 0.4605 \log_{10} \dfrac{D}{d}$

③ $0.5 + 0.4605 \log_{10} \dfrac{2D}{d}$

④ $0.05 + 0.4605 \log_{10} \dfrac{2D}{d}$

해설

분모의 반지름이 지름으로 표현되어 있으므로, 분자에도 2를 곱한다.

$\therefore L = 0.05 + 0.4605 \log_{10} \dfrac{2D}{d}$[mH/km]

**02** 선로정수에 영향을 가장 많이 주는 것은?

① 전선의 배치        ② 송전전압

③ 송전전류        ④ 역률

해설

송·배전 선로는 저항 $R$, 인덕턴스 $L$, 정전용량(커패시턴스) $C$, 누설 컨덕턴스 $G$ 라는 4개의 정수로 이루어진 연속된 전기회로이다. 이들 정수를 선로정수(Line Constant)라고 부르는데 이것은 전선의 배치 전선의 종류, 전선의 굵기 등에 따라 정해지며 전선의 배치에 가장 많은 영향을 받는다.

**03** 전력계통에서 내부 이상전압의 크기가 가장 큰 경우는?

① 유도성 소전류 차단 시

② 수차발전기의 부하 차단 시

③ 무부하 선로 충전전류 차단 시

④ 송전선로의 부하 차단기 투입 시

해설

전력계통에서 내부 이상전압의 크기가 가장 큰 경우는 무부하 선로 충전전류 차단시 발생한다.

**04** 역률 80[%]의 3 상 평형부하에 공급하고 있는 선로길이 2[km]의 3 상 3선식 배전선로가 있다. 부하의 단자전압을 6000[V]로 유지하였을 경우, 선로의 전압강하율 10[%] 를 넘지 않게 하기 위해서는 부하전력을 약 몇 [kW]까지 허용할 수 있는가? (단, 전선 1선당의 저항은 0.82[Ω/km], 리액턴스는 0.38[Ω/km]라 하고, 그 밖의 정수는 무시한다.)

① 1303        ② 1629

③ 2257        ④ 2821

해설

$P = \dfrac{\delta \times V^2}{(R + X\tan\theta)}$

$= \dfrac{0.1 \times 6000^2}{0.82 \times 2 + 0.38 \times 2 \times \dfrac{0.6}{0.8}} \times 10^{-3}$

$≒ 1629$[kW]

**05** 송전단전압 161[kV], 수전단전압 154[kV], 상차각 40도, 리액턴스 45[Ω]일 때 선로손실을 무시하면 전송전력은 약 몇[MW]인가?

① 323        ② 443

③ 354        ④ 623

**해설**

$$P = \frac{V_s V_r}{X} \times \sin\delta \text{[MW]}$$

$$= \frac{161 \times 154}{45} \times \sin 40 = 354 \text{[MW]}$$

**해설**

특유속도와 낙차는 반비례하므로, 고 낙차 영역에서 사용하는 펠턴수차가 특유속도가 가장 작다.

| 저 낙차 | 중 낙차 | | 고 낙차 |
|---|---|---|---|
| 15[m] 이하 | 15~45[m] 이하 | 50~500[m] 이하 | 350[m] 이상 |
| 원통형수차 튜블러수차 | 프로펠러수차 카플란수차 | 프란시스수차 사류수차 | 펠턴수차 |
| 반동수차 | | | 충동수차 |

---

## 06 증기의 엔탈피란?

① 증기 1[kg]의 잠열
② 증기 1[kg]의 보유열량
③ 증기 1[kg]의 현열
④ 증기 1[kg]의 증발열을 그 온도로 나눈 것

**해설**

엔탈피란 각 온도에 있어서 1[kg] 증기의 보유열량을 말한다.

---

## 09 전력계통의 주파수 변동은 주로 무엇의 변화에 기인하는가?

① 유효전력
② 무효전력
③ 계통 전압
④ 계통 임피던스

**해설**

전력계통의 주파수 변동은 주로 유효전력의 변동 때문에 발생한다. 예를 들어 전력계통의 주파수가 기준치보다 증가하는 경우 발전출력[kW]을 감소시켜 주파수를 다시 낮춤으로 정주파수를 유지한다.

---

## 07 모선 보호에 사용되는 계전방식이 아닌 것은?

① 위상 비교방식
② 선택접지 계전방식
③ 방향거리 계전방식
④ 전류차동 보호방식

**해설**

모선 보호 계전방식의 종류
• 전류차동 계전방식
• 전압차동 계전방식
• 방향비교 계전방식
• 위상비교 계전방식

---

## 10 케이블 단선사고에 의한 고장점까지의 거리를 정전용량 측정법으로 구하는 경우, 건전상의 정전용량이 $C$, 고장점까지의 정전용량이 $C_x$, 케이블의 길이가 $l$일 때 고장점까지의 거리를 나타내는 식으로 알맞은 것은?

① $\dfrac{C}{C_x}l$
② $\dfrac{2C_x}{C}l$
③ $\dfrac{C_x}{C}l$
④ $\dfrac{C_x}{2C}l$

**해설**

정전용량 측정법은 케이블의 단선사고에만 사용하는 고장점 탐지법이다.

고장점까지의 거리 $L = \dfrac{C_x}{C} \times l$

---

## 08 다음 중 특유속도가 가장 작은 수차는?

① 프로펠러수차
② 프란시스수차
③ 펠턴수차
④ 카플란수차

---

**11** 통신선과 평행된 주파수 60[Hz]의 3상 1회선 송전선에서 1선 지락으로 영상전류가 110[A] 흐르고 있을 때 통신선에 유기되는 전자유도전압은 약 몇 [V]인가? (단, 영상전류는 송전선 전체에 걸쳐 같으며, 통신선과 송전선의 상호 인덕턴스는 0.05 [mH/km]이고, 양 선로의 병행 길이는 55[km]이다.)

① 94[V]  　　　　② 163[V]
③ 242[V]  　　　　④ 342[V]

해설

전자유도전압
$$E_m = \omega M l (3I_0)$$
$$= 2\pi \times 60 \times 0.05 \times 10^{-3} \times 55 \times 3 \times 110$$
$$= 342[\text{V}]$$

**12** 수용가를 2군으로 나누어서 각 군에 변압기 1대 씩을 설치하고 각 군 수용가의 총 설비부하용량을 각각 30[kW] 및 20[kW]라 하자. 각 수용가의 수용률을 0.5 수용가 상호간의 부등률을 1.2 변압기 상호간의 부등률을 1.30이라 하면 고압 간선에 대한 최대부하는 몇 [kVA]인가? (단, 부하역률은 모두 0.8이라고 한다.)

① 13  　　　　② 16
③ 20  　　　　④ 25

해설

합성최대전력
$$최대부하 = \dfrac{\dfrac{15}{1.2} + \dfrac{10}{1.2}}{1.3 \times 0.8} = 20[\text{kVA}]$$

**13** 그림과 같은 주상변압기 2차측 접지공사의 목적은?

① 1차측 과전류 억제
② 2차측 과전류 억제
③ 1차측 전압 상승 억제
④ 2차측 전압 상승 억제

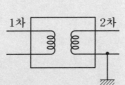

**14** 1[m]의 하중이 0.37[kg]인 전선을 지지점이 수평인 경간 80[m]에 가설하여 이도를 0.8[m]로 하면 전선의 수평장력은 몇 [kg]인가?

① 350  　　　　② 360
③ 370  　　　　④ 380

해설

$$장력 \quad T = \dfrac{WS^2}{8D} = \dfrac{0.37 \times 80^2}{8 \times 0.8} = 370[\text{kg}]$$

**15** 선로 고장 발생시 타 보호기기와의 협조에 의해 고장 구간을 신속히 개방하는 자동구간 개폐기로서 고장전류를 차단할 수 없어 차단 기능이 있는 후비 보호장치와 직렬로 설치되어야 하는 배전용 개폐기는?

① 배전용 차단기  　　　② 부하 개폐기
③ 컷아웃스위치  　　　④ 섹셔널라이저

해설

섹셔널라이저는 부하측에 설치하며, 선로 고장 발생시 타 보호기기와의 협조에 의해 고장 구간을 신속히 개방하는 자동구간 개폐기로서 고장전류를 차단할 수 없어 차단 기능이 있는 후비 보호장치와 직렬로 설치되어야 하는 배전용 개폐기이다.

해설

주상변압기 2차측 접지는 고저압 혼촉사고시 2차측 전압 상승을 억제한다.

**16** 정격전압 7.2[kV]인 3상용 차단기의 차단용량이 100[MVA]라면 정격차단전류는 약 몇 [kA]인가?

① 2  　　　　② 4
③ 8  　　　　④ 12

정답　11 ④　12 ③　13 ④　14 ③　15 ④　16 ③

**해설**

정격차단전류

$$I_{kA} = \frac{P_s}{\sqrt{3} \times V_n} = \frac{100 \times 10^3}{\sqrt{3} \times 7.2} \times 10^{-3} = 8 \, [\text{kA}]$$

**17** 수차의 유효낙차와 안내날개, 그리고 노즐의 열린 정도를 일정하게 하여 놓은 상태에서 조속기가 동작하지 않게 하고, 전부하 정격속도로 운전 중에 무부하로 하였을 경우에 도달하고 최고 속도를 무엇이라 하는가?

① 특유 속도(specific speed)
② 동기 속도(synchronous speed)
③ 무구속 속도(runaway speed)
④ 임펄스 속도(impulse speed)

**해설**

발전기의 부하를 차단하였을 때의 수차 회전수의 상승한도를 무구속 속도라 한다. 안내날개의 개도를 일정하게 둔 채로 부하를 차단하더라도 회전수는 무한대로 상승하지 않고 일정한 최고속도에 도달하면 그 이상으로는 상승하지 않는다. 무구속 속도의 범위는 수차마다 다르며, 대략 정격 속도의 200[%] 정도이다.

**18** 송전계통의 안정도 향상대책으로 적당하지 않은 것은?

① 계통의 리액턴스를 직렬콘덴서로 감소시킨다.
② 기기의 리액턴스를 감소한다.
③ 발전기의 단락비를 작게 한다.
④ 계통을 연계한다.

**해설**

발전기의 단락비가 크다는 것은 동기임피던스가 작다는 것을 의미하여, 발전기의 리액턴스가 작다는 의미이다. 즉, 안정도 향상을 위해서는 단락비가 커야한다.

**19** 전력계통의 전압조정과 무관한 것은?

① 전력용콘덴서
② 자동전압조성기
③ 발전기의 조속기
④ 부하 시 탭 조정장치

**해설**

출력의 증감에 관계없이 수차의 회전수를 일정하게 유지하기 위해 조속기를 사용한다.

**20** 전력계통에서 무효전력을 조정하는 조상설비 중 전력용 콘덴서를 동기조상기와 비교할 때 옳은 것은?

① 전력손실이 크다.
② 지상 무효전력분을 공급할 수 있다.
③ 전압조정을 계단적으로 밖에 못한다.
④ 송전선로를 시송전할 때 선로를 충전할 수 있다.

**해설**

| 구 분 | 동기조상기 | 콘덴서 |
|---|---|---|
| 무효전력 | 진상 및 지상 | 진상 |
| 조정의 형태 | 연속 | 불연속 |
| 보수 | 곤란 | 용이 |
| 손실 | 대 | 소 |
| 시충전 | 가능 | 불가능 |

# 23

CBT시험 복원문제

전기기사과년도

# 과년도기출문제(2023. 5. 13 시행)

※ 본 기출문제는 수험자의 기억을 바탕으로 하여 복원한 문제이므로 실제 문제와 다를 수 있음을 미리 알려드립니다.

**01** 전력퓨즈(Power fuse)는 고압, 특고압기기의 주로 어떤 전류의 차단을 목적으로 설치하는가?

① 충전전류
② 부하전류
③ 단락전류
④ 영상전류

해설

전력퓨즈의 역할
• 단락사고시 단락전류를 차단한다.
• 부하전류를 안전하게 통전한다.

**02** 한류리액터를 사용하는 가장 큰 목적은?

① 충전전류의 제한
② 접지전류의 제한
③ 누설전류의 제한
④ 단락전류의 제한

해설

한류리액터
단락전류를 제한하여 차단기 용량을 감소시키기 위해 한류리액터를 설치한다.

**03** 출력 185000[kW]의 화력발전소에서 매시간 140[t]의 석탄을 사용한다고 한다. 이 발전소의 열효율은 약 몇 [%]인가? (단, 사용하는 석탄의 발열량은 4000[kcal/kg]이다.)

① 28.4
② 30.7
③ 32.6
④ 34.5

해설

$$\eta = \frac{860 W}{mH} \times 100 = \frac{860 \times 185000}{140 \times 10^3 \times 4000} \times 100$$
$$= 28.41[\%]$$

**04** 부하전력 및 역률이 같을 때 전압을 $n$배 승압하면 전압 강하율과 전력손실은 어떻게 되는가?

① 전압강하율 : $\frac{1}{n}$, 전력손실 : $\frac{1}{n^2}$

② 전압강하율 : $\frac{1}{n^2}$, 전력손실 : $\frac{1}{n}$

③ 전압강하율 : $\frac{1}{n}$, 전력손실 : $\frac{1}{n}$

④ 전압강하율 : $\frac{1}{n^2}$, 전력손실 : $\frac{1}{n^2}$

해설

• 전압강하율 $\delta = \frac{P}{V^2}(R\cos\theta + \sin\theta) \rightarrow \delta \propto \frac{1}{V^2}$

• 전력손실 $P_\ell = \frac{P^2 R}{V^2 \cos^2\theta} \rightarrow P_\ell \propto \frac{1}{V^2}$

전압강하율과 전력손실 모두 전압의 제곱에 반비례한다.

**05** 전력선 $a$의 충전 전압을 $E$, 통신선 $b$의 대지 정전용량을 $C_b$, $ab$ 사이의 상호정전용량을 $C_{ab}$라고 하면 통신선 $b$의 정전유도전압 $E_s$는?

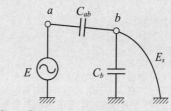

① $\frac{C_{ab} + C_b}{C_{ab}}E$
② $\frac{C_{ab} + C_b}{C_b}E$
③ $\frac{C_b}{C_{ab} + C_b}E$
④ $\frac{C_{ab}}{C_{ab} + C_b}E$

해설

단상인 경우 통신선의 정전 유도전압
$$E_s = \frac{C_{ab}}{C_{ab} + C_b}E[\text{V}]$$
전력선과 통신선 사이의 선간정전용량은 $C_{ab}$이고, 통신선과 대지사이의 대지정전용량 $C_b$

**06** 154[kV] 3상 3선식 전선로에서 각 선의 정전 용량이 각각 $C_a = 0.031[\mu F]$, $C_b = 0.030[\mu F]$, $C_c = 0.032[\mu F]$일 때 변압기의 중성점 잔류전압은 계통 상전압의 약 몇 [%] 정도 되는가?

① 1.9[%]  ② 2.8[%]
③ 3.7[%]  ④ 5.5[%]

해설

3상인 경우 정전 유도전압

$$E_s = \frac{\sqrt{C_a(C_a - C_b) + C_b(C_b - C_c) + C_c(C_c - C_a)}}{C_a + C_b + C_c} \times \frac{V}{\sqrt{3}}$$

$$= \frac{\sqrt{0.031(0.031 - 0.030) + 0.030(0.030 - 0.032) + 0.032(0.032 - 0.031)}}{0.031 + 0.030 + 0.032}$$

$$\times \frac{154000}{\sqrt{3}} = 1655.91$$

$$\therefore \frac{1655.91}{\frac{154000}{\sqrt{3}}} \times 100 = 1.86[\%]$$

**07** 전력선측의 유도장해 방지대책이 아닌 것은?

① 전력선과 통신선의 이격거리를 증대한다.
② 전력선의 연가를 충분히 한다.
③ 배류코일을 사용한다.
④ 차폐선을 설치한다.

해설

유도장해 경감대책
전력선측의 대책
• 차폐선을 설치한다.
• 전력선을 케이블화 한다.
• 전력선과 통신선을 수직 교차시킨다.
• 소호리액터 접지를 채용하여 지락전류를 줄인다.
• 연가를 충분히 하여 중성점의 잔류 전압을 줄인다.
• 고속도차단기를 설치하여 고장전류를 신속히 제거한다.
• 전력선과 통신선의 이격거리를 증대시켜 상호인덕턴스를 줄인다.

**08** 피뢰기에서 속류를 끊을 수 있는 최고의 교류 전압은?

① 정격전압  ② 제한전압
③ 차단전압  ④ 방전개시전압

해설

피뢰기의 정격전압
속류를 차단할 수 있는 최고의 교류전압

**09** 송전단 전압 161[kV], 수전단 전압 155[kV], 전력상차각 30°, 리액턴스 50[Ω]일 때 송전전력은 약 몇 [MW]인가?

① 210  ② 250
③ 370  ④ 430

해설

정태안정극한전력에 의한 송전용량

$$P = \frac{V_s V_r}{X} \times \sin \delta$$

$$= \frac{161 \times 155}{50} \times \sin 30°$$

$$= 249.55[MW] \fallingdotseq 250[MW]$$

**10** 화력 발전소에서 재열기의 목적은?

① 급수예열  ② 석탄건조
③ 공기예열  ④ 증기가열

해설

재열기
재열기는 고압터빈의 증기를 모두 추기하여 증기를 가열한다.

**11** 어떤 수력발전소의 안내날개의 열림 등 기타 조건은 불변으로 하여 유효낙차가 30[%] 저하되면 수차의 효율이 10[%] 저하 된다면, 이런 경우에는 원래 출력의 약 몇 [%]가 되는가?

① 53  ② 58
③ 63  ④ 68

해설

출력과 낙차의 관계식

$$P \propto H^{\frac{3}{2}}$$

$$\therefore P = (0.7)^{\frac{3}{2}} \times 0.9 \times 100 \fallingdotseq 53[\%]$$

**12** 그림과 같은 전력계통의 154[kV] 송전선로에서 고장 지락 임피던스를 통해서 1선 지락고장이 발생되었을 때 고장점에서 본 영상 %임피던스는? (단, 그림에 표시한 임피던스는 모두 동일용량, 100[MVA] 기준으로 환산한 %임피던스임)

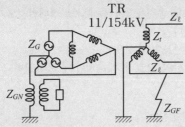

TR
11/154kV

① $Z_0 = Z_\ell + Z_t + Z$
② $Z_0 = Z_\ell + Z_t + Z_{gf}$
③ $Z_0 = Z_\ell + Z_t + 3Z_{gf}$
④ $Z_0 = Z_\ell + Z_t + Z_{gf} + G_G + Z_{GN}$

해설

1선 지락전류 $I_g = 3I_0$
따라서 지락의 3배인 $3Z_{gf}$의 관계식인
$Z_0 = Z_\ell + Z_t + 3Z_{gf}$ 적용

**13** 송전선로의 보호를 위한 것이 아닌 것은?

① 과전류 계전방식
② 방향 계전방식
③ 평행 계전방식
④ 전류 차동 보호방식

해설

송전선로의 보호계전방식
송전선로의 보호계전방식으로는 과전류, 과전압, 부족전압, 방향단락, 평행, 선택단락, 거리 등이 있다.

**14** 직접접지방식의 특성이 아닌 것은?

① 변압기 절연이 낮아진다.
② 지락전류가 커진다.
③ 단선고장시의 이상전압이 대단히 높다.
④ 통신선의 유도장해가 크다.

해설

직접접지방식의 특성
(1) 장점
 •1선지락 고장시 건전상 전압상승이 작다.
 •계통에 대한 절연 레벨을 낮출 수 있다.
 •고장 전류가 크므로 보호계전기의 동작이 확실하다.
(2) 단점
 •과도 안정도가 나쁘다.
 •계통의 기계적 강도를 크게 하여야 한다.
 •대전류를 차단하므로 차단기 등의 수명이 짧다.
 •1선 지락 고장시 인접 통신선에 대한 유도 장해가 크다.

**15** 송전선로의 고장전류의 계산에 영상 임피던스가 필요한 경우는?

① 3상 단락          ② 3선 단선
③ 1선 지락          ④ 선간 단락

해설

| 사고종류＼특성 | 정상분 | 역상분 | 영상분 |
|---|---|---|---|
| 1선 지락 | ○ | ○ | ○ |
| 선간 단락 | ○ | ○ | × |
| 3상 단락 | ○ | × | × |

**16** 과도 안정도 향상 대책이 아닌 것은?

① 속응 여자시스템 사용
② 빠른 고장 제거
③ 큰 임피던스의 변압기 사용
④ 송전선로에 직렬 커패시터 사용

해설

안정도 향상 대책
•계통의 전달 리액턴스를 감소시킨다.
•전압변동을 억제한다.
•계통에 주는 충격을 완화시킨다.
•고장 시 발전기의 입출력 불평형을 적게 한다.

정답    12 ③    13 ④    14 ③    15 ③    16 ③

**17** 단권 변압기를 초고압 계통의 연계용으로 이용할 때 장점이 아닌 것은?

① 2차측의 절연 강도를 낮출 수 있다.
② 동량이 경감되다.
③ 부하 용량은 변압기 고유 용량보다 크다.
④ 분로 권선에는 누설 자속이 없어 전압 변동률이 작다.

해설
단권변압기는 1차, 2차 코일을 공유하기 때문에 일반 변압기에 비해 임피던스 전압강하, 전압변동률이 작고, 동량도 적으며 동손도 감소한다. 단점은 단락전류가 커서 기계적 강도를 높여야 한다.

**18** 개폐서지의 이상전압을 감쇄할 목적으로 설치하는 것은?

① 단로기          ② 차단기
③ 리액터          ④ 개폐저항기

해설
개폐 저항기
차단기 개폐시에 재점호로 인하여 이상전압이 발생할 경우 이것을 낮추고 절연내력을 높여주는 역할을 한다.

**19** 수용가의 수용률을 나타낸 식은?

① $\dfrac{\text{합성최대수용전력}[kW]}{\text{평균전력}[kW]} \times 100[\%]$

② $\dfrac{\text{평균전력}[kW]}{\text{합성최대수용전력}[kW]} \times 100[\%]$

③ $\dfrac{\text{부하설비합계}[kW]}{\text{최대수용전력}[kW]} \times 100[\%]$

④ $\dfrac{\text{최대수용전력}[kW]}{\text{부하설비합계}[kW]} \times 100[\%]$

해설
수용률

$$\text{수용률} = \dfrac{\text{최대수요전력의 합}[kW]}{\text{부하설비용량}[kW]} \times 100[\%]$$

**20** 송전선에 복도체를 사용할 경우, 같은 단면적의 단도체를 사용하였을 경우와 비교할 때 옳지 않은 것은?

① 전선의 인덕턴스는 감소되고 정전용량은 증가된다.
② 고유 송전용량이 증대되고 정태안정도가 증대된다.
③ 전선표면의 전위경도가 증가한다.
④ 전선의 코로나 개시전압이 높아진다.

해설
복도체의 장점
• 송전용량 증가
• 인덕턴스 감소, 정전용량 증가
• 코로나 임계전압이 상승하여 코로나손 감소
• 전선의 표면 전위경도 감소

# 과년도기출문제(2023. 7. 8 시행)

※ 본 기출문제는 수험자의 기억을 바탕으로 하여 복원한 문제이므로 실제 문제와 다를 수 있음을 미리 알려드립니다.

**01** 유효접지계통에서 피뢰기의 정격전압을 결정하는데 가장 중요한 요소는?

① 선로 애자련의 충격섬락전압
② 내부이상전압 중 과도이상전압의 크기
③ 유도뢰의 전압의 크기
④ 1선지락고장시 건전상의 대지전위 즉, 지속성 이상전압

해설

피뢰기의 정격전압
피뢰기의 정격전압이란 속류가 차단되는 최고의 교류전압으로서 유효접지계통은 공칭전압의 0.8~1.0배, 소호리액터 접지계통은 1.4~1.6배로 선정한다. 이는 1선지락 사고시 건전상의 대지전위 상승을 고려한 값으로서 지속성 이상전압에 해당하는 값이다.

**02** 고압 배전선로의 중간에 승압기를 설치하는 주목적은?

① 부하의 불평형 방지
② 말단의 전압강하 방지
③ 전력손실의 감소
④ 역률 개선

해설

승압기 설치목적
고압과 같이 긴 선로로 구성되는 경우 주상변압기의 탭 조정뿐아니라 배전선로 도중에 승압기를 설치하여 전압강하를 방지할 수 있습니다.

**03** 배전계통에서 전력용 콘덴서를 설치하는 목적으로 가장 타당한 것은?

① 배전선의 전력손실 감소
② 전압강하 증대
③ 고장 시 영상전류 감소
④ 변압기 여유율 감소

해설

전력용 콘덴서 설치 목적
• 전력손실 감소
• 전압강하 감소
• 설비이용률 향상
• 전기요금 절감

**04** 전등만으로 구성된 수용가를 두 군으로 나누어 각 군에 변압기 1개씩을 설치하며 각 군의 수용가의 총 설비용량을 각각 30[kW], 50[kW]라 한다. 각 수용가의 수용률을 0.6, 수용가간 부등률을 1.2, 변압기군의 부등률을 1.30이라고 하면 고압간선에 대한 최대 부하는 약 몇 [kW]인가? (단, 간선의 역률은 100[%]이다.)

① 15
② 22
③ 31
④ 35

해설

합성최대수용전력

$$최대수용전력 = \frac{설비부하용량 \times 수용률}{부등률} [kW]$$

$$P_A = \frac{30 \times 0.6}{1.2} = 15[kW], \quad P_B = \frac{50 \times 0.6}{1.2} = 25[kW]$$

$$\therefore \ P_m = \frac{P_A + P_B}{변압기군\ 부등률} = \frac{15+25}{1.3} = 31[kW]$$

**05** 가공지선의 설치 목적이 아닌 것은?

① 전압 강하의 방지
② 직격뢰에 대한 차폐
③ 유도뢰에 대한 정전차폐
④ 통신선에 대한 전자유도 장해 경감

해설

가공지선의 역할
• 직격뢰 차폐
• 유도뢰 차폐
• 통신선의 유도장해 차폐

정답    01 ④    02 ②    03 ①    04 ③    05 ①

**06** 직접 접지방식에서 변압기에 단절연이 가능한 이유는?
① 고장 전류가 크므로
② 지락 전류가 저역률이므로
③ 중성점 전위가 낮으므로
④ 보호 계전기 동작이 확실하므로

해설
변압기의 중성점이 0전위 부근에 유지되므로 단절연 변압기의 사용이 가능하다.

**07** 3상 3선식 송전선로에서 선간전압을 3000[V]에서 5200[V]로 높일 때 전선이 같고 송전 손실률과 역률이 같다고 하면 송전전력[kW]은 약 몇 배로 증가하는가?
① $\sqrt{3}$　　② 3
③ 5.4　　④ 6

해설
손실률과 역률이 같을 경우 3상 3선식에서 송전전력은 $P \propto V^2$ 이므로 $\sqrt{3}$ 의 제곱인 3배 증가한다.

**08** 최근에 우리나라에서 많이 채용되고 있는 가스 절연개폐설비(GIS)의 특징으로 틀린 것은?
① 대기 절연을 이용한 것에 비해 현저하게 소형화할 수 있으나 비교적 고가이다.
② 소음이 적고 충전부가 완전한 밀폐형으로 되어 있기 때문에 안정성이 높다.
③ 가스압력에 대한 엄중 감시가 필요하며 내부 점검 및 부품 교환이 번거롭다.
④ 한랭지, 산악 지방에서도 액화 방지 및 산화 방지 대책이 필요 없다.

해설
GIS의 단점
• 비교적 고가이다.
• 내부를 직접 눈으로 볼 수 없다.
• 가스압력, 수분 등을 엄중하게 감시할 필요가 있다.
• 한랭지, 산악지방에서는 액화방지대책이 필요하다.

**09** 다음 중 재점호가 가장 일어나기 쉬운 차단전류는?
① 동상전류　　② 지상전류
③ 진상전류　　④ 단락전류

해설
재점호
재점호 현상은 정전용량 에 의해 발생하므로 진상전류(＝앞선전류＝빠른전류)이다.

**10** 피뢰기의 충격방전 개시전압은 무엇으로 표시하는가?
① 직류전압의 크기　　② 충격파의 평균치
③ 충격파의 최대치　　④ 충격파의 실효치

해설
충격방전 개시전압
피뢰기의 충격방전 개시전압은 충격파의 최대치로 표시한다.

**11** 지중 케이블에 있어서 고장점을 찾는 방법이 아닌 것은?
① 머리 루프 시험기에 의한 방법
② 메거에 의한 측정방법
③ 수색 코일에 의한 방법
④ 펄스에 의한 측정법

해설
케이블의 고장점 측정법의 종류
• 머레이 루프법
• 정전용량 법
• 수색 코일법
• 임피던스 브리지법
• 펄스 레이더법

**12** ACSR은 동일한 길이에서 동일한 전기저항을 갖는 경동연선에 비하여 어떠한가?

① 바깥지름은 크고 중량은 작다.
② 바깥지름은 작고 중량은 크다.
③ 바깥지름과 중량이 모두 크다.
④ 바깥지름과 중량이 모두 작다.

해설

ACSR
ACSR은 경알루미늄선을 인장강도가 큰 강선의 주위에 여러 가닥을 꼬아서 만든 선으로서 경동연선에 비해 중량이 가벼워 전선의 바깥지름을 크게 할 수 있다는 이점이 있다.

**13** 송전단전압 161[kV], 수전단전압 154[kV], 상차각 40[도], 리액턴스 45[Ω]일 때 선로손실을 무시하면 전송전력은 약 몇[MW]인가?

① 323          ② 443
③ 354          ④ 623

해설

정태안정극한전력에 의한 송전용량
$$P = \frac{V_s\,V_r}{X} \times \sin\delta = \frac{161 \times 155}{45} \times \sin 40°$$
$$\fallingdotseq 354[\text{MW}]$$

**14** 화력발전소에서 재열기로 가열하는 것은?

① 석탄          ② 급수
③ 공기          ④ 증기

해설

재열기
재열기란 고압터빈 내에서 팽창한 증기를 일부 추출, 보일러에서 재가열함으로써 건조도를 높여 적당한 과열도를 갖도록 하는 과열기이다. 즉, 재열기는 증기를 가열한다.

**15** 수력발전소에서 사용되는 다음의 수차 중 특유속도가 가장 높은 수차는?

① 펠턴 수차          ② 프로펠러 수차
③ 프란시스 수차      ④ 사류 수차

해설

수차의 특유속도
튜블러수차 〉 프로펠러 또는 카플란수차 〉 프란시스 또는 사류수차 〉 펠턴수차

**16** 고장전류와 같은 대전류를 차단할 수 있는 것은?

① 단로기          ② 선로개폐기
③ 유입개폐기      ④ 차단기

해설

차단기와 단로기

| 명칭 | 약호 | 기능 및 용도 |
|------|------|--------------|
| 단로기 | DS | 무부하시 보수·점검 등을 위해 선로 개폐 |
| 차단기 | CB | 고장전류 차단 및 부하전류의 개폐 모두 가능 |

**17** 그림에서와 같이 부하가 균일한 밀도로 도중에서 분기되어 선로 전류가, 송전단에 이를수록 직선적으로 증가할 경우 선로 말단의 전압 강하는 이 송전단 전류와 같은 전류의 부하가 선로의 말단에만 집중되어 있을 경우의 전압강하보다 대략 어떻게 되는가? (단, 부하역률은 모두 같다고 한다)

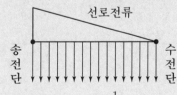

선로전류

송전단          수전단

① $\frac{1}{3}$로 된다.          ② $\frac{1}{2}$로 된다.

③ 동일하다.          ④ $\frac{1}{4}$로 된다.

**해설**

부하가 균일하게 분포되어 있을 때에는 전압강하는 $\frac{1}{2}$ 배,

전력손실은 $\frac{1}{3}$ 배 감소한다.

**18** 그림과 같은 단상 2선식 배선에서 인입구 A점의 전압이 220[V]라면 C점의 전압[V]은? (단, 저항값은 1선의 값이며 AB간은 0.05[Ω], BC간은 0.1[Ω]이다.)

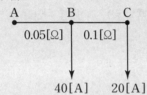

① 214
② 210
③ 196
④ 192

**해설**

$V_B = V_A - 2IR = 220 - 2 \times 60 \times 0.05 = 214[V]$

$V_C = V_B - 2IR = 214 - 2 \times 20 \times 0.1 = 210[V]$

**19** 단상 2선식 배전선로의 말단에 지상역률 cos θ 인 부하 P[kW]가 접속되어 있고 선로 말단의 전압은 V[V]이다. 선로 한 가닥의 저항을 R[Ω] 이라 할 때 송전단의 공급전력[kW]은?

① $P + \frac{P^2 R}{V\cos\theta} \times 10^3$
② $P + \frac{2P^2 R}{V\cos\theta} \times 10^3$

③ $P + \frac{P^2 R}{V^2\cos^2\theta} \times 10^3$
④ $P + \frac{2P^2 R}{V^2\cos^2\theta} \times 10^3$

**해설**

단상 2선식 전력손실

$P_s = P + P_l = P + 2I^2 R = P + 2 \times \left(\frac{P}{V\cos\theta}\right)^2 \times R$

$= P + \frac{2P^2 R}{V^2\cos^2\theta} \times 10^3[kW]$

**20** 수전단의 전력원 방정식이 $\mathrm{P}r^2 + (Qr + 400)^2$ = 250000으로 표현되는 전력계통에서 가능한 최대로 공급할 수 있는 부하전력 Pr과 이때 전압을 일정하게 유지하는데 필요한 무효전력 Qr은 각각 얼마인가?

① Pr = 500, Qr = −400
② Pr = 400, Qr = 500
③ Pr = 300, Qr = 100
④ Pr = 200, Qr = −300

**해설**

전력원선도

$P_r^2 + (Q_r + 400)^2 = 250000$에서 $Q_r + 400 = 0$일 때 부하전력$(P_r)$이 최대

∴ $P_r^2 = 250000$, $P_r = 500$, $Q_r + 400 = 0$,

$Q_r = -400$

**01** 직렬 콘덴서를 선로에 삽입할 때의 현상으로 옳은 것은?

① 부하의 역률을 개선한다.
② 선로의 리액턴스가 증가된다.
③ 선로의 전압강하를 줄일 수 없다.
④ 계통의 정태안정도를 증가시킨다.

해설

직렬콘덴서를 삽입할 경우 선로의 리액턴스를 보상하여 전압강하를 줄일 수 있다.

**02** 송전선로의 중성점을 접지하는 목적으로 가장 옳은 것은?

① 전압강하의 감소
② 유도장해의 감소
③ 전선 동량의 절약
④ 이상전압의 발생 방지

해설

송전선로의 중성점을 접지하는 목적은 이상전압의 억제이다.

**03** 그림과 같은 3상 송전계통의 송전전압은 22[kV] 이다. 한 점 $P$에서 3상 단락했을 때 발전기에 흐르는 단락전류는 약 몇 [A]인가?

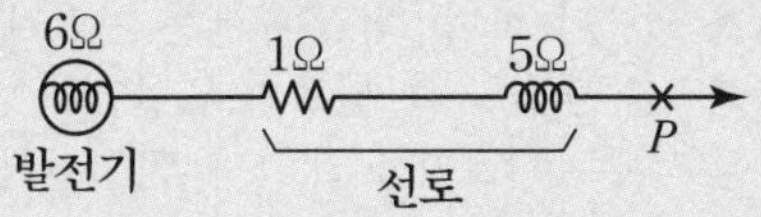

6Ω 발전기 — 1Ω 5Ω 선로 — ×P

① 725
② 1150
③ 1990
④ 3725

해설

$$I_s = \frac{E}{Z} = \frac{\frac{22000}{\sqrt{3}}}{\sqrt{1^2 + 11^2}} = 1149.96[A]$$

**04** 전력계통의 전력용 콘덴서와 직렬로 연결하는 리액터로 제거되는 고조파는?

① 제2고조파
② 제3고조파
③ 제4고조파
④ 제5고조파

해설

직렬리액터
제 3고조파 전압은 변압기의 △결선에 의해 제거되나 제5고조파의 제거를 위해서 콘덴서와 직렬공진하는 직렬 리액터를 삽입한다. 이론적으로 콘덴서 용량의 4[%]이다. 실무에서는 5~6[%]정도의 리액턴스를 직렬로 설치하여 제5고조파를 제거한다.

**05** 배전선로에서 사용하는 전압 조정방법이 아닌 것은?

① 승압기 사용
② 병렬콘덴서 사용
③ 저전압계전기 사용
④ 주상변압기 탭 전환

해설

배전선의 전압조정
주상변압기의 탭 절환, 유도전압조정기 직렬콘센서, 승압기에 의한 방법 등이 있다.

**06** 다음 중 뇌해방지와 관계가 없는 것은?

① 댐퍼
② 소호환
③ 가공지선
④ 탑각접지

정답   01 ④   02 ④   03 ②   04 ④   05 ③   06 ①

해설
- 댐퍼 : 전선의 진동방지
- 소호환 : 낙뢰로 인한 애자련 손상 방지
- 가공지선 : 송전선 뇌격 차폐
- 탑각접지(매설지선) : 역섬락 방지

**07** 다음 (   )에 알맞은 내용으로 옳은 것은?
(단, 공급 전력과 선로 손실률은 동일하다.)

선로의 전압을 2배로 승압할 경우, 공급전력은 승압 전의 (㉮)로 되고, 선로 손실의 승압 전의 (㉯)로 된다.

① ㉮ $\frac{1}{4}$, ㉯ 2배  ② ㉮ $\frac{1}{4}$, ㉯ 4배

③ ㉮ 2배, ㉯ $\frac{1}{4}$  ④ ㉮ 4배, ㉯ $\frac{1}{4}$

해설

$e \propto \frac{1}{V}$, $\varepsilon \propto \frac{1}{V^2}$, $P_l = \frac{1}{V^2}$, $A \propto \frac{1}{V^2}$

전력손실률($k$)이 일정 시 $P \propto V^2$

$\therefore P_\ell' = \left(\frac{V}{V'}\right)^2 = \left(\frac{1}{2}\right)^2 = \frac{1}{4}$배

$\therefore P' = \left(\frac{V'}{V}\right)^2 = \left(\frac{2}{1}\right)^2 = 4$배

**08** 일반회로정수가 $A$, $B$, $C$, $D$이고 송전단 상전압이 $E_s$인 경우, 무부하 시의 충전전류(송전단 전류)는?

① $CE_s$  ② $ACE_s$

③ $\frac{C}{A}E_s$  ④ $\frac{A}{C}E_s$

해설

무부하시 $I_r = 0$이기 때문에

$E_s = AE_r$, $E_r = \frac{1}{A}E_s$

송전단전류 $I_s = CE_r = \frac{C}{A}E_s$

**09** 주상변압기의 고장이 배전선로에 파급되는 것을 방지하고 변압기의 과부하 소손을 예방하기 위하여 사용되는 개폐기는?

① 리클로저  ② 부하개폐기
③ 컷아웃스위치  ④ 섹셔널라이저

해설

컷아웃 스위치
변압기 1차측에 설치하여 변압기를 과부하로부터 보호한다.

**10** 중성점 저항접지방식에서 1선 지락 시의 영상전류를 $I_o$라고 할 때, 접지저항으로 흐르는 전류는?

① $\frac{1}{3}I_o$  ② $\sqrt{3}I_o$

③ $3I_o$  ④ $6I_o$

해설

1선지락사고 시 지락전류 $I_g = 3I_0$

**11** 변전소에서 수용가로 공급되는 전력을 차단하고 소내 기기를 점검할 경우, 차단기와 단로기의 개폐 조작 방법으로 옳은 것은?

① 점검 시에는 차단기로 부하회로를 끊고 난 다음에 단로기를 열어야 하며, 점검 후에는 단로기를 넣은 후 차단기를 넣어야 한다.
② 점검 시에는 단로기를 열고 난 후 차단기를 열어야 하며, 점검 후에는 단로기를 넣고 난 다음에 차단기로 부하회로를 연결하여야 한다.
③ 점검 시에는 차단기로 부하회로를 끊고 단로기를 열어야 하며, 점검 후에는 차단기로 부하회로를 연결한 후 단로기를 넣어야 한다.
④ 점검 시에는 단로기를 열고 난 후 차단기를 열어야 하며, 점검이 끝난 경우에는 차단기를 부하에 연결한 다음에 단로기를 넣어야 한다.

정답  07 ④  08 ③  09 ③  10 ③  11 ①

**해설**

단로기는 부하전류를 개폐할 수 없으므로 차단기와 단로기를 개폐할 때는 반드시 정해진 순서에 의해 조작해야 한다.
① 차단순서 : 차단기 → 단로기 순으로
② 투입순서 : 단로기 → 차단기 순으로
③ 인터록 : 차단기가 열려 있는 상태에서만 단로기를 on, off 할 수 있는 기능

## 12 설비용량 60[kW], 부등률 1.2, 수용률 60[%]일 때의 합성 최대전력을 몇 [kW]인가?

① 240
② 300
③ 432
④ 833.

**해설**

$$합성최대전력 = \frac{설비용량 \times 수용률}{부등률}$$
$$= \frac{600 \times 0.6}{1.2} = 300[kW]$$

## 13 다음 보호계전기 회로에서 박스 (A) 부분의 명칭은?

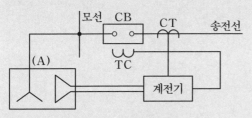

① 차단코일
② 영상변류기
③ 계기용변류기
④ 계기용변압기

**해설**

접지용 계기용변압기(GPT)
접지용 계기용변압기는 1차측 권선은 Y결선하여 중성점을 접지하고, 2차측 권선은 오픈델타결선을 하여 영상전압을 검출하는 역할을 한다.

## 14 단거리 송전선로에서 정상상태 유효전력의 크기는?

① 선로리액턴스 및 전압위상차에 비례한다.
② 선로리액턴스 및 전압위상차에 반비례한다.
③ 선로리액턴스에 반비례하고 상차각에 비례한다.
④ 선로리액턴스에 비례하고 상차각에 반비례한다.

**해설**

정태안정극한전력에 의한 송전용량
$$P = \frac{E_S E_R}{X} \sin \delta$$

## 15 전력 원선도의 실수축과 허수축은 각각 어느 것을 나타내는가?

① 실수축은 전압이고, 허수축은 전류이다.
② 실수축은 전압이고, 허수축은 역률이다.
③ 실수축은 전류이고, 허수축은 유효전력이다.
④ 실수축은 유효전력이고, 허수축은 무효전력이다.

**해설**

전력원선도의 실수축과 허수축은 각각 유효전력과 무효전력을 나타낸다.

## 16 전선로의 지지물 양쪽의 경간의 차가 큰 장소에 사용되며, 일명 E형 철탑이라고도 하는 표준 철탑의 일종은?

① 직선형 철탑
② 내장형 철탑
③ 각도형 철탑
④ 인류형 철탑

**해설**

내장형 철탑
전선로의 지지물 양쪽의 경간의 차가 큰 곳에 사용하는 철탑

**17** 수차발전기가 난조를 일으키는 원인은?

① 수차의 조속기가 예민하다.
② 수차의 속도 변동률이 적다.
③ 발전기의 관성 모멘트가 크다.
④ 발전기의 자극에 제동권선이 있다.

해설

수차발전기의 부하가 급격히 변화할 때 동기속도에서 벗어나 속도변동이 생기는 현상을 난조라 하며, 조속기의 감도가 예민하면 발생한다.

**18** 차단기가 전류를 차단할 때, 재점호가 일어나기 쉬운 차단 전류는?

① 동상전류         ② 지상전류
③ 진상전류         ④ 단락전류

해설

재점호 현상은 정전용량에 의해 발생하므로 진상전류(=앞선전류=빠른전류)이다.

**19** 배전선에 부하가 균등하게 분포되었을 때 배전선 말단에서의 전압강하는 전 부하가 집중적으로 배전선 말단에 연결되어 있을 때의 몇 [%]인가?

① 25          ② 50
③ 75          ④ 100

해설

| 구분<br>종류 | 말단에 집중부하 | 균등분포<br>(균등분산)된 부하 |
|---|---|---|
| 전압강하 | 100[%] | $50[\%] = \dfrac{1}{2}$배 |
| 전력손실 | 100[%] | $33.3[\%] = \dfrac{1}{3}$배 |

**20** 송전선의 특성임피던스를 $Z_0$, 전파속도를 $V$라 할 때, 이 송전선의 단위길이에 대한 인덕턴스 $L$은?

① $L = \dfrac{V}{Z_0}$         ② $L = \dfrac{Z_0}{V}$

③ $L = \dfrac{Z_0^2}{V}$        ④ $L = \sqrt{Z_0}\, V$

해설

특성임피던스($Z_0$)와 전파속도($V$)

$$Z_0 = \sqrt{\dfrac{L}{C}}\,[\Omega], \quad V = \dfrac{1}{\sqrt{LC}}\,[\text{m/s}]$$

• $L = \dfrac{Z_0}{V}\,[\text{H/m}]$

• $C = \dfrac{1}{Z_0 \cdot V}\,[\text{F/m}]$

# 19 과년도기출문제(2019. 4. 27 시행)

**01** 화력발전소의 기본 사이클이다. 그 순서로 옳은 것은?

① 급수펌프 → 과열기 → 터빈 → 보일러
　　 → 복수기 → 급수펌프
② 급수펌프 → 보일러 → 과열기 → 터빈
　　 → 복수기 → 급수펌프
③ 보일러 → 급수펌프 → 과열기 → 복수기
　　 → 급수펌프 → 보일러
④ 보일러 → 과열기 → 복수기 → 터빈
　　 → 급수펌프 → 축열기 → 과열기

> **해설**
> 랭킨 사이클(Rankine cycle)
> 카르노 사이클을 토대로 화력발전의 가장 기본적인 사이클이다.
> 급수펌프 → 보일러 → 과열기 → 터빈→ 복수기 → 급수펌프

**02** 저압뱅킹 배전방식에서 저전압 측의 고장에 의하여 건전한 변압기의 일부 또는 전부가 차단되는 현상은?

① 아킹(Arcing)
② 플리커(Flicker)
③ 밸런서(Balancer)
④ 캐스케이딩(Cascading)

> **해설**
> 저압뱅킹 배전방식에서 가장 큰 특징은 캐스케이딩(Cascading) 현상으로, 저압선의 고장에 의하여 건전한 변압기 일부 또는 전부가 차단되는 현상이다.

**03** 증기의 엔탈피(Enthalpy)란?

① 증기 1[kg]의 잠열
② 증기 1[kg]의 기화 열량
③ 증기 1[kg]의 보유 열량
④ 증기 1[kg]의 증발열을 그 온도로 나눈 것

> **해설**
> 엔탈피(Enthalpy) : 증기 1[kg]의 보유 열량

**04** 그림에서 $X$ 부분에 흐르는 전류는 어떤 전류인가?

① b상 전류
② 정상전류
③ 역상전류
④ 영상전류

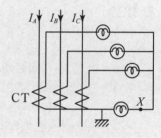

> **해설**
> 위의 그림에서 접지측에 흐르는 전류는 영상전류이다.

**05** 지름 5[mm]의 경동선을 간격 1[m]로 정삼각형 배치를 한 가공전선 1선의 작용 인덕턴스는 약 몇 [mH/km]인가? (단, 송전선은 평형 3상 회로)

① 1.13
② 1.25
③ 1.42
④ 1.55

> **해설**
> 인덕턴스 $L = 0.05 + 0.4605 \log_{10} \dfrac{D}{r}$
> $= 0.05 + 0.4605 \log_{10} \dfrac{1}{2.5 \times 10^{-3}} = 1.25 \,[\mathrm{mH/km}]$

**06** 직류송전방식의 장점은?

① 역률이 항상 1이다.
② 회전자계를 얻을 수 있다.
③ 전력 변환장치가 필요하다.
④ 전압의 승압, 강압이 용이하다.

**정답**　　01 ②　　02 ④　　03 ③　　04 ④　　05 ②　　06 ①

**해설**

직류송전방식의 특징

| 장점 | 단점 |
|---|---|
| • 절연계급을 낮출 수 있다.<br>• 효율, 안정도가 높다.<br>• 비동기 연계가 가능하다.<br>• 역률이 항상 1이다. | • 변압이 어렵다.<br>• 전류차단이 어렵다.<br>• 회전자계를 얻기 어렵다. |

**07** 송전선로의 후비 보호 계전 방식의 설명으로 틀린 것은?

① 주 보호 계전기가 그 어떤 이유로 정지해 있는 구간의 사고를 보호한다.

② 주 보호 계전기에 결함이 있어 정상 동작을 할 수 없는 상태에 있는 구간 사고를 보호한다.

③ 차단기 사고 등 주 보호 계전기로 보호할 수 없는 장소의 사고를 보호한다.

④ 후비 보호 계전기의 정정값은 주 보호 계전기와 동일하다.

**해설**

후비 보호 계전 방식

주보호 계전기로 사고를 보호할 수 없을 경우 후비 보호 계전방식을 채택하여 사고 확대를 방지한다.

① 주보호 계전기가 그 어떤 이유로 정지해 있는 구간의 사고

② 주보호 계전기에 결함이 있어 정상 동작을 할 수 없는 상태에 있는 구간의 사고

③ 차단기 사고 등 주보호 계전기로 보호할 수 없는 장소의 사고

**08** 최대 수용전력의 합계와 합성 최대 수용전력의 비를 나타내는 계수는?

① 부하율  ② 수용률
③ 부등률  ④ 보상률

**해설**

$$부등률 = \frac{각 수용가의 최대수용전력의 합}{합성최대수용전력}$$

**09** 주파수 $60[\text{Hz}]$, 정전용량 $\frac{1}{6\pi}[\mu\text{F}]$의 콘덴서를 △ 결선해서 3상전압 $20,000[\text{V}]$를 가했을 때의 충전용량은 몇 $[\text{kVA}]$인가?

① 12  ② 24
③ 48  ④ 50

**해설**

$$Q = 3 \times 2\pi f C E^2$$
$$= 3 \times 2\pi \times 60 \times \frac{1}{6\pi} \times 10^{-6} \times \left(\frac{20000}{\sqrt{3}}\right)^2 \times 10^{-3}$$
$$= 24[\text{kVA}]$$

**10** 3상 3선식 3각형 배치의 송전선로에 있어서 각 선의 대지 정전용량이 $0.5038[\mu\text{F}]$이고, 선간 정전용량이 $0.1237[\mu\text{F}]$일 때 1선의 작용 정전용량은 약 몇 $[\mu\text{F}]$인가?

① 0.6257  ② 0.8749
③ 0.9164  ④ 0.9755

**해설**

$$C_n = C_s + 3C_m$$
$$= 0.5038 + 3 \times 0.1237 = 0.8749[\mu\text{F}]$$

**11** 지상 역률 $80[\%]$, $10,000[\text{kVA}]$의 부하를 가진 변전소에 $6,000[\text{kVA}]$의 콘덴서를 설치하여 역률을 개선하면 변압기에 걸리는 부하$[\text{kVA}]$는 콘덴서 설치 전의 몇 $[\%]$로 되는가?

① 60  ② 75
③ 80  ④ 85

**해설**

• 콘덴서 설치 전 무효전력 $= P\sin\theta_1$
$$= 10000 \times 0.6 = 6000[\text{kVar}]$$
• 콘덴서 설치 후 무효전력 $= 6000 - 6000 = 0[\text{kVar}]$
• 콘덴서 설치 후 변압기에 걸리는 부하$[\text{kVA}]$
$$= \sqrt{(유효전력)^2 + (무효전력)^2} = 유효전력$$
$$= 10000 \times 0.8 = 8000[\text{kVA}]$$

$$\therefore \frac{콘덴서 설치 후 부하}{콘덴서 설치 전 부하} = \frac{8000}{10000} = 0.8$$

**12** 가공지선을 설치하는 주된 목적은?

① 뇌해 방지
② 전선의 진동 방지
③ 철탑의 강도 보강
④ 코로나의 발생 방지

해설
가공지선의 역할
• 직격뢰 차폐
• 유도뢰 차폐
• 통신선의 유도장해 차폐

**13** 송전 계통의 안정도를 증진시키는 방법은?

① 중간 조상설비를 설치한다.
② 조속기의 동작을 느리게 한다.
③ 계통의 연계는 하지 않도록 한다.
④ 발전기나 변압기의 직렬 리액턴스를 가능한 크게 한다.

해설
안정도 향상 대책
1. 직렬 리액턴스 감소대책
   최대 송전전력과 리액턴스는 반비례하므로 직렬 리액턴스를 감소시킨다.
   1) 발전기나 변압기의 리액턴스를 감소시킨다.
   2) 선로의 병행 회선을 증가하거나 복도체를 사용한다.
   3) 직렬콘덴서를 사용하고 단락비가 큰 기기를 설치한다.
2. 전압변동 억제대책
   고장시 발전기는 역률이 낮은 지상전류를 흘리기 때문에 전기자 반작용에 의해 단자전압은 현저히 저하한다.
   1) 속응 여자방식을 채용한다.
   2) 계통을 연계한다.
   3) 중간 조상방식을 채용한다.
3. 충격 경감대책
   고장 전류를 작게 하고 고장 부분을 신속하게 제거해야 한다.
   1) 적당한 중성점 접지방식을 채용한다.
   2) 고속 차단방식을 채용한다.
   3) 재폐로방식을 채용한다.

**14** 보일러 절탄기(economizer)의 용도는?

① 증기를 과열한다.
② 공기를 예열한다.
③ 석탄을 건조한다.
④ 보일러 급수를 예열한다.

해설
절탄기(economizer)
배기가스의 여열을 이용해서 보일러에 공급되는 급수를 예열시킨다.

**15** 345[kV] 송전계통의 절연협조에서 충격 절연 내력의 크기순으로 나열한 것은?

① 선로애자 〉 차단기 〉 변압기 〉 피뢰기
② 선로애자 〉 변압기 〉 차단기 〉 피뢰기
③ 변압기 〉 차단기 〉 선로애자 〉 피뢰기
④ 변압기 〉 선로애자 〉 차단기 〉 피뢰기

해설
BIL(기준충격 절연강도)
전력기기의 각 절연계급에 대응해서 절연강도를 지정할 때 기준이 되는 것으로 피뢰기 제한전압보다 높은 전압을 BIL로 정한다.
선로애자 〉 차단기 〉 변압기 〉 피뢰기

**16** 전선에서 전류의 밀도가 도선의 중심으로 들어갈수록 작아지는 현상은?

① 표피효과          ② 근접효과
③ 접지효과          ④ 페란티효과

해설
표피효과
도선에 교류 전류가 흐를 때 발생하며, 전류의 밀도가 도선의 정심으로 갈수록 작아지고, 표피 쪽으로 갈수록 커진다.

**17** 차단기의 정격차단시간을 설명 한 것으로 옳은 것은?

① 계기용변성기로부터 고장전류를 감지한 후 계전기가 동작할 때까지의 시간
② 차단기가 트립 지령을 받고 트립 장치가 동 작하여 전류차단을 완료할 때까지의 시간
③ 차단기의 개극(발호)부터 이동 행정 종료 시 까지의 시간
④ 차단기 가동접촉자 시동부터 아크 소호가 완 료될 때까지의 시간

해설

**차단기의 정격차단시간**
트립코일이 여자되는 순간부터 고정전극이 개극할 때까지 의 시간과 아크가 소호될 때까지의 시간의 합으로 3, 5, 8 사이클이 일반적으로 사용된다.

**18** 연가를 하는 주된 목적은?

① 미관상 필요
② 전압강하 방지
③ 선로정수의 평형
④ 전선로의 비틀림 방지

해설

연가는 $30{\sim}50\,[\mathrm{km}]$ 정도 구간을 3의 배수로 등분하는 것 으로 주된 목적은 선로정수의 평형이며, 효과로는 직렬공 진 방지, 통신선의 유도장해 감소 등이 있다.

**19** 변압기의 보호방식에서 차동계전기는 무엇에 의 하여 동작하는가?

① 1, 2차 전류의 차로 동작한다.
② 전압과 전류의 배수 차로 동작한다.
③ 정상전류와 역상전류의 차로 동작한다.
④ 정상전류와 영상전류의 차로 동작한다.

해설

차동계전기는 보호계전기로서 양단의 전류차 또는 전압차 에 의해 동작하는 계전기이다.

**20** 보호 계전 방식의 구비 조건이 아닌 것은?

① 여자돌입전류에 동작할 것
② 고장 구간의 선택 차단을 신속 정확하게 할 수 있을 것
③ 과도 안정도를 유지하는 데 필요한 한도 내 의 동작 시한을 가질 것
④ 적절한 후비 보호 능력이 있을 것

해설

**보호 계전기의 구비조건**
• 동작이 빠르고 오동작이 없을 것
• 조정범위가 넓을 것
• 소비전력이 적고 내구성이 있을 것
• 고장구간의 선택차단을 정확히 행할 것
• 적당한 후비 보호능력을 가질 것

정답   **17** ②   **18** ③   **19** ①   **20** ①

# 19 과년도기출문제(2019. 8. 4 시행)

**01** 가공 왕복선 배치에서 지름이 $d[\text{m}]$이고 선간거리가 $D[\text{m}]$인 선로 한 가닥의 작용 인덕턴스는 몇 $[\text{mH/km}]$인가? (단, 선로의 투자율은 1이라 한다.)

① $0.5+0.4605\log_{10}\dfrac{D}{d}$

② $0.05+0.4605\log_{10}\dfrac{D}{d}$

③ $0.5+0.4605\log_{10}\dfrac{2D}{d}$

④ $0.05+0.4605\log_{10}\dfrac{2D}{d}$

해설

인덕턴스 $L=0.05+0.4605\log_{10}\dfrac{D}{r}\,[\text{mH/km}]$,

($D=$선간거리, $r=$반지름)

$d=2r,\ r=\dfrac{d}{2}$,

$L=0.05+0.4605\log_{10}\dfrac{2D}{d}\,[\text{mH/km}]$

**02** 송전계통의 중성점을 접지하는 목적으로 틀린 것은?

① 지락 고장 시 전선로의 대지 전위 상승을 억제하고 전선로와 기기의 절연을 경감시킨다.

② 소호리액터 접지방식에서는 1선 지락 시 지락점 아크를 빨리 소멸시킨다.

③ 차단기의 차단용량을 증대시킨다.

④ 지락고장에 대한 계전기의 동작을 확실하게 한다.

해설

중성점 접지목적

• 지락 고장시 건전상의 대지 전위 상승을 억제하여 전선로 및 기기의 절연 레벨을 경감시킨다.

• 뇌, 아크 지락, 기타에 의한 이상전압의 경감 및 발생을 방지한다.

• 지락 고장시 접지 계전기의 동작을 확실하게 한다.

• 소호 리액터 접지방식에서는 1선 지락시의 아크 지락을 재빨리 소멸시켜 그대로 송전을 계속할 수 있게 한다.

**03** 다음 중 전력선 반송 보호계전방식의 장점이 아닌 것은?

① 저주파 반송전류를 중첩시켜 사용하므로 계통의 신뢰도가 높아진다.

② 고장 구간의 선택이 확실하다.

③ 동작이 예민하다.

④ 고장점이나 계통의 여하에 불구하고 선택차단개소를 동시에 고속도 차단할 수 있다.

해설

전력선 반송파계전방식은 전력선에 고주파 반송전류를 중첩시켜 이것으로 각 단자에 있는 계전기를 제어하는 계전방식이다.

**04** 발전소의 발전기 정격전압[kV]으로 사용되는 것은?

① 6.6      ② 33

③ 66      ④ 154

해설

우리나라 발전기 표준 정격 전압은 110[V], 220[V], 3.3[kV], 6.6[kV], 11[kV]이다.

**05** 송전선로를 연가하는 주된 목적은?

① 페란티효과의 방지

② 직격뢰의 방지

③ 선로정수의 평형

④ 유도뢰의 방지

해설

• 연가의 목적 : 선로정수 평형

• 연가의 효과 : 직렬공진 방지, 통신선의 유도장해 감소

정답    01 ④    02 ③    03 ①    04 ①    05 ③

**06** 뒤진 역률 $80[\%]$, $10[\text{kVA}]$의 전력용 콘덴서를 접속하면 주상변압기에 걸리는 부하는 약 몇 $[\text{kVA}]$가 되겠는가?

① 8 　　　　　　 ② 8.5
③ 9 　　　　　　 ④ 9.5

해설

- 유효전력
  $10 \times 0.8 = 8[\text{kW}]$
- 콘덴서 접속 후 무효전력
  $\left(10 \times \sqrt{1-0.8^2}\right) - 2 = (10 \times 0.6) - 2 = 4[\text{kVar}]$
- 주상변압기 부하
  $\sqrt{(\text{유효전력})^2 + (\text{무효전력})^2} = \sqrt{8^2 + 4^2}$
  　　　　　　　　　　　　　 $= 8.94 \fallingdotseq 9[\text{kVA}]$

**07** 부하전류 및 단락전류를 모두 개폐할 수 있는 스위치는?

① 단로기 　　　　 ② 차단기
③ 선로개폐기 　　 ④ 전력퓨즈

해설

**차단기의 역할**
차단기는 단락, 지락 등의 사고가 발생 시 자동적으로 사고전류를 차단한다. 또한, 부하전류를 개폐할 수 있다. 변전소에서는 가스차단기를 사용하고 있으며, 일반 수용가에서는 주로 진공차단기를 사용한다.

**08** 송전선로에 낙뢰를 방지하기 위하여 설치하는 것은?

① 댐퍼 　　　　　 ② 초호환
③ 가공지선 　　　 ④ 해자

해설

가공지선이란 직격뢰로부터 전선을 보호하기 위하여 지지물 상단에 설치하는 지선이다.

**09** 송, 수전단 전압을 $E_S$, $E_R$이라하고 4단자 정수를 $A$, $B$, $C$, $D$라 할 때 전력 원선도의 반지름은?

① $\dfrac{E_S E_R}{A}$ 　　　　 ② $\dfrac{E_S^2 E_R^2}{A}$

③ $\dfrac{E_S E_R}{B}$ 　　　　 ④ $\dfrac{E_S^2 E_R^2}{B}$

해설

전력원선도의 반지름 $= \dfrac{E_s \, E_R}{B}$

**10** 양수발전의 주된 목적으로 옳은 것은?

① 연간 발전량을 늘이기 위하여
② 연간 평균 손실 전력을 줄이기 위하여
③ 연간 발전비용을 줄이기 위하여
④ 연간 수력발전량을 늘이기 위하여

해설

**양수식 발전소**
야간이나 전력계통 경부하시 잉여전력을 이용해서 펌프를 돌려 물을 상부 저수지로 끌어올리고, 전력이 필요할 때 방수하여 발전하는 방식이다. 비용이 저렴한 잉여전력을 이용하기 때문에 발전비용을 절감할 수 있다.

**11** 동일한 부하전력에 대하여 전압을 2배로 승압하면 전압강하, 전압강하율, 전력손실률은 각각 얼마나 감소하는지를 순서대로 나열한 것은?

① $\dfrac{1}{2}$, $\dfrac{1}{2}$, $\dfrac{1}{2}$ 　　 ② $\dfrac{1}{2}$, $\dfrac{1}{2}$, $\dfrac{1}{4}$

③ $\dfrac{1}{2}$, $\dfrac{1}{4}$, $\dfrac{1}{4}$ 　　 ④ $\dfrac{1}{4}$, $\dfrac{1}{4}$, $\dfrac{1}{4}$

해설

$e \propto \dfrac{1}{V}$, $\delta \propto \dfrac{1}{V^2}$, $P_l \propto \dfrac{1}{V^2}$, $K \propto \dfrac{1}{V^2}$

$e = \dfrac{1}{2}$ 배, $\delta = \dfrac{1}{4}$ 배, $K = \dfrac{1}{4}$ 배

정답　　 06 ③　 07 ②　 08 ③　 09 ③　 10 ③　 11 ③

**12** 송전선로에 근접한 통신선에 유도장해가 발생하였을 때, 전자유도의 원인은?

① 역상전압　　　　② 정상전압
③ 정상전류　　　　④ 영상전류

해설

전자유도장해

지락사고시 지락전류와 영상전류에 의해서 자기장이 형성되고 전력선과 통신선 사이에 상호인덕턴스(M)에 의하여 통신선에 전압이 유기되는 현상이다.

**13** 66[kV], 60[Hz] 3상 3선식 선로에서 중성점을 소호리액터 접지하여 완전 공진상태로 되었을 때 중성점에 흐르는 전류는 몇 [A]인가? (단, 소호리액터를 포함한 영상회로의 등가 저항은 200[Ω], 중성점 잔류전압을 4400[V]라고 한다.)

① 11　　　　　　　② 22
③ 33　　　　　　　④ 44

해설

$V = IR$, $I = \dfrac{V}{R} = \dfrac{4400}{200} = 22[A]$

**14** 변류기 개방 시 2차측을 단락하는 이유는?

① 2차측 절연 보호
② 2차측 과전류 보호
③ 측정오차 방지
④ 1차측 과전류 방지

해설

개방상태로 두었을 때 변류기 2차 개방단자에 과전압이 유기되어 절연이 파괴되기 때문이다.

**15** 3상 3선식 송전 선로에서 정격전압이 66[kV]이고, 1선당 리액턴스가 10[Ω]일 때, 100[MVA] 기준의 %리액턴스는 약 얼마인가?

① 17[%]　　　　　② 23[%]
③ 52[%]　　　　　④ 69[%]

해설

$100[MVA] = 100 \times 10^3[kVA]$이므로

$\%Z = \dfrac{PZ}{10\,V^2} = \dfrac{100 \times 10^3 \times 10}{10 \times 66^2} = 22.96 \fallingdotseq 23\%$

**16** 정격용량 150[kVA]인 단상 변압기 두 대로 V 결선을 했을 경우 최대 출력은 약 몇 [kVA]인가?

① 170　　　　　　② 173
③ 260　　　　　　④ 280

해설

V 결선시 출력 $P_V = \sqrt{3} \times P_1 = \sqrt{3} \times 150$
$= 259.81 \fallingdotseq 260[kVA]$

**17** 배전선로의 역률개선에 따른 효과로 적합하지 않은 것은?

① 전원측 설비의 이용률 향상
② 선로절연에 요하는 비용 절감
③ 전압강하 감소
④ 선로의 전력손실 경감

해설

역률개선시 효과
• 전압강하 감소
• 전력손실 감소
• 전기요금 절감
• 설비용량의 여유증가

**18** 어떤 수력발전소의 수압관에서 분출되는 물의 속도와 직접적인 관련이 없는 것은?

① 수면에서의 연직거리
② 관의 경사
③ 관의 길이
④ 유량

해설

관의 길이는 수압관에서 분출되는 물의 속도와 관련이 없다.

**19** 송전단 전압 161[kV], 수전단 전압 155[kV], 상차
각 40°, 리액턴스가 49.8[Ω]일 때 선로손실을 무시
한다면 전송 전력은 약 몇 [MW]인가?

① 289  ② 322

③ 373  ④ 869

해설

정태안정극한전력에 의한 송전용량

$$P = \frac{V_s V_r}{X} \times \sin \delta$$

$$= \frac{161 \times 155}{49.8} \times \sin 40°$$

$$= 322.1 [\text{MW}]$$

**20** 차단기에서 정격차단 시간의 표준이 아닌 것은?

① 3[Hz]  ② 5[Hz]

③ 8[Hz]  ④ 10[Hz]

해설

차단기 전격차단시간은 개극시간과 아크시간의 합산시간을
말하며 일반적으로 3 ~ 8[Hz]이다.

**01** 전압이 일정 값 이하로 되었을 때 동작하는 것으로 단락 시 고장 검출용으로도 사용되는 계전기는?

① OVR
② OVGR
③ NSR
④ UVR

**[해설]**
UVR (부족전압계전기)
전압이 일정값 이하로 떨어졌을 때 동작하는 계전기이다.

**02** 반동수차의 일종으로 주요부분은 러너, 안내날개, 스피드링 및 흡출관 등으로 되어 있으며 $50 \sim 500$ [m] 정도의 중낙차 발전소에 사용되는 수차는?

① 카플란수차
② 프란시스수차
③ 펠턴수차
④ 튜블러수차

**[해설]**
가장 넓은 범위의 낙차를 이용할 수 있는 수차는 프란시스수차이다.

**03** 페란티현상이 발생하는 원인은?

① 선로의 과도한 저항
② 선로의 정전용량
③ 선로의 인덕턴스
④ 선로의 급격한 전압강하

**[해설]**
페란티현상
페란티현상이란 무부하시 또는 경부하시 송전선로의 정전용량에 의해 나타나며, 수전단의 전압이 송전단의 전압보다 높아지는 현상이다. 방지법으로는 분로(병렬)리액터를 설치한다.

**04** 전력계통의 경부하시나 또는 다른 발전소의 발전전력에 여유가 있을 때, 이 잉여전력을 이용하여 전동기로 펌프를 돌려서 물을 상부의 저수지에 저장하였다가 필요에 따라 이 물을 이용해서 발전하는 발전소는?

① 조력발전소
② 양수식발전소
③ 유역변경식발전소
④ 수로식발전소

**[해설]**
양수식 발전소
전력계통의 경부하시 또는 다른 발전소의 발전전력에 여유가 있을 때, 이 잉여전력을 이용해서 전동기로 펌프를 돌려 물의 상부의 저수지에 저장하였다가 필요시(첨두부하시) 수압관을 통해 이 물을 이용해서 발전하는 방식이다.

**05** 열의 일당량에 해당되는 단위는?

① kcal/kg
② kg/cm$^2$
③ kcal/cm$^3$
④ kg·m/kcal

**[해설]**
열의 일당량 : $[\text{J/cal}] = [\text{g·m/cal}] = [\text{kg·m/kcal}]$

**06** 가공전선을 단도체식으로 하는 것보다 같은 단면적의 복도체식으로 하였을 경우에 대한 내용으로 틀린 것은?

① 전선의 인덕턴스가 감소된다.
② 전선의 정전용량이 감소된다.
③ 코로나 발생률이 적어진다.
④ 송전용량이 증가한다.

**[해설]**
복도체 사용효과로는 인덕턴스($L$) 감소, 정전용량($C$)증가, 송전용량 증가, 전선의 표면 전위경도 감소 등이 있으며 주된 목적은 코로나 현상 방지이다.

**정답** 01 ④ 02 ② 03 ② 04 ② 05 ④ 06 ②

**07** 연가의 효과로 볼 수 없는 것은?

① 선로 정수의 평형
② 대지 정전용량의 감소
③ 통신선의 유도 장해의 감소
④ 직렬 공진의 방지

해설

연가의 목적과 효과
• 목적 : 선로정수 평형($L$, $C$ 평형)
• 효과 : 직렬공진 방지, 통신선의 유도장해 감소

**08** 발전기나 변압기의 내부고장 검출로 주로 사용되는 계전기는?

① 역상계전기    ② 과전압계전기
③ 과전류계전기    ④ 비율차동계전기

해설

비율차동계전기는 발전기나 변압기의 내부고장 검출에 사용한다.

**09** 송전선로에서 역섬락을 방지하는 가장 유효한 방법은?

① 피뢰기를 설치한다.
② 가공지선을 설치한다.
③ 소호각을 설치한다.
④ 탑각 접지저항을 작게 한다.

해설

매설지선
탑각에 방사형 매설지선을 포설하여 탑각의 접지저항을 낮춰주면 역섬락을 방지할 수 있게 된다.

**10** 교류 송전방식과 직류 송전방식을 비교할 때 교류 송전방식의 장점에 해당되는 것은?

① 전압의 승압, 강압 변경이 용이하다.
② 절연계급을 낮출 수 있다.
③ 송전효율이 좋다.
④ 안정도가 좋다.

해설

| 교류송전방식의 장점 | • 승압, 감압이 용이하다.<br>• 회전자계를 쉽게 얻을 수 있다.<br>• 일관된 운용을 기할 수 있다.<br>• 가격이 저렴하다. |
|---|---|
| 직류송전방식의 장점 | • 절연계급을 낮출 수 있다.<br>• 효율 및 안정도가 높다.<br>• 비동기 연계가 가능하다.<br>• 역률이 항상 1이다. |

**11** 단상 2선식 교류 배전선로가 있다. 전선의 1가닥 저항이 0.15[Ω]이고, 리액턴스는 0.25[Ω]이다. 부하는 순저항부하이고 100[V], 3[kW]이다. 급전점의 전압[V]은 약 얼마인가?

① 105    ② 110
③ 115    ④ 124

해설

단상 2선식 전압강하($e$)
$e = V_s - V_r = 2I(R\cos\theta + X\sin\theta)$

$= 2 \times \dfrac{P}{V_r}(R + X\tan\theta)\,[\text{V}]$

$P = 3[\text{kW}]$,  $V_r = 100[\text{V}]$,  $R = 0.15[\Omega]$,  $X = 0.25[\Omega]$
$\cos\theta = 1$이므로  $\tan\theta = 0$

$V_s = V_r + 2 \times \dfrac{P}{V_r}(R + X\tan\theta)$

$= 100 + 2 \times \dfrac{3 \times 10^3}{100} \times (0.15 + 0) \fallingdotseq 110\,[\text{V}]$

정답    07 ②    08 ④    09 ④    10 ①    11 ②

**12** 반한시성 과전류계전기의 전류–시간 특성에 대한 설명으로 옳은 것은?

① 계전기 동작시간은 전류의 크기와 비례한다.
② 계전기 동작시간은 전류의 크기와 관계없이 일정하다.
③ 계전기 동작시간은 전류의 크기와 반비례하다.
④ 계전기 동작시간은 전류의 크기의 제곱과 비례한다.

해설

보호계전기의 동작특성
• 순한시 계전기 : 계전기에 최소 동작전류 이상의 전류가 흐르면 즉시 동작하는 계전기
• 정한시 계전기 : 동작전류의 크기와는 관계없이 항상 일정한 시간에 동작하는 계전기
• 반한시 계전기 : 동작시간이 전류값에 반비례해서 전류값이 클수록 빨리 동작하고 반대로 전류값이 작아질수록 느리게 동작하는 계전기
• 반한시–정한시 계전기 : 어느 전류값까지는 반한시성지만 그 이상이 되면 정한시성으로 동작하는 계전기

**13** 지상부하를 가진 3상 3선식 배전선로 또는 단거리 송전선로에서 선간 전압강하를 나타낸 식은? (단, $I$, $R$, $X$, $\theta$는 각각 수전단 전류, 선로저항, 리액턴스 및 수전단 전류의 위상각이다.)

① $I(R\cos\theta + X\sin\theta)$
② $2I(R\cos\theta + X\sin\theta)$
③ $\sqrt{3}\,I(R\cos\theta + X\sin\theta)$
④ $3I(R\cos\theta + X\sin\theta)$

해설

3상 3선식 전압강하($e$)
$e = V_s - V_r = \sqrt{3}\,I(R\cos\theta + X\sin\theta)$
$= \dfrac{P}{V_r}(R + X\tan\theta)\,[\mathrm{V}]$

**14** 다음 중 송 · 배전선로의 진동 방지대책에 사용되지 않는 기구는?

① 댐퍼          ② 조임쇠
③ 클램프        ④ 아머 로드

해설

조임쇠는 전선의 장력을 조절하기 위한 기구로 진동 방지와 직접적인 관련이 없다.

**15** 단락전류를 제한하기 위하여 사용되는 것은?

① 한류 리액터      ② 사이리스터
③ 현수애자        ④ 직렬콘덴서

해설

리액터의 종류
• 분로 리액터 : 페란티 현상 방지
• 직렬 리액터 : 5고조파 개선
• 한류 리액터 : 단락전류 제한
• 소호 리액터 : 1선지락시 아크소멸

**16** 어느 변전설비의 역률을 60[%]에서 80[%]로 개선하는데 2800[kVA]의 전력용 커패시터가 필요하였다. 이 변전설비의 용량은 몇 [kW]인가?

① 4800          ② 5000
③ 5400          ④ 5800

해설

$Q_c = P(\tan\theta_1 - \tan\theta_2)$에서
$P = Q_c\left(\dfrac{1}{\tan\theta_1 - \tan\theta_2}\right)$
$Q_c = 2800[\mathrm{kVA}]$, $\cos\theta_1 = 0.6$, $\cos\theta_2 = 0.8$이므로
$P = 2800 \times \left(\dfrac{1}{\frac{0.8}{0.6} - \frac{0.6}{0.8}}\right) = 4800[\mathrm{kVA}]$

**17** 교류 단상 3선식 배전방식을 교류 단상 2선식에 비교하면?

① 전압강하가 크고, 효율이 낮다.
② 전압강하가 작고, 효율이 낮다.
③ 전압강하가 작고, 효율이 높다.
④ 전압강하가 크고, 효율이 높다.

해설

단상 3선식과 단상 2선식의 비교
전압 2배 승압시 단상 3선식은 단상 2선식에 비해 전압강하 $\frac{1}{2}$배, 공급전력 4배, 선로손실 $\frac{1}{4}$배가 된다.

**18** 배전선로의 전압을 $\sqrt{3}$ 배로 증가시키고 동일한 전력손실률로 송전할 경우 송전전력은 몇 배로 증가하는가?

① $\sqrt{3}$
② $\frac{3}{2}$
③ 3
④ $2\sqrt{3}$

해설

전력손실률($K$)
$K = \dfrac{PR}{V^2 \cos^2\theta}$ 에서 $K$ 일정시 $V^2 \propto R$ 이므로
$V$가 $\sqrt{3}$배 증가하면 $R$은 $\sqrt{3}^{\,2} = 3$배 증가

**19** 주상 변압기의 2차 측 접지는 어느 것에 대한 보호를 목적으로 하는가?

① 1차 측의 단락
② 2차 측의 단락
③ 2차 측의 전압강하
④ 1차 측과 2차 측의 혼촉

해설

주상 변압기 2차 측에는 제 2종 접지공사를 하며 1차 측과 2차 측 혼촉 사고시 저압(2차)측 전위상승 억제 역할을 한다.

**20** 100[MVA]의 3상 변압기 2뱅크를 가지고 있는 배전용 2차 측의 배전선에 시설할 차단기 용량[MVA]은? (단, 변압기는 병렬로 운전되며, 각각 %Z는 20[%]이고, 전원의 임피던스는 무시한다.)

① 1000
② 2000
③ 3000
④ 4000

해설

$P_s = \dfrac{100}{\%Z} \times P_n$ 에서
변압기가 병렬로 운전되므로
$\%Z = \dfrac{20 \times 20}{20 + 20} = 10[\%]$
$P_s = \dfrac{100}{10} \times 100 = 1000[\text{MVA}]$

정답   17 ③   18 ③   19 ④   20 ①

# 20 과년도기출문제(2020. 8. 22 시행)

**01** 수전용 변전설비의 1차측에 설치하는 차단기의 용량은 어느 것에 의하여 정하는가?

① 수전전력과 부하율
② 수전계약용량
③ 공급측 전원의 단락용량
④ 부하설비용량

해설
차단용량은 차단기에 적용되는 계통의 3상 단락용량($P_s$), 즉 공급측 단락용량이 가장 중요하다.
(3상 단락용량 $P_s = \sqrt{3} \times$정격전압[kV]$\times$정격차단전류[kA])

**02** 어떤 발전소의 유효 낙차가 100[m]이고, 사용 수량이 10[m³/s]일 경우 이 발전소의 이론적인 출력[kW]은?

① 4900
② 9800
③ 10000
④ 147000

해설
수력발전소의 이론적 출력
$P = 9.8\,QH\,[kW] = 9.8 \times 10 \times 100 = 9800\,[kW]$

**03** 피뢰기의 제한전압이란?

① 상용주파전압에 대한 피뢰기의 충격방전 개시전압
② 충격파 침입 시 피뢰기의 충격방전 개시전압
③ 피뢰기가 충격파 방전 종료 후 언제나 속류를 확실히 차단할 수 있는 상용주파 최대 전압
④ 충격파 전류가 흐르고 있을 때의 피뢰기 단자전압

해설
피뢰기의 제한전압이란 피뢰기 동작 중 단자전압의 파고치를 의미한다.

**04** 발전기의 정태 안정 극한 전력이란?

① 부하가 서서히 증가할 때의 극한전력
② 부하가 갑자기 크게 변동할 때의 극한전력
③ 부하가 갑자기 사고가 났을 때의 극한전력
④ 부하가 변하지 않을 때의 극한전력

해설
정상적인 운전 상태에서 서서히 부하를 조금씩 증가했을 경우 안정운전을 지속할 수 있는가 하는 능력을 정태안정도라 하며, 이때의 극한전력을 정태안정 극한전력이라 한다.

**05** 3상으로 표준전압 3[kV], 용량 600[kW], 역률 0.85로 수전하는 공장의 수전회로에 시설할 계기용 변류기의 변류비로 적당한 것은? (단, 변류기의 2차 전류는 5[A]이며, 여유율은 1.5배로 한다.)

① 10
② 20
③ 30
④ 40

해설
변류기 1차 전류
$I_1 = \dfrac{600 \times 10^3}{\sqrt{3} \times 3 \times 10^3 \times 0.85} \times 1.5 = 203.77[A]$,
200[A]로 선정, 2차 전류는 5[A]이므로
변류비 $\dfrac{200}{5} = 40$

**06** 30000[kW]의 전력을 50[km] 떨어진 지점에 송전하려고 할 때 송전전압[kV]은 약 얼마인가? (단, Still식에 의하여 산정한다.)

① 22
② 33
③ 66
④ 100

해설
Still의 식 : 경제적인 송전전압 $V$
$P = 30000[kW]$, $\ell = 50[km]$
$V = 5.5\sqrt{0.6\,\ell[km] + \dfrac{P[kW]}{100}}$
$= 5.5\sqrt{0.6 \times 50 + \dfrac{30000}{100}} \simeq 100\,[kV]$

정답   01 ③   02 ②   03 ④   04 ①   05 ④   06 ④

**07** 다음 중 전력선에 의한 통신선의 전자유도장해의 주된 원인은?

① 전력선과 통신선사이의 상호 정전용량
② 전력선의 불충분한 연가
③ 전력선의 1선 지락 사고 등에 의한 영상전류
④ 통신선 전압보다 높은 전력선의 전압

**해설**
전자 유도장해
송전선에 1선 지락사고 등 영상전류에 의해서 자기장이 형성되고 전력선과 통신선 사이에 상호 인덕턴스에 의하여 통신선에 전압이 유기되며, 이를 전자 유도전압이라 한다.

**08** 조상설비가 있는 발전소 측 변전소에서 주변압기로 주로 사용되는 변압기는?

① 강압용 변압기       ② 단권 변압기
③ 3권선 변압기       ④ 단상 변압기

**해설**
3권선변압기는 $Y-Y-\Delta$결선으로 하며, 주로 1차(발전소측) 변전소 주변압기 결선으로 사용한다.

**09** 3상 1회선의 송전선로에 3상 전압을 가해 충전할 때, 1선에 흐르는 충전전류는 30[A], 또 3선을 일괄하여 이것과 대지사이에 상전압을 가하여 충전시켰을 때 전 충전전류는 60[A]가 되었다. 이 선로의 대지정전용량과 선간 정전용량의 비는? (단, 대지정전용량 $C_s$, 선간정전용량 $C_m$이다.)

①  $\dfrac{C_m}{C_s} = \dfrac{1}{6}$       ②  $\dfrac{C_m}{C_s} = \dfrac{8}{15}$

③  $\dfrac{C_m}{C_s} = \dfrac{1}{3}$       ④  $\dfrac{C_m}{C_s} = \dfrac{1}{\sqrt{3}}$

**해설**
3상 기준 작용 정전용량 $C = C_s + 3C_m$ 이므로
1선에 흐르는 충전전류는

$$I_c = \omega CE = \omega C \times \frac{V}{\sqrt{3}}$$

$$= \omega(C_s + 3C_m) \times \frac{V}{\sqrt{3}} = 30[A] \cdots ⓐ$$

3선 일괄 대지 충전전류

$$I_{c1} = 3\omega C_s E = 3\omega C_s \times \frac{V}{\sqrt{3}} = 60[A] \cdots ⓑ$$

ⓑ에 2×ⓐ를 대입하여 정리하면
$2\omega(C_s + 3C_m) = 3\omega C_s$,
$6C_m = C_s$,

$$\therefore \ \frac{C_m}{C_s} = \frac{1}{6}$$

**10** 전력 사용의 변동 상태를 알아보기 위한 것으로 가장 적당한 것은?

① 수용률       ② 부등률
③ 부하율       ④ 역률

**해설**
부하율
임의의 수용가에서 공급 설비 용량이 어느 정도 유효하게 사용되고 있는지 나타내는 것으로 임의의 기간 중 최대수용전력에 대한 평균수용전력의 비율을 말한다. 일반적으로 1보다 작으며, 전력사용의 변동 상태를 알 수 있는 지표로 사용된다.

**11** 단상 교류회로에 $\dfrac{3150}{210}$[V]의 승압기를 80[kW], 역률 0.8인 부하에 접속하여 전압을 상승시키는 경우 약 몇 [kVA]의 승압기를 사용하여야 적당한가? (단, 전원전압은 2900[V]이다.)

① 3.6       ② 5.5
③ 6.8       ④ 10

**해설**
승압기 용량

$$P_a = e_2 \times I_2 = e_2 \times \frac{P}{V_h \cos\theta} \times 10^{-3} \, [kVA] \text{ 에서}$$

$e_2 = 210[V]$,

$$V_h = 2980 \times \left(1 + \frac{210}{3150}\right) = 3093.33[V] \text{ 이므로}$$

$$\therefore \ P_a = 210 \times \frac{80 \times 10^3}{3093.33 \times 0.8} \times 10^{-3} = 6.79[kVA]$$

**정답**   07 ③    08 ③    09 ③    10 ③    11 ③

**12** 철탑의 접지저항이 커지면 가장 크게 우려되는 문제점은?

① 정전 유도　　② 역섬락 발생
③ 코로나 증가　　④ 차폐각 증가

해설

매설지선
탑각에 방사형 매설지선을 포설하여 탑각의 접지저항을 낮춰주면 역섬락을 방지할 수 있게 한다.

**13** 역률 0.8(지상), 480[kW] 부하가 있다. 전력용 콘덴서를 설치하여 역률을 개선하고자 할 때 콘덴서 220[kVA]를 설치하면 역률은 몇[%]로 개선되는가?

① 82　　② 85
③ 90　　④ 96

해설

콘덴서 설치 전 역률 $\cos_1\theta = 0.8$, 유효전력 $P = 480[kW]$ 이므로

무효전력 $P_r = 480 \times \dfrac{\sqrt{1-0.8^2}}{0.8} = 360[kVar]$

그러므로 220[kVA] 콘덴서 설치 후 역률 $\cos_2\theta$은

$\cos_2\theta = \dfrac{480}{\sqrt{480^2 + (360-220)^2}} \times 100 = 96[\%]$

**14** 화력발전소에 탈기기를 사용하는 주 목적은?

① 급수 중에 함유된 산소 등의 분리 제거
② 보일러 관벽의 스케일 부착의 방지
③ 급수 중에 포함된 염류의 제거
④ 연소용 공기의 예열

해설

탈기기는 급수 중의 용존산소 및 이산화탄소를 분리하는 역할을 한다.

**15** 변류기를 개방할 때 2차측을 단락하는 이유는?

① 1차측 과전류 보호
② 1차측 과전압 방지
③ 2차측 과전류 보호
④ 2차측 절연보호

해설

변류기(CT) 점검 시 2차측을 개방상태로 두면 CT 2차 개방단자에 과전압이 유기되어 절연이 파괴된다.

**16** (　) 안에 들어갈 알맞은 내용은?

화력발전소의 ( ㉠ )은 발생 ( ㉡ )을 열량으로 환산한 값과 이것을 발생하기 위하여 소비된 ( ㉢ )의 보류열량 ( ㉣ )를 말한다.

① ㉠ 손실율 ㉡ 발열량 ㉢ 물 ㉣ 차
② ㉠ 열효율 ㉡ 전력량 ㉢ 연료 ㉣ 비
③ ㉠ 발전량 ㉡ 증기량 ㉢ 연료 ㉣ 결과
④ ㉠ 연료소비율 ㉡ 증기량 ㉢ 물 ㉣ 차

해설

화력발전소의 열효율($\eta$)
발전소 열효율은 전력을 발생하는 데 필요한 열량과 연료가 발생하는 총 열량의 비를 뜻한다.

$\eta = \dfrac{\text{발생전력량} \times 860}{\text{연료소비량} \times \text{연료발열량}} \times 100$

**17** 다음 중 전압강하의 정도를 나타내는 식이 아닌 것은? (단, $E_S$는 송전단전압, $E_R$은 수전단전압이다.)

① $\dfrac{I}{E_R}(R\cos\theta + X\sin\theta) \times 100\%$

② $\dfrac{\sqrt{3}\,I}{E_R}(R\cos\theta + X\sin\theta) \times 100\%$

③ $\dfrac{E_S - E_R}{E_R} \times 100\%$

④ $\dfrac{E_S + E_R}{E_R} \times 100\%$

해설

전압강하율($\delta$)
단상 2선식 전압강하율
$$\delta = \frac{V_s - V_r}{V_r} \times 100 = \frac{I}{V_r}(R\cos\theta + X\sin\theta) \times 100$$
3상 3선식 전압강하율
$$\delta = \frac{V_s - V_r}{V_r} \times 100 = \frac{\sqrt{3}\,I}{V_r}(R\cos\theta + X\sin\theta) \times 100$$

**18** 수전단 전압이 송전단 전압보다 높아지는 현상과 관련된 것은?

① 페란티 효과    ② 표피 효과
③ 근접 효과      ④ 도플러 효과

해설

페란티 현상
페란티 현상이란 무부하시 또는 경부하시 선로의 정전용량에 의해 나타나며, 수전단의 전압이 송전단의 전압보다 높아지는 현상이다. 방지법으로는 분로(병렬)리액터를 설치한다.

**19** 송전선로의 중성점을 접지하는 목적으로 가장 알맞은 것은?

① 전선량의 절약
② 송전용량의 증가
③ 전압강하의 감소
④ 이상 전압의 경감 및 발생 방지

해설

중성점 접지목적
• 지락 고장시 건전상의 대지 전위 상승을 억제하여 전선로 및 기기의 절연 레벨을 경감시킨다.
• 뇌, 아크 지락, 기타에 의한 이상전압의 경감 및 발생을 방지한다.
• 지락 고장시 접지 계전기의 동작을 확실하게 한다.
• 소호 리액터 접지방식에서는 1선 지락시의 아크 지락을 재빨리 소멸시켜 그대로 송전을 계속할 수 있게 한다.

**20** 송전선로에서 4단자정수 $A$, $B$, $C$, $D$ 사이의 관계는?

① $BC - AD = 1$
② $AC - BD = 1$
③ $AB - CD = 1$
④ $AD - BC = 1$

해설

4단자 정수 관계식
• $A = D$ (대칭회로)
• $AD - BC = 1$

정답    17 ④    18 ①    19 ④    20 ④

**20**

CBT시험 복원문제

전기산업기사과년도

# 과년도기출문제(2020. 9. 26 시행)

※ 본 기출문제는 수험자의 기억을 바탕으로 하여 복원한 문제이므로 실제 문제와 다를 수 있음을 미리 알려드립니다.

**01** 저항 2[Ω], 유도 리액턴스 8[Ω]의 단상 2선식 배전 선로의 전압강하를 보상하기 위하여, 용량 리액턴스 6[Ω]의 직렬 콘덴서를 넣었을 때의 부하 단자전압[V]을 구하여라. 여기서 전원은 6900[V], 부하전류는 200[A], 역률(지상)은 80[%]라 한다.

① 5340
② 5000
③ 6340
④ 6000

해설

단상 2선식 전압강하 $e = I(R\cos\theta + X\sin\theta)$ 에서
$I = 200[A]$, $R = 2[\Omega]$, $\cos\theta = 0.8$, $\sin\theta = 0.6$ 이므로
$e = 200 \times \{2 \times 0.8 + (8-6) \times 0.6\} = 560[V]$
$\therefore V_r = V_s - e = 6900 - 560 = 6340[V]$

**02** 다음 중 원자로에서 독작용을 설명한 것으로 가장 알맞은 것은?

① 열중성자가 독성을 받는 것을 말한다.
② $_{54}Xe^{135}$ 와 $_{62}Sn^{149}$ 가 인체에 독성을 주는 작용이다.
③ 열중성자 이용률이 저하되고 반응도가 감소되는 작용을 말한다.
④ 방사성 물질이 생체에 유해작용을 하는 것을 말한다.

해설

**독작용**
원자로 운전 중에는 연료 내에 핵분열 생성물질이 축적된다. 이 핵분열 생성물 중 $_{54}Xe^{135}$, $_{62}Sn^{149}$ 은 열중성의 흡수 단면적이 커 원자로의 반응을 저하시키는데 이 작용을 독작용이라 한다.

**03** 비등수형 원자로의 특색에 대한 설명이 틀린 것은?

① 열교환기가 필요하다.
② 기포에 의한 자기 제어성이 있다.
③ 순환펌프로서는 급수펌프뿐이므로 펌프동력이 작다.
④ 방사능 때문에 증기는 완전히 기수분리를 해야 한다.

해설

**비등수형 원자로**
• 경제적이고 열효율이 높다.
• 연료로 농축우라늄을 사용한다.
• 감속재와 냉각수로 물을 사용한다.
• 열교환기가 없으므로 노심의 증기를 직접 터빈에 공급해 준다.

**04** 250[mm] 현수애자 10개를 직렬로 접속한 애자련의 건조섬락전압이 590[kV]이고 연효율(string efficiency)이 0.74이다. 현수애자 한 개의 건조섬락전압은 약 몇 [kV]인가?

① 80
② 90
③ 100
④ 120

해설

애자련의 연효율
$\eta = \dfrac{V_n}{n V_1} \times 100[\%]$

$V_1 = \dfrac{V_n}{n \times \eta} = \dfrac{500}{10 \times 0.74} = 79.7$

$\therefore V_1 = 80[kV]$

**05** 전선 지지점에 고저차가 없는 경간 300[m]인 송전선로가 있다. 이도를 10[m]로 유지할 경우 지지점간의 전선 길이는 약 몇 [m]인가?

① 300.0  ② 300.3
③ 300.6  ④ 300.9

해설

전선의 실제길이

$$L = S + \frac{8D^2}{3S}[\text{m}]$$
$$= 300 + \frac{8 \times 10^2}{3 \times 300} = 300.89[\text{m}]$$

**06** 송전 전력, 부하 역률, 송전 거리, 전력 손실 및 선간 전압이 같을 경우 3상 3선식에서 전선 한 가닥에 흐르는 전류는 단상 2선식에서 전선 한 가닥에 흐르는 경우의 몇 배가 되는가?

① $\frac{1}{\sqrt{3}}$ 배  ② $\frac{2}{3}$ 배
③ $\frac{3}{4}$ 배  ④ $\frac{4}{9}$ 배

해설

3상 3선식 : $P_3 = \sqrt{3}\, VI_3 \cos\theta$
단상 2선식 : $P_1 = VI_1 \cos\theta$
$P_3 = P_1$ 이므로  $\sqrt{3}\, VI_3 \cos\theta = VI_1 \cos\theta$

$$I_3 = \frac{VI_1 \cos\theta}{\sqrt{3}\, V\cos\theta} = \frac{I_1}{\sqrt{3}} = \frac{1}{\sqrt{3}} I_1$$

**07** 압축된 공기를 아크에 불어넣어서 차단하는 차단기는?

① 공기 차단기(ABB)
② 가스 차단기(GCB)
③ 자기 차단기(MBB)
④ 유입 차단기(OCB)

해설

공기차단기(ABB)
전로의 차단이 압축공기를 매질로 하는 차단기를 말한다. 압축공기의 압력은 $15 \sim 30[\text{kg/cm}^2]$ 정도이다.

**08** 전력계통에서 무효전력을 조정하는 조상설비 중 전력용 콘덴서를 동기조상기와 비교할 때 옳은 것은?

① 전력손실이 크다.
② 지상 무효전력분을 공급할 수 있다.
③ 전압조정을 계단적으로 밖에 못한다.
④ 송전선로를 시송전할 때 선로를 충전할 수 있다.

해설

| 동기조상기 | 전력용 콘덴서 |
|---|---|
| • 진상/지상전류 공급 가능 | • 진상전류만 공급 가능 |
| • 연속적 조정이 가능 | • 연속조정이 불가능(단계적) |
| • 시충전(시송전) 가능 | • 시충전 불가능 |
| • 전력손실이 크다 | • 전력손실이 작다 |

**09** 수전단에 관련된 다음 사항 중 틀린 것은?

① 경부하시 수전단에 설치된 동기조상기는 부족여자로 운전
② 중부하시 수전단에 설치된 동기조상기는 부족여자로 운전
③ 중부하시 수전단에 전력 콘덴서를 투입
④ 시충전시 수전단 전압이 송전단보다 높게 됨

해설

동기조상기를 과여자로 운전할 경우 역률이 진역률이 되어 콘덴서 작용을 하게 되고, 부족여자로 운전할 경우 역률이 지역률이 되어 리액터 작용을 하게 된다. 따라서 경부하시에는 리액터 작용이 필요하므로 부족여자, 중부하시에는 콘덴서 작용이 필요하므로 과여자 운전을 해야 한다.

**10** 3상용 차단기의 용량은 그 차단기의 정격전압과 정격차단 전류와 몇 배 곱한 것인가?

① $\frac{1}{\sqrt{2}}$  ② $\frac{1}{\sqrt{3}}$
③ $\sqrt{2}$  ④ $\sqrt{3}$

해설

차단기의 차단용량
$$P_s[\text{MVA}] = \sqrt{3} \times 정격전압[\text{kV}] \times 정격차단전류[\text{kA}]$$

정답   05 ④   06 ①   07 ①   08 ③   09 ②   10 ④

**11** 출력 20000[kW]의 화력발전소가 부하율 80 [%]로 운전할 때 1일의 석탄소비량은 약 몇 [ton]인가? (단, 보일러 효율 80[%], 터빈의 열 사이클 효율 35[%], 터빈효율 85[%], 발전기 효율 76[%], 석탄의 발열량은 5500[kcal/kg]이다.)

① 272　　　　② 293

③ 312　　　　④ 333

해설

화력발전소 열효율

$W$ : 발생전력량[kWh], $m$ : 연료소비량[kg],

$H$ : 발열량[kcal/kg], $P$ : 출력 [kW], $t$ : 시간[h],

$F$ : 부하율, $\eta_c$ : 사이클 효율, $\eta_h$ : 보일러 효율,

$\eta_t$ : 터빈 효율, $\eta_g$ : 발전기 효율

$P = 20000$ [kW], $t = 24$[h], $F = 0.8$

$W = P \cdot t \cdot F = 20000 \times 24 \times 0.8$ [kWh]

$m = \dfrac{860\,W}{\eta_c \eta_h \eta_t \eta_g H} = \dfrac{860 \times 100000 \times 24 \times 0.8}{0.35 \times 0.8 \times 0.85 \times 0.76 \times 5500}$

$\simeq 333 \times 10^3$ [kg] $= 333$[t]

**12** 전류 계전기(OCR)의 탭(tap) 값을 옳게 설명한 것은?

① 계전기의 최소 동작전류

② 계전기의 최대 부하전류

③ 계전기의 동작시한

④ 변류기의 권수비

해설

전류계전기 탭(tap)

• 계전기가 동작하는 기준이 되는 최소 전류 값

• 탭 값 이상의 전류가 흐를 경우 차단기 등 보호장치를 동작시켜 설비를 보호한다.

**13** 다음 중 배전선로의 손실을 경감하기 위한 대책으로 적절하지 않은 것은?

① 전력용 콘덴서 설치

② 배전전압의 승압

③ 전류밀도의 감소와 평형

④ 전압강하 상승

해설

전압강하 상승은 배전선로 손실과 직접적인 관련이 없다.

**14** 송배전선로에서 전선의 장력을 2배로 하고 또 경간을 2배로 하면 전선의 이도는 처음의 몇 배가 되는가?

①　$\dfrac{1}{4}$　　　　②　$\dfrac{1}{2}$

③ 2　　　　④ 4

해설

전선의 이도

$$D = \frac{WS^2}{8T}$$

$D \propto S^2$, $D \propto \dfrac{1}{T}$ 이므로, $\dfrac{2^2}{2} = 2$배

**15** 전선에 복도체를 사용하는 경우, 같은 단면적의 단도체를 사용하는 것에 비하여 우수한 점으로 알맞은 것은?

① 전선의 코로나 개시전압은 변화가 없다.

② 전선의 인덕턴스와 정전용량은 감소한다.

③ 전선표면의 전위경도가 증가한다.

④ 송전용량과 안정도가 증대된다.

해설

복도체의 장점

• 인덕턴스 감소, 정전용량 증가

• 송전용량 증가

• 코로나 임계전압이 상승하여 코로나손 감소

• 전선의 표면 전위경도 감소

**16** 역률 개선용 콘덴서를 부하와 병렬로 연결하고자 한다. $\Delta$결선방식과 $Y$결선방식을 비교하면 콘덴서의 정전용량($\mu F$)의 크기는 어떠한가?

① $\Delta$결선방식과 $Y$결선방식은 동일하다.

② $Y$결선방식이 $\Delta$결선방식의 $\frac{1}{2}$이다.

③ $\Delta$결선방식이 $Y$결선방식의 $\frac{1}{3}$이다.

④ $Y$결선방식이 $\Delta$결선방식의 $\frac{1}{\sqrt{3}}$다.

해설

| 구분 | $Y$결선 | $\Delta$결선 |
|------|---------|---------|
| 정전용량 | 3 | 1 |
| 충전용량 | 1 | 3 |

**17** 단일 부하의 선로에서 부하율 50[%], 선로 전류의 변화곡선의 모양에 따라 달라지는 계수 $\alpha = 0.2$인 배전선의 손실계수는 얼마인가?

① 0.05    ② 0.15

③ 0.25    ④ 0.30

해설

손실계수 $H = \alpha F - (1-\alpha)F^2$,
$F = 0.5$, $\alpha = 0.2$이므로
$0.2 \times 0.5 + (1-0.2) \times 0.5^2 = 0.3$

**18** 가공 송전선에 사용되는 애자 1련 중 전압부담이 최대인 애자는?

① 철탑에 제일 가까운 애자
② 전선에 제일 가까운 애자
③ 중앙에 있는 애자
④ 철탑과 애자련 중앙의 그 중간에 있는 애자

해설

• 전압분담 최대 : 전선에서 가장 가까운 애자
• 전압분담 최소 : 전선에서 8번째(철탑에서 1/3지점) 애자

**19** 3상 계통에서 수전단전압 60[kV], 전류 250[A], 선로의 저항 및 리액턴스가 각각 7.61[$\Omega$], 11.85[$\Omega$]일 때 전압강하율은? (단, 부하역률은 0.8(늦음)이다.)

① 약 5.50%    ② 약 7.34%

③ 약 8.69%    ④ 약 9.52%

해설

전압강하율
$$\delta = \frac{V_s - V_r}{V_r} \times 100[\%]$$
$$= \sqrt{3}I(R\cos\theta + X\sin\theta) \times \frac{1}{V_r} \times 100[\%]$$
$$= \sqrt{3} \times 250 \times (7.61 \times 0.8 + 11.85 \times 0.6)$$
$$\times \frac{1}{60 \times 10^3} \times 100[\%]$$
$$= 9.52[\%]$$

**20** 다음 중 부하전류의 차단에 사용되지 않는 것은?

① NFB    ② OCB
③ VCB    ④ DS

해설

단로기(DS)
단로기는 부하전류의 개폐를 하지 않는 것이 원칙이다.
또한, 단로기는 차단기와는 다르게 아크소호 능력이 없다.

**21**

CBT시험 복원문제

전기산업기사과년도

# 과년도기출문제(2021. 3. 7 시행)

※ 본 기출문제는 수험자의 기억을 바탕으로 하여 복원한 문제이므로 실제 문제와 다를 수 있음을 미리 알려드립니다.

**01** 지락보호계전기 동작이 가장 확실한 접지방식은?

① 직접접지 방식
② 비접지 방식
③ 소호리액터 접지 방식
④ 고저항접지 방식

해설

**직접접지의 특징**
• 계통에 대한 절연 레벨을 낮출 수 있다.
• 고장 전류가 크므로 보호계전기의 동작이 확실하다.
• 1선지락 고장시 건전상 전압상승이 작다. (상전압의 약 1.2~1.4배 정도)
• 변압기의 중성점이 0전위 부근에 유지되므로 단절연 변압기의 사용이 가능하다.

**02** 3상 차단기의 정격차단용량을 나타낸 것은?

① $\frac{1}{\sqrt{3}}$×정격전압 × 정격전류

② $\frac{1}{\sqrt{3}}$×정격전압 × 정격차단전류

③ $\sqrt{3}$×정격전압 × 정격차단전류

④ $\sqrt{3}$×정격전압 × 정격전류

해설

**정격 차단 용량**
3상 차단기의 차단용량
$P_s$[MVA] = $\sqrt{3}$×정격전압[kV]×정격차단전류[kA]

**03** 배전선로의 손실경감과 관계없는 것은?

① 대용량 변압기 채용
② 역률 개선
③ 배전선로의 전류 밀도 평형
④ 배전 전압의 승압

해설

**원자력발전**
전력용 콘덴서를 이용하여 역률을 개선시키면 전력손실을 경감시킬 수 있다. 또한, 전압을 승압시킬 경우, 부하가 평형할 경우에도 전력손실을 저감시킬 수 있다.

**04** 배전 계통에서 콘덴서를 설치하는 주된 목적과 관계가 없는 것은?

① 송전용량 증가
② 기기의 보호
③ 전력손실 감소
④ 전압강하 보상

해설

**역률 개선 효과**
1. 전력손실 경감
2. 전력요금 감소
3. 설비용량의 여유 증가
4. 전압강하 경감

**05** 수력발전소의 댐 설계 및 저수지 용량 등을 결정하는데 가장 적합하게 사용되는 것은?

① 유량도
② 적산유량곡선
③ 유황곡선
④ 수위-유량곡선

해설

**적산유량곡선**
가로축에 365일을, 세로축에 유량의 누계를 나타낸 곡선으로 댐 설계시나 저수지 용량을 결정할 때 주로 사용한다.

정답    01 ①    02 ③    03 ①    04 ②    05 ②

**06** 배전전압을 3000[V]에서 5200[V]로 높이면, 수송전력이 같다고 할 경우에 전력손실은 몇 [%]로 되는가?

① 25  ② 50
③ 33.3  ④ 1

해설
전력손실

전력손실 $P_\ell \propto \dfrac{1}{V^2}$ 이므로,

$P_\ell = \left(\dfrac{3000}{5200}\right)^2 \times 100 = 33\%$

**07** 송전선의 특성임피던스를 $Z_0$, 전파속도를 $V$라 할 때, 이 송전선의 단위 길이에 대한 인덕턴스 $L$은?

① $L = \sqrt{Z_0}\, V$  ② $L = \dfrac{Z_0}{V}$
③ $L = \dfrac{Z_0^2}{V}$  ④ $L = \dfrac{V}{Z_0}$

해설
특성임피던스

특성임피던스 $Z_0 = \sqrt{\dfrac{L}{C}}$

전파속도 $V = \dfrac{1}{\sqrt{LC}}$

$\dfrac{Z_0}{V} = \sqrt{\dfrac{L}{C}} \times \sqrt{LC} = L$

**08** 피뢰기의 구비조건으로 틀린 것은?

① 방전내량이 작으면서 제한전압이 높을 것
② 속류차단능력이 충분할 것
③ 상용주파 방전개시전압이 높을 것
④ 충격방전개시전압이 낮을 것

해설
피뢰기[LA]의 구비조건
• 제한전압이 낮을 것
• 충격방전개시전압이 낮을 것
• 속류 차단 능력이 클 것
• 상용주파 방전개시 전압이 높을 것
• 방전내량이 클 것

**09** 피뢰기의 정격전압이란?

① 방전을 게시할 때 단자전압의 순시값
② 상용주파수의 방전개시전압
③ 충격방전전류를 통하고 있을 때 단자전압
④ 속류를 차단할 수 있는 최고의 교류전압

해설
피뢰기[LA] 정격전압
피뢰기의 정격전압은 속류를 차단하는 상용주파수 최고의 교류전압을 의미한다.

**10** 우리나라 22.9[kV] 배전선로에 적용하는 피뢰기의 공칭방전전류 [A]는?

① 1500  ② 2500
③ 5000  ④ 10000

해설
피뢰기[LA] 공칭방전전류
22.9[kV] 이하의 배전선로에 적용하는 피뢰기의 공칭방전전류는 2500A 이다.

**11** 단상 2선식 교류 배전선로가 있다. 전선의 1가닥 저항이 0.15[Ω]이고, 리액턴스는 0.25[Ω]이다. 부하는 순저항부하이고 100[V], 3[kW]이다. 급전점의 전압 [V]은 약 얼마인가?

① 110  ② 124
③ 115  ④ 105

해설
전압강하
순저항 부하이므로 리액턴스 $X = 0$
단상 2선식 전압강하
$e = 2I(R\cos\theta + X\sin\theta)$

$= 2IR\cos\theta = 2 \times \dfrac{P}{V} \times R\cos\theta$

$V_s = V_r + e$

$= 100 + 2 \times \dfrac{3000}{100} \times 0.15 = 109 \Rightarrow ≒ 110[V]$

정답  06 ①  07 ②  08 ①  09 ④  10 ②  11 ①

**12** 첨두부하가 커지면 부하율은 어떻게 되는가?
(단, 평균전력은 동일하다.)

① 높아진다.

② 변하지 않고 일정하다.

③ 낮아진다.

④ 부하의 종류에 따라 달라진다.

해설

부하율

$$부하율 = \frac{평균수요전력[kW]}{최대수요전력[kW]}$$

부하율과 최대전력은 반비례하므로, 최대전력이 커지면 부하율은 낮아진다.

**13** 3상 송전선로의 선간전압을 $100[kV]$, 3상 기준용량을 $10000[kVA]$로 할 때 선로 리액턴스 [1선당] $100[\Omega]$을 %임피던스로 환산하면 약 $[\%]$인가?

① 0.33

② 3.33

③ 10

④ 1

해설

퍼센트임피던스

$$\%Z = \frac{P_n Z}{10 V^2} = \frac{10000 \times 100}{10 \times 100^2} = 10[\%]$$

**14** 저항 $10[\Omega]$, 리액턴스 $15[\Omega]$인 3상 송전선로가 있다. 수전단 전압이 $60[kV]$, 부하 역률이 0.8, 전류가 $100[A]$라 할 때 송전단 전압은 약 몇 $[kV]$인가?

① 33

② 58

③ 42

④ 63

해설

전압강하

$$e = \sqrt{3} I(R\cos\theta + X\sin\theta)$$
$$= \sqrt{3} \times 100 \times (10 \times 0.8 + 15 \times 0.6) \times 10^{-3} = 2.9[kV]$$
$$V_s = V_r + e = 60 + 2.9 = 62.9[kV]$$

**15** 중성점 저항 접지방식의 2회선 선로의 지락사고 시 사용되는 계전기는?

① 거리계전기

② 과전류계전기

③ 역상계전기

④ 선택접지계전기

해설

선택지락계전기[SGR]

다회선에서 지락사고가 발생했을 때 지락고장회선만을 선택하여 신속히 차단할 수 있도록 하는 계전기이다.

**16** 송전선의 중성점을 접지하는 이유가 아닌 것은?

① 이상전압의 방지

② 지락사고선의 선택 차단

③ 코로나 방지

④ 전선로 및 기기의 절연레벨 경감

해설

중성점 접지 목적

· 지락 고장시 건전상의 대지 전위상승을 억제하여 전선로 및 기기의 절연레벨을 경감.

· 뇌, 아크 지락, 기타에 의한 이상 전압의 경감 및 발생을 방지한다.

· 지락 고장시 접지 계전기의 동작을 확실하게 한다.

· 소호 리액터 접지방식에서는 1선 지락시의 아크 지락을 재빨리 소멸시켜 그대로 송전을 계속할 수 있게 한다.

**17** 역상전류가 각 상전류에 의하여 바르게 표시된 것은?

① $I_2 = I_a + I_b + I_c$

② $I_2 = 3(I_a + aI_b + a^2 I_c)$

③ $I_2 = aI_a + I_b + a^2 I_c$

④ $I_2 = \frac{1}{3}(I_a + a^2 I_b + aI_c)$

해설

대칭좌표법

· 영상 전류 $I_0 = \frac{1}{3}(I_a + I_b + I_c)$

· 정상 전류 $I_1 = \frac{1}{3}(I_a + aI_b + a^2 I_c)$

· 역상 전류 $I_2 = \frac{1}{3}(I_a + a^2 I_b + aI_c)$

정답    12 ③    13 ③    14 ④    15 ④    16 ③    17 ④

**18** 복도체를 사용한 가공송전방식을 같은 단면적의 단도체를 사용하는 경우와 비교할 때 틀린 것은?

① 송전용량을 증대시킬 수 있다.
② 코로나 개시전압이 높아지므로 코로나 손실을 줄일 수 있다.
③ 안정도를 증대시킬 수 있다.
④ 인덕턴스는 증가하고 정전용량은 감소한다.

해설

**복도체 장점**
• $L$감소, $C$증가
• 송전용량 증가
• 안정도 향상
• 코로나 손실감소
• 유도장해 억제

**19** 조력발전소에 대한 설명으로 옳은 것은?

① 간만의 차가 작은 해안에 설치한다.
② 만조로 되는 동안 바닷물을 받아들여 발전한다.
③ 지형적 조건에 따라 수로식과 양수식이 있다.
④ 완만한 해안선을 이루고 있는 지점에 설치한다.

해설

**조력발전**
바닷물의 간만의 차에 의한 위치에너지를 전력으로 변환하는 발전방식이다. 만조일 때 저수지에 바닷물을 가두고, 저수지와 해수면의 낙차가 충분할 때 수문을 개방해 전기에너지를 생산한다.

**20** 전등설비 150[W], 전열설비 200[W], 전동기설비 800[W], 기타 250[W]인 수용가가 있다. 이 수용가의 최대 수용전력이 910[W]이면 수용률[%]은?

① 65          ② 60
③ 55          ④ 70

해설

**수용률**

$$수용률 = \frac{최대수용전력}{부하설비용량} \times 100\%$$
$$= \frac{910}{150+200+800+250} \times 100[\%] = 65[\%]$$

CBT시험 복원문제

전기산업기사과년도

# 과년도기출문제(2021. 5. 15 시행)

※ 본 기출문제는 수험자의 기억을 바탕으로 하여 복원한 문제이므로 실제 문제와 다를 수 있음을 미리 알려드립니다.

**01** 차단기에서 $O-t_1-CO-t_2-CO$ 의 주기로 나타내는 것은? (단, O(open)는 차단 동작 $t_1, t_2$ 는 시간 간격 C(close)는 투입 동작 CO(close and open)는 투입 직후 차단 동작이다.)

① 차단기 동작 책무
② 차단기 속류 주기
③ 차단기 재폐로 계수
④ 차단기 무전압 시간

해설

**차단기의 동작 책무**

차단기가 계통에 사용될 때 차단–투입–차단의 동작을 반복하게 되는데, 그 동작 시간 간격을 나타낸 일련의 동작 규정을 차단기의 동작책무라 한다. 일반적으로 7.2[kV]급 차단기는 일반용(CO–15초–CO)을 적용하고 25.8[kV]급 차단기는 고속도 재투입용 (O–0.3초–CO–1분–CO) 동작책무를 적용한다.

**02** 어떤 건물의 부하의 총설비전력이 400[kW] 수용률이 0.5일 때 이 건물의 변전시설의 최저용량은 몇 [kVA]인가? (단, 역률은 0.8이다.)

① 250
② 160
③ 1000
④ 640

해설

**변압기 용량**

$$변압기용량 = \frac{설비용량 \times 수용률}{부등률 \times 역률}$$

$$= \frac{400 \times 0.5}{0.8} = 250[kVA]$$

**03** 역률 80%, 10000[kVA]의 부하를 갖는 변전소에 2000[kVA]의 콘덴서를 설치하여 역률을 개선하면 변압기에 걸리는 부하는 몇 [kVA]정도 되는가?

① 8000[kVA]
② 8500[kVA]
③ 9000[kVA]
④ 9500[kVA]

해설

**전력용 콘덴서**

• 콘덴서 설치 전 부하의 지상무효전력
$$P_{r1} = P_a \times \sin\theta = 10000 \times 0.6 = 6000[kVar]$$

• 콘덴서 설치 후 부하의 지상무효전력
$$P_{r2} = P_{r1} - Q_c = 6000 - 2000 = 4000[kVar]$$

• 부하의 유효전력
$$P = P_a \times \cos\theta = 10000 \times 0.8 = 8000[kW]$$

• 콘덴서 설치 후 부하의 피상전력
$$P_a' = \sqrt{8000^2 + 4000^2} \fallingdotseq 9000[kVA]$$

**04** 전력계통의 안정도 향상 대책은?

① 송전계통의 직렬리액턴스를 증가시킨다.
② 고속 재폐로 방식을 채택한다.
③ 정원 측 원동기(터빈)용 조속기의 응답시간을 크게 한다.
④ 고장 시 발전기 입·출력의 불평형을 크게한다.

해설

**안정도 향상대책**

1. 직렬 리액턴스 감소대책
   최대 송전전력과 리액턴스는 반비례하므로 직렬 리액턴스를 감소시킨다.
   ① 발전기나 변압기의 리액턴스를 감소시킨다.
   ② 선로의 병행 회선을 증가하거나 복도체를 사용한다.
   ③ 직렬콘덴서를 사용하고 단락비가 큰 기기를 설치한다.
2. 전압변동 억제대책
   고장시 발전기는 역률이 낮은 지상전류를 흘리기 때문에 전기자 반작용에 의해 단자전압은 현저히 저하한다.
   ① 속응 여자방식을 채용한다.
   ② 계통을 연계한다.
   ③ 중간 조상방식을 채용한다.
3. 충격 경감대책
   고장 전류를 작게 하고 고장 부분을 신속하게 제거해야 한다.
   ① 적당한 중성점 접지방식을 채용한다.
   ② 고속 차단방식을 채용한다
   ③ 재폐로방식을 채용한다.

정답　　01 ①　　02 ①　　03 ①　　04 ②

**05** 부하전력 및 역률이 같을 때 전압을 n배 승압하면 전압강하 e, 전압강하율 $\epsilon$ 및 전력손실 p는 각각 어떻게 되는가?

① $e = \dfrac{1}{n^2}$, $\epsilon = \dfrac{1}{n}$, $p = \dfrac{1}{n}$

② $e = \dfrac{1}{n}$, $\epsilon = \dfrac{1}{n^2}$, $p = \dfrac{1}{n}$

③ $e = \dfrac{1}{n}$, $\epsilon = \dfrac{1}{n^2}$, $p = \dfrac{1}{n^2}$

④ $e = \dfrac{1}{n^2}$, $\epsilon = \dfrac{1}{n}$, $p = \dfrac{1}{n^2}$

해설

전압특성

- 송전전력 : $P \propto V^2$
- 전압강하 : $e \propto \dfrac{1}{V}$
- 전력손실 : $P_\ell \propto \dfrac{1}{V^2}$
- 전압강하율 : $\delta \propto \dfrac{1}{V^2}$
- 전선단면적 : $A \propto \dfrac{1}{V^2}$

**06** 3상 수직 배치인 선로에서 오프셋을 주는 이유로 가장 알맞은 것은?

① 철탑 중량 감소
② 유도장해 감소
③ 난조방지
④ 단락방지

해설

오프셋(OFF-SET)

- 개념 : 전선을 수직으로 배치할 경우에 상, 중, 하선 상호간의 수평거리 차
- 목적 : 전선의 각종 진동현상 등에 의한 전선의 선간 단락사고를 방지

**07** 단상 2선식과 3상 3선식에서 선간전압, 배전거리, 수전전력, 역률을 같게 하고 선로손실을 동일하게 하는 경우, 3상에 필요한 전선 무게는 단상의 얼마인가?

① $\dfrac{1}{4}$      ② $\dfrac{3}{4}$

③ $\dfrac{2}{3}$      ④ $\dfrac{2}{4}$

해설

전기방식

| 전기방식 | 전선량 비 |
|---|---|
| 단상 2선식 | 1 |
| 단상 3선식 | $\dfrac{3}{8}$ |
| 3상 3선식 | $\dfrac{3}{4}$ |
| 3상 4선식 | $\dfrac{1}{3}$ |

**08** 선로의 부하가 균일하게 분포하여 있을 때 배전선로의 전력손실은 이들의 전 부하가 선로의 말단에 집중되어 있을 때에 비하여 어떠한가?

① $\dfrac{1}{4}$ 배 감소한다.

② $\dfrac{1}{3}$ 배 감소한다.

③ $\dfrac{1}{4}$ 배 증가한다.

④ $\dfrac{1}{3}$ 배 증가한다.

해설

부하의 분포특성

말단에 집중부에 대해 균등부하의 경우 전압강하는 1/2, 전력손실은 1/3로 감소한다.

정답    05 ③    06 ④    07 ②    08 ②

**09** 공기의 절연성이 부분적으로 파괴되어서 낮은 소리나 엷은 빛을 내면서 방전되는 현상은?

① 페란티 현상　　② 코로나 현상
③ 카르노 현상　　④ 보어 현상

해설

코로나 현상
전선로 주변의 공기의 절연이 부분적으로 파괴되어 낮은 소리나 엷은 빛을 내면서 방전하는 현상을 코로나 현상이라 한다. 직류의 경우 $30[\text{kV/cm}]$, 교류의 경우 $21.1[\text{kV/cm}]$ 에서 공기의 절연이 파괴된다.

**10** 단락전류를 제한하기 위하여 사용되는 것은?

① 현수애자　　② 한류리액터
③ 사이리스터　　④ 직렬콘덴서

해설

한류리액터
선로의 단락사고시 고장(단락)전류를 제한하여 차단기의 차단용량을 경감함과 동시에 직렬기기의 손상을 방지하기 위한 것이다.

**11** 차단기와 차단기의 소호 매질이 잘못 결합된 것은?

① 자기차단기 – 전자력
② 유입차단기 – 절연유
③ 공기차단기 – 압축공기
④ 가스차단기 – 수소 가스

해설

차단기의 소호매질

| 명칭 | 약호 | 소호 매질 |
| --- | --- | --- |
| 가스차단기 | GCB | $SF_6$ |
| 진공차단기 | VCB | 고진공 |
| 공기차단기 | ABB | 압축공기 |
| 유입차단기 | OCB | 절연유 |
| 자기차단기 | MBB | 전자력 |
| 기중차단기 | ACB | 자연공기 |

**12** 그림과 같은 평형 3상 발전기가 있다. a상이 지락된 경우 지락전류는? (단, $Z_0$ : 영상임피던스, $Z_1$ : 정상임피던스, $Z_2$ : 역상임피던스이다.)

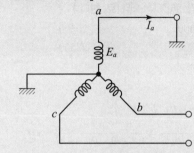

① $\dfrac{3E_a}{Z_0 + Z_1 + Z_2}$　　② $\dfrac{E_a}{Z_0 + Z_1 + Z_2}$

③ $\dfrac{-Z_0 E_a}{Z_0 + Z_1 + Z_2}$　　④ $\dfrac{2Z_2 E_a}{Z_1 + Z_2}$

해설

1선지락전류
1선지락사고 및 지락전류($I_g$)
a상이 지락시 $I_b = I_c = 0$, $V_a = 0$

$$I_0 = I_1 = I_2 = \frac{1}{3} I_a = \frac{1}{3} I_g = \frac{E_a}{Z_0 + Z_1 + Z_2} [\text{A}]$$

$$I_0 = I_1 = I_2 \neq 0$$

$$I_g = 3I_0 = \frac{3E_a}{Z_0 + Z_1 + Z_2} [\text{A}]$$

**13** 중거리 송전선로에서 T형 회로일 경우 4단자 정수 A는?

① $Z$　　② $1 - \dfrac{ZY}{4}$

③ $Y$　　④ $1 + \dfrac{ZY}{2}$

해설

중거리 송전선로
T형 회로의 4단자 정수
$$\begin{bmatrix} A & B \\ C & D \end{bmatrix} = \begin{bmatrix} 1 + \dfrac{ZY}{2} & Z\left(1 + \dfrac{ZY}{4}\right) \\ Y & 1 + \dfrac{ZY}{2} \end{bmatrix}$$

**14** 유효낙차 30[m], 출력 2000[kW]의 수차발전기를 전부하로 운전하는 경우 1시간당 사용 수량은 약 몇 [m³]인가? (단, 수차 및 발전기의 효율은 각각 95[%], 82[%]로 한다.)

① 15500      ② 25500
③ 31500      ④ 22500

> 해설
> 수력발전
> $P = 9.8 \, QH\eta_t \, \eta_g \, [\text{kW}]$
>
> $Q = \dfrac{P}{9.8H\eta_t\eta_g} = \dfrac{2000}{9.8 \times 30 \times 0.95 \times 0.82} \times 3600$
>
> $\fallingdotseq 31500 \, [\text{m}^3]$

**15** 송전선로의 뇌해 방지와 관계없는 것은?

① 피뢰기      ② 댐퍼(damper)
③ 가공지선      ④ 매설지선

> 해설
> 댐퍼
> 댐퍼는 전선이 진동하는 경우 상·하전선의 접촉으로 단락 사고가 생길 우려가 있으므로 전선로 지지물 부근에 설치하는 진동방지 설비이다.

**16** 3상 3선식 3각형 배치의 송전선로에 있어서 각 선의 대지 정전용량이 0.5038[μF]이고, 선간 정전용량이 0.1237[μF]일 때 1선의 작용 정전용량은 몇 [μF]인가?

① 0.6275      ② 0.8749
③ 0.9164      ④ 0.9755

> 해설
> 작용 정전용량
> 3상 3선식인 경우
> $C = C_s + 3C_m = 0.5038 + 3 \times 0.1237 = 0.8749 \, [\mu\text{F}]$

**17** 가스터빈의 장점이 아닌 것은?

① 구조가 간단해서 운전에 대한 신뢰가 높다.
② 기동 및 정지가 용이하다.
③ 냉각수를 다량으로 필요로 하지 않는다.
④ 화력발전소보다 열효율이 높다.

> 해설
> 가스터빈 발전소의 특징
> • 구조가 간단하고 건설비가 저렴하다.
> • 기동시간이 짧고 운전조작이 간단하다.
> • 냉각수가 적어도 되며 보수가 용이하다.
> • 첨두부하용 비상용 전원으로 적당하다.
> • 열효율이 높지만 화력발전소보다는 낮다.

**18** 연가를 하는 주된 목적은?

① 미관상 필요
② 선로정수의 평형
③ 유도뢰의 방지
④ 직격뢰의 방지

> 해설
> 연가
> 3의 배수로 송전선로 구간을 등분하는 것
> • 연가의 목적 : 선로정수 평형
> • 연가의 효과 : 직렬공진 방지, 통신선의 유도장해 감소

**19** 송전선로에 관련된 설명으로 틀린 것은?

① 전선에 교류가 흐를 때 전류 밀도는 도선의 중심으로 갈수록 작아진다.
② 송전선로에 ACSR을 사용한다.
③ 수직 배치 선로에서 오프셋을 주는 이유는 단락방지이다.
④ 송전선에서 댐퍼를 설치하는 이유는 전선의 코로나 방지이다.

> 해설
> 댐퍼
> 송배전선로에서 전선의 진동을 방지하기 위해 지지점에 댐퍼를 설치한다.

정답    14 ③    15 ②    16 ②    17 ④    18 ②    19 ④

**20** 조상설비와 거리가 먼 것은?

① 분로 리액터
② 전력용 콘덴서
③ 상순 표시기
④ 동기 조상기

해설

조상설비

| 구 분 | 동기조상기 | 전력용 콘덴서 | 분로 리액터 |
|---|---|---|---|
| 무효전력 흡수능력 | 진상 및 지상 | 진상 | 지상 |
| 조정의 형태 | 연속적 | 불연속 | 불연속 |
| 전압 유지 능력 | 크다 | 작다 | 작다 |
| 보수의 난이도 | 어렵다 | 쉽다 | 쉽다 |
| 손실 | 크다 | 작다 | 작다 |
| 시충전 | 가능 | 불가능 | 불가능 |

정답   20  ③

CBT시험 복원문제

# 21

# 과년도기출문제(2021. 8. 14 시행)

전기산업기사과년도

※ 본 기출문제는 수험자의 기억을 바탕으로 하여 복원한 문제이므로 실제 문제와 다를 수 있음을 미리 알려드립니다.

**01** 3상 1회선 전선로에서 대지정전용량은 $C_s$이고 선간정전용량을 $C_m$이라 할 때, 작용정전용량 $C_n$은?

① $C_s + C_m$
② $C_s + 2C_m$
③ $C_s + 3C_m$
④ $2C_s + C_m$

해설
작용정전용량
3상 1회선의 작용 정전용량 $C_n = C_s + 3C_m$

**02** 그림에서 수전단이 단락된 경우의 송전단의 단락용량과 수전단이 개방된 경우의 송전단의 충전용량의 비는?

송전단 ──  A  B  ── 수전단
           C  D
4단자 회로

① $\left[1 + \dfrac{1}{\dot{B}\dot{C}}\right]$
② $\left[1 - \dfrac{1}{\dot{B}\dot{C}}\right]$
③ $\left[\dfrac{\dot{A}\dot{B}}{\dot{C}\dot{D}}\right]$
④ $\left[\dfrac{\dot{C}\dot{D}}{\dot{A}\dot{B}}\right]$

해설
4단자정수
수전단 단락시 $E_R = 0$

$\dot{E}_S = \dot{B}\dot{I}_R$, $I_{SS} = \dot{D}\dot{I}_R$ ∴ $I_{SS} = \dfrac{\dot{D}}{\dot{B}}\dot{E}_S$

수전단 개방시 $I_R = 0$

$\dot{E}_S = \dot{A}\dot{E}_R$, $I_{So} = \dot{C}\dot{E}_R$ ∴ $I_{So} = \dfrac{\dot{C}}{\dot{A}}\dot{E}_S$

송전단 전압이 일정하므로 단락용량 $W_{SS}$와 전용량 $W_{SO}$의 비는

$$\frac{W_{SS}}{W_{SO}} = \left[\frac{\dot{E}_S I_{SS}}{\dot{E}_S I_{So}}\right] = \left[\frac{I_{SS}}{I_{SO}}\right] = \left[\frac{\dot{D}/\dot{B}}{\dot{C}/\dot{A}}\right] = \left[\frac{\dot{A}\dot{D}}{\dot{B}\dot{C}}\right]$$

$\dot{A}\dot{D} - \dot{B}\dot{C} = 1$, $\dot{A}\dot{D} = \dot{B}\dot{C} + 1$를 대입하면

$$\frac{W_{SS}}{W_{SO}} = \left[\frac{\dot{A}\dot{D}}{\dot{B}\dot{C}}\right] = \left[\frac{\dot{B}\dot{C} + 1}{\dot{B}\dot{C}}\right] = \left[1 + \frac{1}{\dot{B}\dot{C}}\right]$$

**03** 피뢰기의 제한전압이란?

① 상용주파수의 방전개시전압
② 충격파의 방전개시전압
③ 충격방전 종료 후 전력계통으로부터 피뢰기에 상용주파 전류가 흐르고 있는 동안의 피뢰기 단자전압
④ 충격방전전류가 흐르고 있는 동안의 피뢰기의 단자전압의 파고값

해설
피뢰기의 제한전압
충격파가 내습하여 피뢰기가 방전할 때 피뢰기 단자간에 나타나는 충격전압이다. 즉, 피뢰기 동작 중 계속해서 걸리는 단자전압의 파고값을 뜻한다. (절연협조의 기본이 되는 전압)

**04** 다음 표는 리액터의 종류와 그 목적을 나타낸 것이다. 바르게 짝지어진 것은?

| 종류 | 목적 |
|---|---|
| ㄱ. 병렬 리액터 | ⓐ 지락 아크의 소멸 |
| ㄴ. 한류 리액터 | ⓑ 송전 손실 경감 |
| ㄷ. 직렬 리액터 | ⓒ 차단기의 용량 경감 |
| ㄹ. 소호 리액터 | ⓓ 제5고조파 제거 |

① ㄱ. - ⓑ
② ㄴ. - ⓐ
③ ㄷ. - ⓓ
④ ㄹ. - ⓒ

해설
리액터의 종류
• 분로 리액터 : 페란티 현상 방지
• 직렬 리액터 : 5고조파 개선
• 한류 리액터 : 단락전류 제한
• 소호 리액터 : 1선지락시 아크소멸

**05** 일반회로정수가 $A$, $B$, $C$, $D$이고 송수전단의 상전압이 각각 $E_s$, $E_r$일 때 수전단 전력 원선도의 반지름은?

① $\dfrac{E_s E_r}{A}$  ② $\dfrac{E_s E_r}{B}$

③ $\dfrac{E_s E_r}{C}$  ④ $\dfrac{E_s E_r}{D}$

해설
전력원선도

전력원선도의 반지름 $=\dfrac{E_s E_r}{B}$

**06** 송전계통의 접지에 대한 설명으로 옳은 것은?

① 소호 리액터 접지방식은 선로의 정전용량과 직렬공진을 이용한 것으로 지락전류가 타 방식에 비해 좀 큰 편이다.
② 고저항 접지방식은 이중고장을 발생시킬 확률이 거의 없으나, 비접지식보다는 많은 편이다.
③ 직접 접지방식을 채용하는 경우 이상전압이 낮기 때문에 변압기 선정시 단절연이 가능하다.
④ 비접지방식을 택하는 경우, 지락전류의 차단이 용이하고 장거리 송전을 할 경우 이중고장의 발생을 예방하기 좋다.

해설
중성점 접지방식

| 종류 및 특징 / 항목 | 직접 접지 | 소호리액터 접지 | 비접지 | 저항접지 |
|---|---|---|---|---|
| 지락사고시 건전상의 전위 상승 | 최저 | 최대 | 크다 | 약간 크다 |
| 절연레벨 | 최저 | 크다 | 최고 | 크다 |
| 지락전류 | 최대 | 최소 | 적다 | 적다 |
| 보호계전기 동작 | 확실 | 불가능 | 곤란 | 확실 |
| 유도장해 | 최대 | 최소 | 작다 | 작다 |
| 과도안정도 | 최소 | 최대 | 크다 | 크다 |

**07** 500kVA의 단상 변압기 상용 3대(결선 $\Delta$-$\Delta$), 예비 1대를 갖는 변전소가 있다. 부하의 증가로 인하여 예비 변압기까지 동원해서 사용한다면 응할 수 있는 최대부하 [kVA]는 약 얼마인가?

① 약 2000  ② 약 1730
③ 약 1500  ④ 약 830

해설
변압기 V결선시 출력
$P_V = \sqrt{3}\times P_1$
단상 변압기 상용 3대와 예비 1대, 총 4대를 이용해 최대부하 가동시 V결선 뱅크 2개를 사용한다.
$\therefore P_{max} = \sqrt{3}\times500\times2 = 1730[kVA]$

**08** 특고압 $25.8kV$, $60Hz$, 차단기의 정격차단시간의 표준은 얼마 몇 cycle/s인가?

① 1  ② 2
③ 5  ④ 10

해설
차단기의 정격차단시간

| 정격전압[kV] | 25.8 | 170 | 362 | 800 |
|---|---|---|---|---|
| 정격차단시간[c/s] | 5 | 3 | 3 | 2 |

**09** ZCT를 사용하는 계전기는?

① 과전류계전기  ② 지락계전기
③ 차동계전기  ④ 과전압계전기

해설
지락계전기
지락계전기(GR)는 영상변류기(ZCT) 2차측에 설치되는 계전기로서 영상전류가 검출되면 ZCT로부터 받은 신호에 의해 즉시 동작하는 계전기이다.

**10** 배전선로의 전기방식 중 전선의 중량(전선비용)이 가장 적게 소요되는 방식은? (단, 배전전압, 거리, 전력 및 선로손실 등은 같다.)

① 단상 2선식　　　② 단상 3선식
③ 3상 3선식　　　④ 3상 4선식

해설
전기공급방식

| 전기방식 | 전선량 비 (중량비) |
|---|---|
| 단상 2선식 | 1 |
| 단상 3선식 | $\dfrac{3}{8}$ |
| 3상 3선식 | $\dfrac{3}{4}$ |
| 3상 4선식 | $\dfrac{1}{3}$ |

**11** 원자로에서 카드뮴(Cd)막대기가 하는 일은?

① 핵분열을 촉진 시킨다.
② 중성자의 수를 줄인다.
③ 중성자의 속도를 느리게 한다.
④ 원자로를 냉각 시킨다.

해설
제어봉
원자력 발전에서 제어재의 재료는 카드뮴, 하프늄, 붕소이며 원자로 내에서의 위치를 변화시켜 원자로 내의 중성자를 적당히 흡수함으로써 열중성자가 연료에 흡수되는 비율을 제어하기 위한 설비이다.

**12** 다음 중 차폐재가 아닌 것은?

① 물　　　　　② 콘크리트
③ 납　　　　　④ 스테인레스

해설
차폐재
원자력 발전에서 차폐재의 재료는 콘크리트, 납, 스테인리스 등이 있으며 중성자나 $\gamma$선이 외부로 유출되어 인체에 위험을 주는 것을 방지하는 역할을 한다.

**13** 다음은 원자로에서 흔히 핵연료 물질로 사용되고 있는 것들이다. 이 중에서 열중성자에 의해 핵분열을 일으킬 수 없는 물질은?

① $U^{235}$　　　　② $U^{238}$
③ $U^{233}$　　　　④ $Pu^{239}$

해설
핵연료
원자로의 핵연료에는 $U^{233}$, $U^{235}$, $U^{239}$, $Pu^{239}$가 있다.

**14** 전력 퓨즈(Power Fuse)는 고압, 특고압기기의 주로 어떤 전류의 차단을 목적으로 설치하는가?

① 충전전류　　　② 부하전류
③ 단락전류　　　④ 영상전류

해설
전력퓨즈[PF]
전력퓨즈는 단락사고시 단락전류를 차단하며, 부하전류를 안전하게 통전시킨다.

**15** 송전선로에서의 고장 또는 발전기 탈락과 같은 큰 외란에 대하여 계통에 연결된 각 동기기가 동기를 유지하면서 계속 안정적으로 운전할 수 있는지를 판별하는 안정도는?

① 동태안정도(Dynamic Stability)
② 정태안정도(Steady−state Stability)
③ 전압안정도(Voltage Stability)
④ 과도안정도(Transient Stability)

해설
과도안정도
부하가 갑자기 크게 변동하는 경우, 또는 사고 등 외란에 의해 계통에 충격을 주었을 경우, 계통에 연결된 각 동기기가 동기를 유지해서 계속 운전할 수 있는 능력을 과도안정도라 한다.

**16** 송전단 전압을 $V_s$, 수전단 전압을 $V_r$, 선로의 리액턴스 $X$라 할 때 정상 시의 최대 송전전력의 개략적인 값은?

① $\dfrac{V_s - V_r}{X}$

② $\dfrac{V_s^2 - V_r^2}{X}$

③ $\dfrac{V_s(V_s - V_r)}{X}$

④ $\dfrac{V_s V_r}{X}$

해설

송전용량 일반식
$$P = \frac{V_s V_r}{X} \times \sin\delta$$
• $X$ : 선로의 리액턴스
• $V_s$, $V_r$ : 송수전단 전압
• $\delta$ : 송수전단 전압의 위상차

**17** 3상용 차단기의 정격전압은 170[kV]이고 정격 차단전류가 50[kA]일 때 차단기의 정격차단용량은 약 [MVA] 인가?

① 5,000

② 10,000

③ 15,000

④ 20,000

해설

차단기의 차단용량
$$P_s[\text{MVA}] = \sqrt{3} \times 정격전압[\text{kV}] \times 정격차단전류[\text{kA}]$$
$$= \sqrt{3} \times 170 \times 50 ≒ 15000[\text{MVA}]$$

**18** 송전선로의 코로나 임계전압이 높아지는 경우가 아닌 것은?

① 상대공기밀도가 적다.

② 전선의 반지름과 선간거리가 크다.

③ 날씨가 맑다.

④ 낡은 전선을 새 전선으로 교체하였다.

해설

코로나 임계전압
코로나 임계전압 상승 요인(코로나 손실감소)로는 날씨가 맑은 날, 상대공기밀도가 높은 경우(기압이 높고 온도가 낮은 경우), 전선의 직경이 큰 경우이다

**19** 애자가 갖추어야 할 구비조건으로 옳은 것은?

① 온도의 급변에 잘 견디고 습기도 잘 흡수해야 한다.

② 지지물에 전선을 지지할 수 있는 충분한 기계적 강도를 갖추어야 한다.

③ 비, 눈, 안개 등에 대해서도 충분한 절연저항을 가지며 누설전류가 많아야 한다.

④ 선로전압에는 충분한 절연내력을 가지며, 이상전압에는 절연내력이 매우 적어야 한다.

해설

애자의 구비조건
• 누설전류가 작고, 절연저항, 기계적 강도가 클 것
• 온도의 급변에 잘 견디고 습기를 흡수하지 말 것
• 선로전압, 내부이상전압에 충분한 절연내력이 있을 것

**20** 배전선의 전압을 조정하는 방법으로 적당하지 않은 것은?

① 유도 전압 조정기

② 승압기

③ 주상변압기 탭 전환

④ 동기조상기

해설

배전선의 전압조정
주상변압기의 탭 절환, 유도전압조정기 직렬콘센서, 승압기에 의한 방법 등이 있다.

정답    16 ④    17 ③    18 ①    19 ②    20 ④

CBT시험 복원문제

**과년도기출문제**(2022. 3. 2 시행)

전기산업기사과년도

※ 본 기출문제는 수험자의 기억을 바탕으로 하여 복원한 문제이므로 실제 문제와 다를 수 있음을 미리 알려드립니다.

**01** 다중접지 계통에 사용되는 재폐로 기능을 갖는 일종의 차단기로서 과부하 또는 고장전류가 흐르면 순시동작하고, 일정시간 후에는 자동적으로 재폐로 하는 보호기기는?

① 라인퓨즈
② 리클로저
③ 섹셔널라이저
④ 고장구간 자동개폐기

**해설**

리클로저는 다중접지 계통에 사용되는 재폐로 기능을 갖는 일종의 차단기로서 과부하 또는 고장전류가 흐르면 순시동작하고, 일정시간 후에는 자동적으로 재폐로 하는 보호기기이다.

**02** 배선계통에서 사용하는 고압용 차단기의 종류가 아닌 것은?

① 기중차단기(ACB)
② 공기차단기(ABB)
③ 진공차단기(VCB)
④ 유입차단기(OCB)

**해설**

기중차단기(ACB)는 자연공기를 이용하여 아크를 소호시키는 저압용 차단기이다.

**03** 압축된 공기를 아크에 불어넣어서 차단하는 차단기는?

① ABB
② MBB
③ VCB
④ ACB

**해설**

| 종류 | 소호 매질 또는 방법 |
| --- | --- |
| GCB | 육불화유황가스 |
| ABB | 압축공기 |
| OCB | 절연유 |
| VCB | 고진공 |
| MBB | 전자력 |
| ACB | 자연공기 |

**04** 모선보호용 계전기로 사용하면 가장 유리한 것은?

① 거리 방향계전기
② 역상 계전기
③ 재폐로 계전기
④ 과전류 계전기

**해설**

**모선 보호 계전방식**
• 방향거리 계전방식
• 전류차동 계전방식
• 전압차동 계전방식
• 위상비교 계전방식

**05** 배전전압, 배전거리 및 전력손실이 같다는 조건에서 단상 2선식 전기방식의 전선 총중량을 100[%]라 할 때 3상 3선식 전기방식은 몇 [%]인가?

① 33.3
② 37.5
③ 75.0
④ 100.0

**해설**

전선 중량 비교

| 전기방식 | 전선량 비 |
| --- | --- |
| 단상 2선식 | 1 |
| 단상 3선식 | $\dfrac{3}{8}$ |
| 3상 3선식 | $\dfrac{3}{4}$ |
| 3상 4선식 | $\dfrac{1}{3}$ |

**정답**  01 ②  02 ①  03 ①  04 ①  05 ③

**06** 배전선로에 3상 3선식 비접지방식을 채용할 경우 장점이 아닌 것은?
① 과도 안정도가 크다.
② 1선 지락고장시 고장전류가 작다.
③ 1선 지락고장시 인접 통신선의 유도장해가 작다.
④ 1선 지락고장시 건전상의 대지전위 상승이 작다.

해설
접지방식 비교

| 구분 \ 종류 | 직접접지 | 비접지 |
|---|---|---|
| 전위상승 | 최소 | $\sqrt{3}$ 배 |
| 절연레벨 | 최소 | 대 |
| 변압기 단절연 | 가능 | 불가능 |
| 지락전류 크기 | 최대 | 소 |
| 보호계전기 동작 | 확실 | 불확실 |
| 통신선 유도장해 | 최대 | 소 |
| 과도 안정도 | 나쁨 | 좋음 |

**07** 뒤진 역률 80[%], 1000[kW]의 3상 부하가 있다. 이것에 콘덴서를 설치하여 역률을 95[%]로 개선하려면 콘덴서의 용량은 약 몇[kVA]로 해야 하는가?
① 240
② 420
③ 630
④ 950

해설
콘덴서 용량
$$Q = P\left(\frac{\sqrt{1-\cos^2\theta_1}}{\cos\theta_1} - \frac{\sqrt{1-\cos^2\theta_2}}{\cos\theta_2}\right)[kVA]$$
$$= 1000 \times \left(\frac{0.6}{0.8} - \frac{\sqrt{1-0.95^2}}{0.95}\right) = 421.32[kVA]$$

**08** 그림에서 $X$ 부분에 흐르는 전류는 어떤 전류인가?

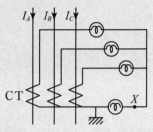

① b상 전류  ② 정상전류
③ 역상전류  ④ 영상전류

해설
$X$ 부분에 흐르는 전류는 영상전류이다.

**09** 계통의 기기 절연을 표준화하고 통일된 절연 체계를 구성하는 목적으로 절연계급을 설정하고 있다. 이 절연계급에 해당하는 내용을 무엇이라 부르는가?
① 제한전압
② 기준충격절연강도
③ 상용주파 내전압
④ 보호계전

해설
계통의 기기 절연을 표준화하고 통일된 절연 체계를 구성하는 목적으로 절연계급을 설정하고 있다. 이 절연계급에 해당하는 내용을 기준충격절연강도[BIL]라 한다.

**10** 전력용 콘덴서에서 방전코일의 역할은?
① 잔류전하의 방전
② 고조파의 억제
③ 역률의 개선
④ 콘덴서의 수명 연장

해설
전력용 콘덴서에서 방전코일(Discharging Coil)은 잔류전하를 방전시킨다.

**11** 배전선의 전압조정장치가 아닌 것은?

① 승압기
② 리클로저
③ 유도전압조정기
④ 주상변압기 탭 절환장치

해설

리클로저는 다중접지 계통에 사용되는 재폐로 기능을 갖는 일종의 차단기로서 과부하 또는 고장전류가 흐르면 순시동작하고, 일정시간 후에는 자동적으로 재폐로 하는 보호기기이다.

**12** 철탑의 접지저항이 커지면 가장 크게 우려되는 문제점은?

① 정전 유도
② 역섬락 발생
③ 코로나 증가
④ 차폐각 증가

해설

매설지선

철탑의 탑각 접지저항이 크면 낙뢰시 철탑의 전위가 상승하여 철탑으로부터 송전선으로 뇌 전류가 흘러 역섬락이 발생한다. 이를 방지하기 위해 매설지선을 설치한다.

**13** 송전선의 특성임피던스와 전파정수는 어떤 시험으로 구할 수 있는가?

① 뇌파시험
② 정격부하시험
③ 절연강도 측정시험
④ 무부하시험과 단락시험

해설

특성임피던스와 전파정수를 구하기 위해 임피던스는 단락시험을 통하여, 어드미턴스는 무부하시험을 통하여 구할 수 있다.

**14** 전선의 지지점 높이가 $31[m]$이고, 전선의 이도가 $9[m]$라면 전선의 평균 높이는 몇$[m]$가 적당한가?

① $25.0[m]$
② $26.5[m]$
③ $28.5[m]$
④ $30.0[m]$

해설

전선의 지표상 평균 높이

$$H = h - \frac{2}{3} \cdot D = 31 - \frac{2}{3} \times 9 = 25[m]$$

여기서, $h$ : 지지물의 높이, $D$ : 이도

**15** 코로나손실에 대한 Peek의 식은?

① $\frac{241}{\delta}(f-25)\sqrt{\frac{2D}{d}}(E-E_0)^2 \times 10^{-5}$ $[kW/km/선]$

② $\frac{241}{\delta}(f+25)\sqrt{\frac{2D}{d}}(E-E_0)^2 \times 10^{-5}$ $[kW/km/선]$

③ $\frac{241}{\delta}(f+25)\sqrt{\frac{d}{2D}}(E-E_0)^2 \times 10^{-5}$ $[kW/km/선]$

④ $\frac{241}{\delta}(f-25)\sqrt{\frac{d}{2D}} \times 10^{-5} [kW/km/선]$

해설

코로나 전력손실 Peek식

$$P = \frac{241}{\delta}(f+25)\sqrt{\frac{d}{2D}}(E-E_0)^2 \times 10^{-5} \quad [kW/km/선]$$

$\delta$ : 상대공기밀도
$D$ : 선간거리$[cm]$
$d$ : 전선의 지름$[cm]$
$f$ : 주파수
$E$ : 전선에 걸리는 대지전압$[kV]$
$E_0$ : 코로나 임계전압$[kV]$

**16** 반한시성 과전류계전기의 전류 – 시간 특성에 대한 설명으로 옳은 것은?

① 계전기 동작시간은 전류의 크기와 비례한다.
② 계전기 동작시간은 전류의 크기와 관계없이 일정하다.
③ 계전기 동작시간은 전류의 크기와 반비례한다.
④ 계전기 동작시간은 전류의 크기의 제곱과 비례한다.

해설

반한시성 과전류계전기는 계전기 동작시간은 전류의 크기와 반비례한다.

**17** 옥내배선의 보호방법이 아닌 것은?

① 과전류 보호
② 절연접지 보호
③ 전압강하 보호
④ 지락 보호

해설

전압강하란 송전단전압과 수전단전압의 차를 말하며, 이는 옥내배선의 보호와는 관련이 없다.

**18** 수력발전소에서 조압수조를 설치하는 목적은?

① 부유물의 제거
② 수격작용의 완화
③ 유량의 조절
④ 토사의 제거

해설

조압수조는 압력수로와 수압관 사이에 설치하며, 부하 변동시 급격한 수압을 흡수하여 수격압을 완화시켜 수압관을 보호한다.

**19** 다음 중 원자로에서 독작용을 설명한 것으로 가장 알맞은 것은?

① 열중성자가 독성을 받는 것을 말한다.
② $_{54}Xe^{135}$ 와 $_{62}Sn^{149}$ 가 인체에 독성을 주는 작용이다.
③ 열중성자 이용률이 저하되고 반응도가 감소되는 작용을 말한다.
④ 방사성 물질이 생체에 유해작용을 하는 것을 말한다.

해설

원자로 내에 존재하는 물질(또는 생성된 물질 – $_{54}Xe^{135}$, $_{62}Sn^{149}$)이 중성자를 흡수해서 열중성자 이용률을 저하시키고, 원자로의 반응도를 감소시키는 작용을 말한다.

**20** 가공 송전선에 사용되는 애자 1련 중 전압부담이 최대인 애자는?

① 철탑에 제일 가까운 애자
② 전선에 제일 가까운 애자
③ 중앙에 있는 애자
④ 철탑과 애자련 중앙의 그 중간에 있는 애자

해설

전압분담의 최대 애자는 전선에서 가장 가까운 애자이다.

정답    16 ③    17 ③    18 ②    19 ③    20 ②

CBT시험 복원문제                                        전기산업기사과년도

# 22 과년도기출문제 (2022. 4. 17 시행)

※ 본 기출문제는 수험자의 기억을 바탕으로 하여 복원한 문제이므로 실제 문제와 다를 수 있음을 미리 알려드립니다.

**01** 비접지 계통의 지락사고 시 계전기의 영상전류를 공급하기 위하여 설치하는 기기는?

① PT           ② CT
③ ZCT         ④ GPT

**해설**

영상변류기[ZCT]는 비접지 선로의 접지보호용으로 사용되는 계전기에 영상전류를 공급한다.

**02** 송배전 선로에서 선택지락계전기[SGR]의 용도는?

① 다회선에서 접지 고장 회선의 선택
② 단일 회선에서 접지 전류의 대소 선택
③ 단일 회선에서 접지 전류의 방향 선택
④ 단일 회선에서 접지 사고의 지속 시간 선택

**해설**

선택지락계전기[SGR]는 병행 2회선 선로에서 1회선에서 지락사고가 발생했을 때 고장 회선만을 선택하여 차단한다.

**03** 전력원선도 작성에 필요 없는 것은?

① 전압         ② 선로정수
③ 상차각       ④ 역률

**해설**

전력원선도 작성시 필요 사항
• 송·수전단 전압
• 선로의 일반 회로정수
• 송·수전단 전압의 상차각

**04** 아킹혼(Arcing Horn)의 설치 목적은?

① 이상전압 소멸
② 전선의 진동방지
③ 코로나 손실방지
④ 섬락사고에 대한 애자보호

**해설**

선로의 섬락 시 애자의 파손을 방지하기 위해 소호환 또는 소호각을 설치한다.

**05** 총 단면적이 같은 경우 단도체와 비교해 볼 때 복도체의 이점으로 옳지 않은 것은?

① 정전용량이 증가한다.
② 안전전류가 증가한다.
③ 송전전력이 증가한다.
④ 코로나 임계전압이 낮아진다.

**해설**

복도체의 특징
• 인덕턴스 감소, 리액턴스 감소
• 송전용량 증가, 안정도 증가
• 코로나 임계전압이 상승하여 코로나손 감소

**06** 송전선로에서 송·수전단 전압 사이의 상차각이 몇[°] 일 때, 최대전력으로 송전할 수 있는가?

① 30         ② 45
③ 60         ④ 90

**해설**

$$P = \frac{V_s V_r}{X} \times \sin\delta \, [\text{MW}]$$

단, $V_s, V_r$ : 송수전단 전압[kV]

여기서, : 리액턴스 $X$, $\delta$ : 송·수전단 전압의 상차각

최대 송전전력은 송·수전단 전압의 상차각 90°일 때이다.

$$P_{\max} = \frac{V_s V_r}{X}$$ 이다.

**정답**      01 ③     02 ①     03 ④     04 ④     05 ④     06 ④

**07** 단상 2선식 배전선로의 말단에 지상역률 $\cos\theta$인 부하 W[kW]가 접속되어 있고 선로 말단의 전압은 V[V]이다. 선로 한 가닥의 저항을 R[Ω]이라 할 때 송전단의 공급전력[kW]은?

① $W + \dfrac{W^2 R}{V\cos\theta} \times 10^3$

② $W + \dfrac{2W^2 R}{V\cos\theta} \times 10^3$

③ $W + \dfrac{W^2 R}{V^2\cos^2\theta} \times 10^3$

④ $W + \dfrac{2W^2 R}{V^2\cos^2\theta} \times 10^3$

해설

단상 2선식 전력손실

$P_\ell = \dfrac{2P^2 R}{V^2\cos^2\theta} = \dfrac{2W^2 R}{V^2\cos^2\theta}$ [W]

∴ 공급전력

$P_s = W + P_\ell$

$= W + \dfrac{2W^2 R}{V^2\cos^2\theta} \times 10^3$ [kW]

**08** $SF_6$ 가스차단기에 대한 설명으로 틀린 것은?

① $SF_6$ 가스 자체는 불활성 기체이다.

② $SF_6$ 가스는 공기에 비하여 소호능력이 약 100배 정도이다.

③ 절연거리를 적게 할 수 있어 차단기 전체를 소형, 경량화할 수 있다.

④ $SF_6$ 가스를 이용한 것으로서 독성이 있으므로 취급에 유의하여야 한다.

해설

가스차단기[GCB]는 $SF_6$ 가스를 이용한 것으로서 무색, 무취, 무해하다.

**09** 계전기의 반한시 특성이란?

① 동작전류가 클수록 동작시간이 길어진다.

② 동작전류가 흐르는 순간에 동작한다.

③ 동작전류에 관계없이 동작시간은 일정하다.

④ 동작전류가 크면 동작시간은 짧아진다.

해설

계전기의 반한시 특성은 동작전류가 크면 동작시간은 짧아진다.

**10** 선로의 단락보호용으로 사용되는 계전기는?

① 접지 계전기

② 역상 계전기

③ 재폐로 계전기

④ 거리 계전기

해설

거리 계전기는 전압 및 전류를 입력량으로 하여, 전압과 전류의 비의 함수가 예정치 이하로 되었을 때 동작한다. 거리계 전기는 선로의 단락보호 또는 계통 탈조 사고의 검출용으로 한다.

**11** 서지파가 파동임피던스 $Z_1$의 선로 측에서 파동임피던스 $Z_2$의 선로 측으로 진행할 때 반사계수 $\beta$는?

① $\beta = \dfrac{Z_2 - Z_1}{Z_2 + Z_1}$

② $\beta = \dfrac{2Z_2}{Z_2 + Z_1}$

③ $\beta = \dfrac{Z_2 + Z_1}{Z_2 + Z_1}$

④ $\beta = \dfrac{Z_2 - Z_1}{Z_2 \times Z_1}$

해설

반사계수 $\beta = \dfrac{Z_2 - Z_1}{Z_2 + Z_1}$

**12** 송전선을 중성점 접지하는 이유가 아닌 것은?

① 코로나를 방지한다.
② 기기의 절연강도를 낮출 수 있다.
③ 이상전압을 방지한다.
④ 지락 사고선을 선택 차단한다.

해설

중성점 접지목적
• 1선 지락시 지락계전기를 확실하게 동작
• 1선 지락시 건전상의 전위상승을 억제하여 전선로, 기기의 절연레벨 경감
• 뇌, 아크 지락, 기타에 의한 이상전압의 경감 및 발생억제
• 1선 지락시의 아크 지락을 재빨리 소멸시켜 안정도 향상

**13** 그림과 같은 3상 송전계통의 송전전압은 22[kV] 이다. 지금 1점 P에서 3상 단락했을 때의 발전기에 흐르는 단락전류는 약 몇[A]인가?

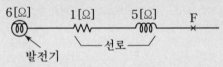

① 725
② 1150
③ 2300
④ 3725

해설

$$I_s = \frac{E}{Z} = \frac{22000/\sqrt{3}}{\sqrt{1^2+11^2}} = 1149.96[A]$$

**14** 그림에서 단상2선식 저압배전선의 A, C점에서 전압을 같게 하기 위한 공급점 D의 위치를 구하면? (단, 전선의 굵기는 AB간 5[mm], BC간 4[mm], 또, 부하역률은 1이고 선로의 리액턴스는 무시한다.)

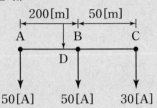

① B에서 A쪽으로 58.9m
② B에서 A쪽으로 57.4m
③ B에서 A쪽으로 56.9m
④ B에서 A쪽으로 55.9m

해설

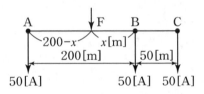

A점과 C점의 전압이 같게 되기 위해서는 공급점을 기준으로 양쪽의 전압강하의 크기가 같아야 한다.

전압강하 $e = IR = I \times \rho \frac{\ell}{A} = I \times \frac{4\rho\ell}{\pi d^2}$

① $50 \times \frac{4 \times \rho \times (200-x)}{\pi \times 5^2}$

$= 80 \times \frac{4\rho x}{\pi \times 5^2} + 30 \times \frac{4\rho \times 50}{\pi \times 4^2}$

② $50 \times \frac{(200-x)}{5^2} = 80 \times \frac{x}{5^2} + 30 \times \frac{200}{4^3}$

③ $2 \times (200-x) = 3.2x + 30 \times 93.75$

④ $5.2x = 306.25 \Rightarrow x = 58.89 ≒ 58.9[m]$

**15** 전력용 퓨즈(power Fuse)는 주로 어떤 전류의 차단 목적으로 사용하는가?

① 단락전류      ② 과부하전류
③ 충전전류      ④ 과도전류

해설

전력퓨즈는 단락전류를 주로 차단하며, 일반적으로 과부하전류에서는 용단 되지 않도록 한다.

정답    12 ①    13 ②    14 ①    15 ①

**16** 변전소에 분로리액터를 설치하는 주된 목적은?

① 진상무효전력 보상
② 전압강하 방지
③ 전력손실 경감
④ 잔류전하 방지

해설

계통의 정전용량(진상전류)이 커져 발생하는 것으로서 송전단의 전압보다 수전단의 전압이 상승하는 것을 의미한다. 페란티 현상을 방지하기 위하여 분로리액터를 설치한다. 이때 분로리액터는 지상무효전력을 공급하여 진상무효분을 보상한다.

**17** 전력계통의 안정도 향상 대책으로 옳지 않은 것은?

① 전압 변동을 크게 한다.
② 고속도 재폐로 방식을 채용한다.
③ 계통의 직렬 리액턴스를 낮게한다.
④ 고속도 차단방식을 채용한다.

해설

안정도 향상대책
① 직렬 리액턴스 감소
 • 직렬콘덴서를 설치
 • 선로의 병행 회선을 증가, 복도체 사용
 • 발전기나 변압기의 리액턴스 감소, 발전기의 단락비 증가
② 전압 변동 억제
 • 계통의 연계
 • 속응 여자방식 채용
 • 중간 조상방식 채용
③ 계통 충격 경감
 • 고속도 재폐로방식 채용
 • 고속 차단방식 채용
 • 소호리액터 접지방식 채용

**18** 반동수차의 일종으로 주요 부분은 러너, 안내날개, 스피드링 및 흡출관 등으로 되어 있으며 $50 \sim 500[\text{m}]$ 정도의 중낙차 발전소에 사용되는 수차는?

① 카플란수차          ② 프란시스수차
③ 펠턴수차            ④ 튜블러수차

해설

프란시스수차는 러너, 안내 날개, 스피드링 및 흡출관 등으로 되어 있으며 $50 \sim 500[\text{m}]$ 정도의 중낙차 발전소에 사용되는 수차이다. 한편 이 수차는 적용 가능한 낙차의 범위가 가장 넓고, 구조가 간단하고 가격이 저렴하여 많이 사용되고 있다.

**19** 보일러 급수 중의 염류 등이 굳어서 내벽에 부착되어 보일러 열전도와 물의 순환을 방해하며 내면의 수관벽을 과열시켜 파열을 일으키게 하는 원인이 되는 것은?

① 스케일               ② 부식
③ 포밍                 ④ 캐리오버

해설

스케일은 보일러 급수 중의 염류 등이 굳어서 내벽에 부착되어 보일러 열전도와 물의 순환을 방해하며 내면의 수관벽을 과열시켜 파열을 일으키게 하는 원인이 된다.

**20** 원자력 발전소와 화력 발전소의 특성을 비교한 것 중 옳지 않은 것은?

① 원자력 발전소는 화력 발전소의 보일러 대신 원자로와 열교환기를 사용한다.
② 원자력 발전소의 건설비는 화력발전소에 비하여 낮다.
③ 동일 출력일 경우 원자력 발전소의 터빈이나 복수기가 화력 발전소에 비하여 대형이다.
④ 원자력 발전소는 방사능에 대한 차폐 시설물의 투자가 필요하다.

해설

원자력 발전소의 건설비는 화력발전소에 비하여 높다.

정답    16 ①    17 ③    18 ②    19 ①    20 ②

**22**

CBT시험 복원문제

전기산업기사과년도

# 과년도기출문제(2022. 7. 2 시행)

※ 본 기출문제는 수험자의 기억을 바탕으로 하여 복원한 문제이므로 실제 문제와 다를 수 있음을 미리 알려드립니다.

**01** 가공지선에 대한 설명으로 틀린 것은?

① 직격뢰에 대해서는 특히 유효하며 전선 상부에 시설하므로 뇌는 주로 가공지선에 내습한다.

② 가공지선은 강연선, ACSR등이 사용된다.

③ 차폐효과를 높이기 위하여 도전성이 좋은 전선을 사용한다.

④ 가공지선은 전선의 차폐와 진행파의 파고값을 증폭시키기 위해서이다.

해설

가공지선은 직격뢰 차폐, 유도뢰 차폐, 통신선의 유도장해를 경감을 목적으로 하며, 차폐각은 작을수록 보호율이 높고 건설비가 비싸다. 또한, 가공지선을 2회선으로 하면 차폐각이 작아져서 보호율이 상승한다.

**02** 유효낙차 50[m], 이론 수력 4900[kW]인 수력발전소가 있다. 이 발전소의 최대사용수량은 몇 [m³/sec]이겠는가?

① 10  ② 25

③ 50  ④ 75

해설

이론 출력 $P = 9.8\,QH$ [kW]

$Q = \dfrac{P}{9.8H} = \dfrac{4900}{9.8 \times 50} = 10[\text{m}^3/\text{s}]$

**03** 화력 발전소의 재열기(reheater)의 목적은?

① 급수를 가열한다.  ② 석탄을 건조한다.

③ 공기를 예열한다.  ④ 증기를 가열한다.

해설

재열기(reheater)는 고압터빈에서 나오는 증기는 온도가 낮아진다. 이러한 증기를 다시 가열하여 과열도를 높이는 장치이다.

**04** 전력원선도에서 구할 수 없는 것은?

① 조상용량

② 송전손실

③ 정태안정 극한전력

④ 과도안정 극한전력

해설

전력 원선도에서 알 수 없는 사항
• 과도 안정 극한전력
• 코로나 손실

**05** 부하전력 W[kW], 전압 V[V], 선로의 왕복선 $2\ell$ [m], 고유저항 $\rho[\Omega \cdot \text{mm}^2/\text{m}]$, 역률 100[%]인 단상 2선식 선로에서 선로손실을 P[W]라 하면 전선의 단면적은 몇 [mm²]인가?

① $\dfrac{2PV^2W^2}{\rho\ell} \times 10^6$  ② $\dfrac{2\rho\ell W^2}{PV^2} \times 10^6$

③ $\dfrac{\rho\ell^2 W^2}{PV^2} \times 10^6$  ④ $\dfrac{\rho\ell W^2}{2PV^2} \times 10^6$

해설

단상 2선식 전력손실

$P = \dfrac{W^2 R}{V^2\cos^2\theta} = \dfrac{W^2 2\rho\ell}{V^2 A}\ (\because R = \rho\dfrac{\ell}{A},\ 역률\ 100[\%])$

$\therefore A = \dfrac{2\rho\ell W^2}{PV^2}[\text{mm}^2]$

**06** 다음 중 전로의 중성점 접지의 목적으로 거리가 먼 것은?

① 대지전압의 저하
② 이상전압의 억제
③ 손실전력의 감소
④ 보호장치의 확실한 동작의 확보

해설

접지방식 비교

| 구분 \ 종류 | 직접접지 | 소호리액터 |
|---|---|---|
| 전위상승 | 최소 | 최대 |
| 절연레벨 | 최소 | 최대 |
| 변압기 단절연 | 가능 | 불가능 |
| 지락전류 크기 | 최대 | 최소 |
| 보호계전기 동작 | 확실 | 불확실 |
| 통신선 유도장해 | 최대 | 최소 |
| 과도 안정도 | 나쁨 | 좋음 |

**07** 전력계통의 전압 조정설비의 특징에 대한 설명 중 틀린 것은?

① 병렬콘덴서는 진상능력만을 가지며 병렬리액터는 진상능력이 없다.
② 동기조상기는 무효전력의 공급과 흡수가 모두 가능 하여 진상 및 지상용량을 갖는다.
③ 동기조상기는 조정의 단계가 불연속이나 직렬 콘덴서 및 병렬리액터는 그것이 연속적이다.
④ 병렬리액터는 장거리 초고압 송전선 또는 지중선 계통의 충전용량 보상용으로 주요 발·변전소에 설치된다.

해설

| 구 분 | 동기조상기 | 콘덴서 | 리액터 |
|---|---|---|---|
| 무효전력 | 진상 및 지상 | 진상 | 지상 |
| 조정의 형태 | 연속 | 불연속 | 불연속 |
| 보수 | 곤란 | 용이 | 용이 |
| 손실 | 대 | 소 | 소 |
| 시충전 | 가능 | 불가능 | 불가능 |

**08** 설비 용량의 합계가 3[kW]인 주택에서 최대 수요 전력이 2.1[kW]일 때의 수용률 [%]은?

① 51
② 58
③ 63
④ 70

해설

$$수용률 = \frac{최대전력}{설비용량} \times 100$$
$$= \frac{2.1}{3} \times 100 = 70[\%]$$

**09** 전력선과 통신선과의 상호인덕턴스에 의하여 발생되는 유도장해는?

① 정전유도장해
② 전자유도장해
③ 고조파유도장해
④ 전력유도장해

해설

전자유도장해
1선 지락시 지락전류(영상전류)에 의해 전력선과 통신선 사이에 상호 인덕턴스 $M$에 의해 통신선에 전압이 유기된다.

**10** 수지식 배전방식과 비교한 저압 뱅킹 방식에 대한 설명으로 틀린 것은?

① 전압 변동이 적다.
② 캐스케이딩 현상에 의해 고창확대가 축소된다.
③ 부하증가에 대해 탄력성이 향상된다.
④ 고장 보호 방식이 적당할 대 공급 신뢰도는 향상된다.

해설

저압 뱅킹 방식은 변압기 또는 선로의 사고에 의해서 뱅킹 내의 건전한 변압기의 일부 또는 전부가 연쇄적으로 회로로부터 차단되는 캐스케이딩 현상이 발생할 수 있다.

**11** 우리나라의 특고압 배전방식으로 가장 많이 사용되고 있는 것은?

① 단상 2선식  ② 단상 3선식
③ 3상 3선식  ④ 3상 4선식

해설

우리나라의 특고압 배전방식으로 3상 4선식이 가장 많이 사용되고 있으며, 한편 초고압 송전선로는 3상 3선식이 가장 많이 사용되고 있다.

**12** 전선의 굵기가 균일하고 부하가 균등하게 분산 분포되어있는 배전선로의 전력손실은 전체 부하가 송전단으로부터 전체 전선로 길이의 어느 지점에 집중되어 있을 경우의 손실과 같은가?

① $\frac{3}{4}$  ② $\frac{2}{3}$

③ $\frac{1}{3}$  ④ $\frac{1}{2}$

해설

균등부하와 말단부하의 비교

| 구분 | 전압강하 | 전력손실 |
|------|---------|---------|
| 말단부하 | 1 | 1 |
| 균등부하 | $\frac{1}{2}$ | $\frac{1}{3}$ |

**13** 다음 중 표준형 철탑이 아닌 것은?

① 내선 철탑  ② 직선 철탑
③ 각도 철탑  ④ 인류 철탑

해설

**표준 철탑의 종류**
직선 철탑, 각도 철탑, 인류 철탑, 내장 철탑

**14** 변전소에서 수용가에 공급되는 전력을 끊고 소내 기기를 점검할 필요가 있을 경우와, 점검이 끝난 후 차단기와 단로기를 개폐시키는 동작을 설명한 것으로 옳은 것은?

① 점검 시에는 차단기로 부하 회로를 끊고 단로기를 열어야 하며 점검 후에는 차단기로 부하 회로를 연결한 후 단로기를 넣어야 한다.
② 점검 시에는 단로기를 열고 난 후 차단기를 열어야 하며, 점검 후에는 단로기를 넣고 난 다음에 차단기로 부하 회로를 연결하여야 한다.
③ 점검 시에는 단로기를 열고난 후 차단기를 열어야 하며 점검이 끝난 경우에는 차단기를 부하에 연결한 다음 단로기를 넣어야 한다.
④ 점검 시에는 차단기로 부하 회로를 끊고 난 다음에 단로기를 열어야 하며, 점검 후에는 단로기를 넣은 후 차단기를 넣어야 한다.

해설

점검 시에는 차단기로 부하 회로를 끊고 난 다음에 단로기를 열어야 하며, 점검 후에는 단로기를 넣은 후 차단기를 넣어야 한다.

**15** 코로나의 방지대책으로 적당하지 않은 것?

① 복도체를 사용한다.
② 가선금구를 개량한다.
③ 전선의 바깥지름을 크게 한다.
④ 선간거리를 감소시킨다.

해설

코로나 현상을 방지하기 위해서는 선간거리를 증가시켜야 한다.

**16** 그림과 같이 송전선이 4도체인 경우 소선 상호간의 기하학적 평균 거리는?

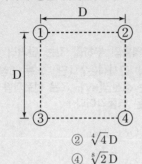

① $\sqrt[3]{2}\,D$

② $\sqrt[4]{4}\,D$

③ $\sqrt[6]{2}\,D$

④ $\sqrt[8]{2}\,D$

해설

기하학적 평균 거리

정사각형 배치 : $D_e = \sqrt[6]{2}\,D$

**17** 제 5고조파를 제거하기 위하여 전력용콘덴서 용량의 몇 [%]에 해당하는 직렬리액터를 설치하는가?

① 2~3

② 5~6

③ 7~8

④ 9~10

해설

제5고조파를 제거하기 위하여 전력용콘덴서 용량의 몇 5~5[%]에 해당하는 직렬리액터를 설치한다.

**18** 송전선에 복도체를 사용할 때의 설명으로 틀린 것은?

① 코로나 손실이 경감된다.

② 안정도가 상승하고 송전용량이 증가한다.

③ 정전 반발력에 의한 전선의 진동이 감소된다.

④ 전선의 인덕턴스는 감소하고, 정전용량이 증가한다.

해설

복도체를 사용하는 경우 대전류가 흐를 경우 흡인력으로 인한 전선의 충돌이 우려된다. 이때 스페이서를 설치하여 전선의 충돌을 방지할 수 있다.

**19** 영상변류기를 사용하는 계전기는?

① 지락계전기

② 차동계전기

③ 과전류계전기

④ 과전압계전기

해설

비접지 선로의 지락보호에서 사용되는 선택지락계전기[SGR]는 영상전압은 접지형계기용변압기[GPT]에서, 영상전류는 영상변류기[ZCT]에서 공급받아 동작하며, 병행 2회선 선로에서 1회선에서 지락사고가 발생했을 때 고장 회선만을 선택하여 차단한다.

**20** 차단기의 정격차단시간을 설명한 것으로 옳은 것은?

① 계기용 변성기로부터 고장전류를 감지한 후 계전기가 동작할 때까지의 시간

② 차단기가 트립 지령을 받고 트립 장치가 동작하여 전류 차단을 완료할 때까지의 시간

③ 차단기의 개극(발호)부터 이동 행정 종료 시까지의 시간

④ 차단기 가동접촉자 시동부터 아크 소호가 완료될 때까지의 시간

해설

차단기의 정격차단시간이란 차단기가 트립 지령을 받고 트립 장치가 동작하여 전류 차단을 완료할 때까지의 시간을 말하며 3~8[Cycle/sec]이다.

정답   16 ③   17 ②   18 ③   19 ①   20 ②

CBT시험 복원문제

**23**

# 과년도기출문제(2023. 3. 1 시행)

전기산업기사과년도

※ 본 기출문제는 수험자의 기억을 바탕으로 하여 복원한 문제이므로 실제 문제와 다를 수 있음을 미리 알려드립니다.

**01** 공칭단면적 200[mm²], 전선무게 1.838[kg/m], 전선의 외경 18.5[mm]인 경동연선을 경간 200[m]로 가설하는 경우의 이도는 약 몇 [m]인가? (단, 경동연선의 전단 인장하중은 7910[kg], 빙설하중은 0.416[kg/m], 풍압하중은 1.525[kg/m], 안전율은 2.0이다.)

① 3.44　　　　② 3.78
③ 4.28　　　　④ 4.78

해설

$$W = \sqrt{(W_i + W_c)^2 + W_p^2}$$
$$= \sqrt{(1.838 + 0.416)^2 + 1.525^2} = 2.72\,[\text{kg/m}]$$
$$D = \frac{WS^2}{8T} = \frac{2.72 \times 200^2}{8 \times \dfrac{7910}{2}} = 3.44\,[\text{m}]$$

**02** 3상 1회선 전선로에서 대지정전용량은 $C_s$이고 선간정전용량을 $C_m$이라 할 때, 작용정전용량 $C_n$은?

① $C_s + C_m$　　　　② $C_s + 2C_m$
③ $C_s + 3C_m$　　　　④ $2C_s + C_m$

해설

3상 1회선에서 작용 정전용량 $C_n = C_s + 3C_m$

**03** 늦은 역률의 부하를 갖는 단거리 송전선로의 전압강하의 근사식은? (단, $P$는 3상 부하전력 [kW], $E$는 상전압[kV], $R$은 선로저항 [Ω], $\theta$는 부하의 늦은 역률각이다.)

① $\dfrac{\sqrt{3}\,P}{E}(R + X\tan\theta)$

② $\dfrac{P}{\sqrt{3}\,E}(R + X\tan\theta)$

③ $\dfrac{P}{E}(R + X\tan\theta)$

④ $\dfrac{P}{\sqrt{3}\,E}(R\cos\theta + X\sin\theta)$

해설

전압강하 근사식
$$e = \frac{P}{V}(R\cos\theta + X\sin\theta) = \frac{P}{\sqrt{3}\,E}(R\cos\theta + X\sin\theta)$$
여기서, 선간전압 $V = \sqrt{3}\,E$ 이다.

**04** 송전계통에서 안정도 증진과 관계없는 것은?

① 고속 재폐로 방식 채용
② 계통의 전달 리액턴스 감소
③ 계통의 전압변동의 제어
④ 차폐선의 채용

해설

차폐선은 유도장해의 저감과 관련이 있으며, 안정도 증진과 직접적인 관계가 적다.

**05** 3상 3선식 1선 1[km]의 임피던스가 Z이고, 어드미턴스가 Y일 때, 특성 임피던스는?

① $\sqrt{\dfrac{Z}{Y}}$

② $\sqrt{\dfrac{Y}{Z}}$

③ $\sqrt{ZY}$

④ $\sqrt{Z+Y}$

해설

특성임피던스는 어드미턴스에 대한 임피던스의 비를 말한다.

$$Z_o = \sqrt{\frac{Z}{Y}} = \sqrt{\frac{r+j\omega L}{g+j\omega C}} = \sqrt{\frac{L}{C}} = 138\log\frac{D}{r}$$

**06** 소호 원리에 따른 차단기의 종류 중에서 소호실에서 아크에 의한 절연유 분해가스의 흡부력(吸付力)을 이용하여 차단하는 것은?

① 유입차단기

② 기중차단기

③ 자기차단기

④ 가스차단기

해설

유입차단기는 소호실에서 아크에 의한 절연유 분해가스의 흡부력(吸付力)을 이용하여 차단한다.

**07** 차단기의 정격차단시간은?

① 가동 접촉자의 동작시간부터 소호까지의 시간

② 고장 발생부터 소호까지의 시간

③ 가동 접촉자의 개극부터 소호까지의 시간

④ 트립코일 여자부터 소호까지의 시간

해설

차단기의 정격차단시간이란 트립코일이 여자되는 순간부터 아크가 소호되는데 까지 걸리는 시간을 말하며 3~8[Hz]이다.

**08** 역률 80[%]의 3상 평형부하에 공급하고 있는 선로길이 2[km]의 3상 3선식 배전선로가 있다. 부하의 단자전압을 6000[V]로 유지하였을 경우, 선로의 전압강하율 10[%]를 넘지 않게 하기 위해서는 부하전력을 약 몇 [kW]까지 허용할 수 있는가? (단, 전선 1선당의 저항은 0.82[Ω/km], 리액턴스는 0.38[Ω/km]라 하고, 그 밖의 정수는 무시한다.)

① 1303

② 1629

③ 2257

④ 2821

해설

$$P = \frac{\delta \times V^2}{(R + X\tan\theta)}$$

$$= \frac{0.1 \times 6000^2}{0.82 \times 2 + 0.38 \times 2 \times \dfrac{0.6}{0.8}} \times 10^{-3}$$

$$\fallingdotseq 1629[\text{kW}]$$

**09** 부하전력 및 역률이 같을 때 전압을 $n$ 배 승압하면 전압강하율과 전력손실은 어떻게 되는가?

① 전압강하율 : $\dfrac{1}{n}$, 전력손실 : $\dfrac{1}{n^2}$

② 전압강하율 : $\dfrac{1}{n^2}$, 전력손실 : $\dfrac{1}{n}$

③ 전압강하율 : $\dfrac{1}{n}$, 전력손실 : $\dfrac{1}{n}$

④ 전압강하율 : $\dfrac{1}{n^2}$, 전력손실 : $\dfrac{1}{n^2}$

해설

전압강하율과 전력손실 모두 전압의 제곱에 반비례한다.

**10** 그림과 같이 강제전선관과 (a) 측의 전선 심선이 $X$ 점에서 접촉했을 때 누설전류는 몇 [A]인가? (단, 전원전압은 100[V]이며, 접지저항 외에 다른 저항은 고려하지 않는다.)

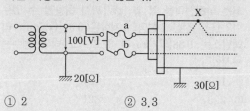

① 2

② 3.3

③ 5

④ 8.3

해설

누설전류 $I = \dfrac{E}{R} = \dfrac{100}{20 + 30} = 2[\text{A}]$

**11** 지중 케이블에 있어서 고장 점을 찾는 방법이 아닌 것은?

① 머레이 루프 시험기에 의한 방법

② 수색 코일에 의한 방법

③ 메거에 의한 측정방법

④ 펄스에 의한 측정법

해설

메거는 절연저항을 측정하는 방법이다.

**12** 송전선에 복도체(또는 다도체)를 사용할 경우, 같은 단면적의 단도체를 사용하였을 경우와 비교할 때 다음 표현 중 적합하지 않은 것은?

① 전선의 인덕턴스는 감소되고 정전용량은 증가된다.

② 고유 송전용량이 증대되고 정태안정도가 증대된다.

③ 전선표면의 전위경도가 증가한다.

④ 전선의 코로나 개시전압이 높아진다.

해설

복도체의 특징

• 인덕턴스 감소, 리액턴스 감소

• 송전용량 증가, 안정도 증가

• 코로나 임계전압이 상승하여 코로나손 감소

• 전신표면 전위경노가 감소

**13** 비접지 3상 3선식 배전 선로에 방향 지락계전기를 사용하여 선택 지락 보호를 하려고 한다. 필요한 것은?

① CT + OCR

② CT + PT

③ GPT + ZCT

④ GPT + PF

해설

선택접지계전기는 특히 병행 2회선 선로에서 1회선에서 지락사고가 발생했을 때 고장 회선만을 선택하여 차단하며, 영상전압은 접지형계기용변압기[GPT]에서 받고, 영상전류는 영상변류기[ZCT]에서 공급받아 동작한다.

**14** 복도체에 있어서 소도체의 반지름을 $r$[m], 소도체 사이의 간격을 $s$[m]라고 할 때 2개의 소도체를 사용한 복도체의 등가 반지름[m]은?

① $\sqrt{r \cdot s}$

② $\sqrt{r^2 \cdot s}$

③ $\sqrt{r \cdot s^2}$

④ $r \cdot s$

해설

복도체의 등가 반지름 $r_e = \sqrt[n]{rs^{n-1}}$

2도체 등가 반지름 $r_e = \sqrt[2]{rs^{2-1}} = \sqrt{rs}$

**15** 송전선에 낙뢰가 가해져서 애자에 섬락이 생기면 아크가 생겨 애자가 손상되는 경우가 있다. 이것을 방지하기 위하여 사용되는 것은?

① 댐퍼

② 아머로드(armour rod)

③ 가공지선

④ 아킹혼(arcing horn)

**해설**

소호환·소호각
• 애자련을 보호
• 애자련에 걸리는 전압분담 균일

**16** 장거리 대전력 송전에서 교류 송전방식에 비교한 직류 송전방식의 장점이 아닌 것은?

① 송전 효율이 높다.
② 안정도의 문제가 없다.
③ 선로 절연이 더 수월하다.
④ 변압이 쉬워 고압송전에 유리하다.

**해설**

| 직류송전방식 장점 | 직류송전방식 단점 |
|---|---|
| • 계통의 절연계급을 낮출 수 있다.<br>• 무효전력 및 표피 효과가 없다.<br>• 송전효율과 안정도가 좋다.<br>• 비동기 연계가 가능하다. | • 승압 및 강압이 어려워 고압송전에 불리하다.<br>• 회전자계를 쉽게 얻을 수 없다.<br>• 전력변환기가 필요하다. |

**17** 페란티 현상이 발생하는 주된 원인은?

① 선로의 저항
② 선로의 인덕턴스
③ 선로의 정전용량
④ 선로의 누설콘덕턴스

**해설**

페란티 효과란, 송전선로에 충전전류가 흐르면 수전단 전압이 송전단 전압보다 높아지는 현상을 말한다. 이는 장거리 송전선로에서 정전용량으로 인하여 발생하며 특히 무부하 또는 경부하시 나타나는 현상이다. 페란티 현상을 방지하기 위해서는 정전용량을 감소시키기 위하여 지상 무효전력을 공급한다. 지상무효전력의 공급하기 위해 동기발전기를 부족여자 운전하거나 수전단에 분로 리액터 설치한다.

**18** 발전기 내부고장 시 변류기에 유입하는 전류와 유출하는 전류의 차로 동작하는 보호계전기는?

① 비율차동계전기
② 지락계전기
③ 과전류계전기
④ 역상전류계전기

**해설**

변류기에 유입하는 전류와 유출하는 전류의 차로 동작하는 비율차동계전기는 변압기, 발전기, 모선의 내부고장 보호에 주로 사용된다.

**19** 수조(head tank)에 대한 다음 설명 중 옳지 않은 것은?

① 수로 내의 수위의 이상 상승을 방지한다.
② 수로식 발전소의 수로 처음 부분과 수압관 아래 부분에 설치한다.
③ 수로에서 유입하는 물속의 토사를 침전시켜서 배사문으로 배사하고 부유물을 제거한다.
④ 상수조는 최대사용수량의 1~2분 정도의 조정용량을 가질 필요가 있다.

**해설**

상수조(head tank)
수조는 도수로와 수압관의 접속부에 설치되는 것으로서 상수조(head tank)와 조압수조(surge tank)로 나뉘어진다. 상수조는 도수로가 무압수로일 경우, 조압수조는 압력수로(터널)일 경우에 사용한다. 상수조는 무압수로와 연결하는 접속부에 설치하며, 유하토사의 최종적인 침전(유수의 정화), 부하가 갑자기 변화하였을 때 유량의 과부족 조정(최대사용수량의 1~2분 정도), 수로내 수위 상승을 억제하는 역할을 한다. 한편, 조압수조(surge tank)는 수격작용을 흡수하고 수압관을 보호하는 역할을 한다.

**20** 전력용 퓨즈는 주로 어떤 전류의 차단을 목적으로 사용하는가?

① 충전전류
② 단락전류
③ 부하전류
④ 지락전류

**해설**

전력퓨즈
전력퓨즈의 주된 목적은 단락전류로부터 설비를 보호하는 것이다.

# 23 과년도기출문제(2023. 5. 13 시행)

※ 본 기출문제는 수험자의 기억을 바탕으로 하여 복원한 문제이므로 실제 문제와 다를 수 있음을 미리 알려드립니다.

## 01 조상설비가 있는 1차 변전소에서 주변압기로 주로 사용되는 변압기는?

① 승압용 변압기  ② 누설변압기
③ 3권선 변압기  ④ 단권변압기

해설

조상설비를 설치하기 위해 3권선 변압기를 사용하며, 이때 3권선 변압기의 3차측 권선인 △권선을 안정권선이라 하며 여기에 조상설비를 설치한다.

## 02 송전계통의 중성점을 접지하는 목적으로 틀린 것은?

① 지락 고장 시 전선로의 대지 전위 상승을 억제하고 전선로와 기기의 절연을 경감시킨다.
② 소호리액터 접지방식에서는 1선 지락 시 지락점 아크를 빨리 소멸시킨다.
③ 차단기의 차단용량을 증대시킨다.
④ 지락고장에 대한 계전기의 동작을 확실하게 한다.

해설

중성점 접지방식의 목적
• 1선 지락시 건전상의 전위상승을 억제하여 전선로, 기기의 절연레벨 경감
• 뇌, 아크 지락, 기타에 의한 이상전압의 경감 및 발생억제
• 1선 지락시 지락계전기를 확실하게 동작
• 1선 지락시의 아크 지락을 재빨리 소멸시켜 안정도 향상

## 03 평형 3상 송전선에서 보통의 운전상태인 경우 중성점 전위는 항상 얼마인가?

① 0  ② 1
③ 송전전압과 같다.  ④ ∞(무한대)

해설

평형 3상 송전선에서 보통의 운전상태인 경우 중성점 전위는 0[V]이다.

## 04 단권 변압기 66[kV], 60[Hz] 3상 3선식 선로에서 중성점을 소호리액터 접지하여 완전 공진상태로 되었을 때 중성점에 흐르는 전류는 몇 A인가? (단, 소호리액터를 포함한 영상회로의 등가저항은 200[Ω], 중성점 잔류전압을 4400[V]라고 한다.)

① 11  ② 22
③ 33  ④ 44

해설

$$I = \frac{4400}{200} = 22[\text{A}]$$

## 05 전압 22[kV], 주파수 60[Hz], 길이 20[km]의 3상 3선식 1회선 지중 송전선로가 있다. 케이블의 삼선 1선당의 정전용량이 0.5[μF/km]라고 할 때 이 선로의 3상 무부하 충전용량은 약 몇 [kVA]인가?

① 1750  ② 1825
③ 1900  ④ 1925

해설

3상 무부하 선로의 충전용량
$$Q_c = 3 \times 2\pi f \, CE^2 \times 10^{-3} [\text{kVA}]$$
$$Q_c = 3 \times 2\pi \times 60 \times 0.5 \times 10^{-6} \times 20 \times \left(\frac{22000}{\sqrt{3}}\right)^2 \times 10^{-3}$$
$$= 1825[\text{kVA}]$$

## 06 차단기와 비교하여 전력 퓨즈에 대한 설명으로 적합하지 않은 것은?

① 가격이 저렴하다.
② 보수가 간단하다.
③ 고속차단을 할 수 있다.
④ 재투입을 할 수 있다.

**해설**

전력 퓨즈의 장점
• 소형 경량이며, 가격이 저렴하다.
• 고속 차단한다.
• 차단용량이 크다.
• 보수가 간단하며, 한류형 퓨즈의 경우 무음, 무방출이다.

**07** 그림과 같은 배전선이 있다. 부하에 급전 및 정전할 때 조작방법으로 옳은 것은?

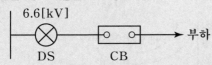

① 급전 및 정전할 때는 항상 DS, CB 순으로 한다.
② 급전 및 정전할 때는 항상 CB, DS 순으로 한다.
③ 급전시는 DS, CB 순이고, 정전시는 CB, DS 순이다.
④ 급전시는 CB, DS 순이고, 정전시는 DS, CB 순이다.

**해설**

단로기와 차단기 조작순서
급전시는 DS, CB 순이고, 정전시는 CB, DS 순이다.

**08** 송전선에 코로나가 발생하면 전선이 부식된다. 무엇에 의하여 부식되는가?
① 산소          ② 질소
③ 수소          ④ 오존

**해설**

코로나의 영향
• 코로나 손실로 인하여 송전효율이 저하되고 송전용량이 감소된다.
• 코로나 방전시 오존($O_3$)이 발생하여 전선부식을 초래한다.

**09** 송전선로에서 복도체를 사용하는 주된 이유는?
① 많은 전력을 보내기 위하여
② 코로나 발생을 억제하기 위하여
③ 전력손실을 적게하기 위하여
④ 선로정수를 평형시키기 위하여

**해설**

복도체
(1) 사용목적으로는 코로나 방지를 위함이다.
(2) 장점
• 송전용량이 증가하고 안정도가 향상된다.
• 코로나 임계전압이 증가하여 코로나 손실이 감소한다.
  – 송전효율이 증가한다.
• 통신선의 유도장해가 억제된다.

**10** 출력 5000[kW], 유효낙차 50[m]인 수차에서 안내 날개의 개방상태나 효율의 변화 없이 일정할 때 유효낙차가 5[m] 줄었을 경우 출력은 약 몇 [kW]인가?
① 4000          ② 4270
③ 4500          ④ 4740

**해설**

$P \propto H^{\frac{3}{2}}$ 이므로, $P = 5000 \times \left(\frac{45}{50}\right)^{\frac{3}{2}} = 4269[kW]$

**11** 석탄연소 화력발전소에서 사용되는 집진장치의 효율이 가장 큰 것은?
① 전기식집진기
② 수세식집진기
③ 원심력식 집진장치
④ 직렬 결합식 집진장치

**해설**

집진장치
회분을 없애 오염을 방지시키는 장치로서 전기식 집진장치가 효율이 가장 좋다.

**12** 가공지선을 설치하는 주된 목적은?

① 뇌해 방지    ② 전선의 진동 방지
③ 철탑의 강도 보강    ④ 코로나의 발생 방지

해설
가공지선
• 효과 : 직격뢰 차폐, 유도뢰 차폐, 통신선의 유도장해 차폐 효과가 있다.
• 설치 주 목적 : 직격뢰로부터 송전선로를 보호하기 위하여 지지물의 최상단에 설치한다.

**13** 송전선로에 충전전류가 흐르면 수전단 전압이 송전단 전압보다 높아지는 현상과 이 현상의 발생 원인으로 가장 옳은 것은?

① 페란티효과, 선로의 인덕턴스 때문
② 페란티효과, 선로의 정전용량 때문
③ 근접 효과, 선로의 인덕턴스 때문
④ 근접 효과, 선로의 정전용량 때문

해설
페란티현상
페란티현상이란 무부하시 또는 경부하시 송전선로의 정전용량에 의해 나타나며, 수전단의 전압이 송전단의 전압보다 높아지는 현상이다. 방지법으로는 분로(병렬)리액터를 설치한다.

**14** 송전선로의 건설비와 전압과의 관계를 나타낸 것은?

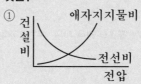

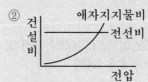

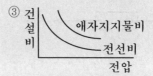

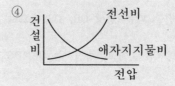

해설
송전선로의 건설비와 전압
송전선로의 전압이 높으면 철탑에 사용하는 현수애자의 개수가 증가하며, 철탑의 높이를 높여야 한다. 하지만, 전선의 단면적 측면에서는 3상 전력손실식에 의해 $A \propto \dfrac{1}{V^2}$ 이므로 전선의 비용은 적어진다.

**15** 피뢰기의 제한전압이란?

① 상용주파전압에 대한 피뢰기의 충격방전 개시전압
② 충격파 침입 시 피뢰기의 충격방전 개시전압
③ 피뢰기가 충격파 방전 종료 후 언제나 속류를 확실히 차단할 수 있는 상용주파 최대전압
④ 충격파 전류가 흐르고 있을 때의 피뢰기 단자전압

해설
피뢰기의 제한전압
피뢰기의 제한전압이란 충격파 전류가 흐를 때 피뢰기 단자전압의 파고치를 말한다.

**16** 저압 배전계통의 구성에 있어서 공급 신뢰도가 가장 우수한 계통 구성방식은?

① 방사상방식　　② 저압 네트워크방식

③ 망상식방식　　④ 뱅킹방식

해설

저압 뱅킹방식 특징
- 공급 신뢰도 향상
- 변압기 용량을 절감
- 전압변동 및 전력손실이 감소
- 부하의 증가에 대응할 수 있는 탄력성이 향상

**17** 일반적인 경우 그 값이 1 이상인 것은?

① 수용률　　② 전압강하율

③ 부하율　　④ 부등률

해설

부등률
부등률은 일반적으로 그 값이 1이다.

**18** 전력 계통의 주파수가 기준치보다 증가하는 경우 어떻게 하는 것이 타당한가?

① 발전출력(kW)을 증가시켜야 한다.

② 발전출력(kW)을 감소시켜야 한다.

③ 무효전력(kVar)을 증가시켜야 한다.

④ 무효전력(kVar)을 감소시켜야 한다.

해설

$P-F$ 컨트롤
운전 중 주파수의 상승은 발전출력이 부하의 유효전력보다 커서 발생하는 것이므로 발전출력을 감소시켜서 정격주파수를 유지할 수 있다.

**19** 진상전류만이 아니라 지상전류도 잡아서 광범위하게 연속적인 전압조정을 할 수 있는 것은?

① 전력용콘덴서　　② 동기조상기

③ 분로리액터　　④ 직렬리액터

해설

조상설비

| 구 분 | 동기조상기 | 전력용 콘덴서 | 분로 리액터 |
|---|---|---|---|
| 무효전력 흡수능력 | 진상 및 지상 | 진상 | 지상 |
| 조정의 형태 | 연속적 | 불연속 | 불연속 |

**20** 그림과 같은 3상 3선식 전선로의 단락점에 있어서의 3상 단락전류는 약 몇 [A]인가? (단, 66[kV]에 대한 %리액턴스는 10[%]이고, 저항분은 무시한다.)

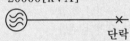

20000[kVA]

단락

① 1750　　② 2000

③ 2500　　④ 3030

해설

$$I_s = \frac{100}{\%x} \times \frac{P_n}{\sqrt{3}\, V} = \frac{100}{10} \times \frac{20000}{\sqrt{3} \times 66} = 1750[A]$$

**CBT시험 복원문제**

전기산업기사과년도

# 과년도기출문제(2023. 7. 8 시행)

※ 본 기출문제는 수험자의 기억을 바탕으로 하여 복원한 문제이므로 실제 문제와 다를 수 있음을 미리 알려드립니다.

## 01 1[BTU]는 약 몇 [Kcal]인가?

① 0.252
② 0.2389
③ 47.86
④ 71.67

해설

1[kcal] = 3.968[BTU], 1[BTU] ≒ 0.252[kcal]

## 02 송전선의 전압변동률 식, 전압변동률

$$= \frac{V_{R1} - V_{R2}}{V_{R2}} \times 100[\%]$$ 에서 $V_{R1}$ 은 무엇에 해당 되는가?

① 무부하시 송전단 전압
② 전부하시 송전단 전압
③ 무부하시 수전단 전압
④ 전부하시 수전단 전압

해설

전압변동률

전압변동률 = $\dfrac{V_{R1} - V_{R2}}{V_{R2}} \times 100[\%]$

$V_{R1}$ : 무부하시 수전단 전압

$V_{R2}$ : 전부하시 수전단 전압

## 03 송전전력, 송전거리, 전선의 비중 및 전력 손 실률이 일정 하다고 할 때, 전선의 단면적 A[mm²]와 송전전압 V[kV]의 관계로 옳은 것은?

① $A \propto V$
② $A \propto \sqrt{V}$
③ $A \propto \dfrac{1}{V^2}$
④ $A \propto V^2$

해설

- 전압강하 : $e \propto \dfrac{1}{V}$
- 전력손실 : $P_\ell \propto \dfrac{1}{V^2}$
- 전압강하율 : $\delta \propto \dfrac{1}{V^2}$
- 전선단면적 : $A \propto \dfrac{1}{V^2}$

## 04 송전선에 코로나가 발생하면 전선이 부식된다. 무엇에 의하여 부식되는가?

① 산소
② 질소
③ 수소
④ 오존

해설

**코로나 영향**
(1) 코로나 방전에 의한 손실로 송전용량이 감소된다.
(2) 오존의 발생으로 전선의 부식이 촉진된다.
(3) 소음, 통신선의 유도장해 등이 발생한다.
(4) 소호 리액터의 소호 능력이 저하된다.

## 05 3상 3선식에서 수직 배치인 선로에서 오프셋 을 주는 주된 이유는?

① 단락 방지
② 전선 진동 억제
③ 전선 풍압 감소
④ 철탑 중량 감소

해설

**오프셋**
전선을 수직으로 배치할 경우에 상중하선 상호간의 수평거 리 차(오프셋)를 두어 상·하전선의 단락을 방지한다. 한편, 전선의 진동을 억제하기 위하여 사용되는 금구는 댐퍼이다.

**06** 어느 발전소의 발전기는 그 정격이 13.2[kV], 93000[kVA], 95[%] $Z$라고 명판에 씌어 있다. 이것은 몇 [Ω]인가?

① 1.2                    ② 1.8
③ 1200                 ④ 1780

해설

$\%Z = \dfrac{P_a Z}{10 V^2}$ 이므로

$Z = \dfrac{10 V^2 \times \%Z}{P_a} = \dfrac{10 \times 13.2^2 \times 95}{93000} = 1.8$

**07** A, B 및 C 상의 전류를 각각 $I_a$, $I_b$, $I_c$라 할 때, $I_x = \dfrac{1}{3}(I_a + aI_b + a^2 I_c)$ 이고, $a = -\dfrac{1}{2} + j\dfrac{\sqrt{3}}{2}$ 이다. $I_x$는 어떤 전류인가?

① 정상전류              ② 역상전류
③ 영상전류              ④ 무효전류

해설

대칭분 전류

(1) 영상전류 $I_0 = \dfrac{1}{3}(I_a + I_b + I_c)$

(2) 정상전류 $I_1 = \dfrac{1}{3}(I_a + aI_b + a^2 I_c)$

(3) 역상전류 $I_2 = \dfrac{1}{3}(I_a + a^2 I_b + aI_c)$

**08** 피뢰기가 구비하여야 할 조건으로 옳지 않은 것은?

① 속류의 차단 능력이 충분할 것
② 충격 방전 개시 전압이 낮을 것
③ 상용 주파 방전 개시 전압이 높을 것
④ 방전 내량이 크면서 제한 전압이 클 것

해설

피뢰기 구비조건
• 방전내량이 클 것
• 제한전압이 낮을 것
• 충격방전 개시전압이 낮을 것
• 상용주파수 방전개시 전압은 높을 것
• 속류차단 능력은 충분할 것

**09** 개폐서지를 흡수할 목적으로 설치하는 것의 약어는?

① CT                    ② SA
③ GIS                   ④ ATS

해설

서지흡수기(SA)
차단기의 투입, 차단시에는 서지가 발생되며 경우에 따라서는 선로에 중대한 영향을 미치므로 전동기, 변압기 등을 서지로부터 보호할 수 있는 서지흡수기의 설치가 권장되고 있으며, 몰드변압기 및 전동기에 VCB를 설치하는 경우에는 변압기의 보호를 위해 설치하고 있다.

**10** 전력계통에 과도안정도 향상 대책과 관련 없는 것은?

① 빠른 고장 제거
② 속응 여자시스템 사용
③ 큰 임피던스의 변압기 사용
④ 병렬 송전선로의 추가 건설

해설

안정도 향상 대책
• 계통의 전달 리액턴스를 감소시킨다.
  – 발전기나 변압기의 리액턴스를 감소시킨다.
  – 선로의 병행 회선수를 증가하거나 복도체를 사용한다.
  – 직렬 콘덴서를 삽입하여 선로의 리액턴스를 보상해준다.
• 전압변동을 억제한다.
  – 속응 여자방식을 채용한다.
  – 계통을 연계한다.
  – 중간 조상방식을 채용한다.
• 계통에 주는 충격을 완화시킨다.
  – 중성점 접지방식을 채용한다.
  – 고속도 차단방식을 채용한다.
  – 재폐로방식을 채용한다.
• 고장 시 발전기의 입출력 불평형을 적게 한다.
  – 조속기 동작을 신속하게 한다.

정답    06 ②    07 ①    08 ④    09 ②    10 ③

**11** 전력선 1선의 대지전압을 $E$, 통신선의 대지정전용량을 $C_b$, 전력선과 통신선 사이의 상호 정전용량을 $C_{ab}$라고 하면, 통신선의 정전유도전압은?

① $\dfrac{C_{ab}+C_b}{C_b}\times E$  ② $\dfrac{C_{ub}+C_b}{C_{ab}}\times E$

③ $\dfrac{C_{ab}}{C_{ab}+C_b}\times E$  ④ $\dfrac{C_b}{C_{ab}+C_b}\times E$

해설

단상인 경우 통신선의 정전 유도전압

$$\dfrac{C_{ab}}{C_{ab}+C_b}\times E[\mathrm{V}]$$

$E$ : 대지전압, $C_b$ : 통신선의 대지정전용량, $C_{ab}$ : 전력선과 통신선 사이의 상호 정전용량

**12** 순저항 부하의 부하전력 $P[\mathrm{kW}]$, 전압 $E[\mathrm{V}]$, 선로의 길이 $l[\mathrm{m}]$, 고유저항 $\rho[\Omega\cdot\mathrm{mm}^2/\mathrm{m}]$인 단상 2선식 선로에서 선로손실을 $q[\mathrm{W}]$라 하면, 전선의 단면적 $[\mathrm{mm}^2]$은 어떻게 표현되는가?

① $\dfrac{\rho l P^2}{qE^2}\times10^6$  ② $\dfrac{2\rho l P^2}{qE^2}\times10^6$

③ $\dfrac{\rho l P^2}{2qE^2}\times10^6$  ④ $\dfrac{2\rho l P^2}{q^2 E}\times10^6$

해설

단상 2선식의 전력손실

$q=2I^2 R=2\times\left(\dfrac{P}{E}\right)^2\times\rho\cdot\dfrac{l}{A}$ 이므로,

전선의 단면적 $A=\dfrac{2\rho l P^2}{qE^2}$

**13** 계기용 변성기 중에서 전압, 전류를 동시에 변성하여 전력량을 계량할 목적으로 사용하는 것은?

① CT  ② MOF
③ PT  ④ ZCT

해설

| 명 칭 | 약호 | 기능 및 용도 |
|---|---|---|
| 전력 수급용 계기용변성기 | MOF | PT와 CT를 함께 내장한 것으로 전력량계에 전원공급 |

**14** 전력용 퓨즈의 장점은 옳지 않은 것은?

① 소형으로 큰 차단용량을 갖는다.
② 밀폐형 퓨즈는 차단 시에 소음이 없다.
③ 가격이 싸고 유지 보수가 간단하다.
④ 과도 전류에 의해 쉽게 용단되지 않는다.

해설

전력 퓨즈의 장점
• 고속 차단한다.
• 차단용량이 크다.
• 소형 경량이며, 가격이 저렴하다.
• 보수가 간단하며, 한류형 퓨즈의 경우 무음, 무방출이다.

**15** 전압이 일정 값 이하로 되었을 때 동작하는 것으로서 단락 시 고장 검출용으로도 사용되는 계전기는?

① OVR  ② OVGR
③ NSR  ④ UVR

해설

UVR(부족전압계전기)
전압이 일정값 이하로 떨어졌을 때 동작하는 계전기이다.

**16** 고압 가공 배전선로에서 고장, 또는 보수 점검 시, 정전 구간을 축소하기 위하여 사용되는 것은?

① 구분 개폐기  ② 컷아웃 스위치
③ 캐치홀더  ④ 공기 차단기

**해설**

**구분개폐기**

선로의 고장 또는 보수 점검시 사용되는 개폐기로 고장 발생시 고장구간을 개방하여 사고를 국부적으로 분리시키는 장치이다.

**해설**

주상변압기의 고압측 및 저압측에 설치되는 보호장치로는 피뢰기, 컷아웃스위치(cos), 캐치홀더 등이 있으며, 케이블 헤드의 경우 케이블과 나선이 접속되는 끝부분을 절연 피복, 접속단자 가공 등 단말처리시 사용하는 부분을 말한다.

**17** 송전선로의 단락보호 계전방식이 아닌 것은?

① 과전류 계전방식
② 방향단락 계전방식
③ 거리 계전방식
④ 과전압 계전방식

**해설**

**송전선로 단락보호 계전방식**

(1) 과전류방식
(2) 방향비교닝식
(3) 거리측정방식
(4) 전류균형방식
(5) 전류차동비교방식

**20** 154[kV] 2회선 송전 선로의 길이가 154[km]이다. 송전용량 계수법에 의하면 송전용량은 약 몇 [MW]인가? (단, 154[kV]의 송전용량 계수는 1300이다.)

① 250
② 300
③ 350
④ 400

**해설**

**송전용량 계수법**

송전용량은 전압의 크기에 의하여 정해지며, 선로 길이를 고려한 것이 송전용량 계수법이다.

송전용량 $P_s = k \dfrac{V_r^2}{l}$ [kW]

$K$ : 송전용량 계수, $V_r$ : 수전단 선가전압, $l$ : 송전거리

$$P_s = 2 \times 1300 \times \frac{154^2}{154} \times 10^{-3} ≒ 400 [MW]$$

**18** 유량을 구분할 때 매년 1~2회 발생하는 출수의 유량을 나타내는 것은?

① 홍수량
② 풍수량
③ 고수량
④ 갈수량

**해설**

**고수량과 홍수량**

• 고수량 : 매년 1~2회 생기는 출수의 유량
• 홍수량 : 3~4년에 한 번 생기는 출수의 유량

**19** 주상변압기의 고압측 및 저압측에 설치되는 보호장치가 아닌 것은?

① 피뢰기
② 1차 컷아웃 스위치
③ 캐치홀더
④ 케이블 헤드

**정답**    17 ④    18 ③    19 ④    20 ④

memo

전기(산업)기사 · 전기공사(산업)기사 · 전기철도(산업)기사

# 전력공학 ❷

定價 19,000원

저 자  대산전기기술학원
발행인  이  종  권

2016年   1月  28日  초 판 발 행
2017年   1月  21日  2차개정발행
2018年   1月  29日  3차개정발행
2018年  11月  15日  4차개정발행
2019年  12月  23日  5차개정발행
2020年  12月  21日  6차개정발행
2021年   1月  12日  7차개정발행
2022年   1月  10日  8차개정발행
2023年   1月  12日  9차개정발행
2024年   1月  30日  10차개정발행

發行處  (주) 한솔아카데미

(우)06775 서울시 서초구 마방로10길 25 트윈타워 A동 2002호
TEL : (02)575-6144/5    FAX : (02)529-1130
〈1998. 2. 19 登錄 第16-1608號〉

ISBN 979-11-6654-467-5 13560